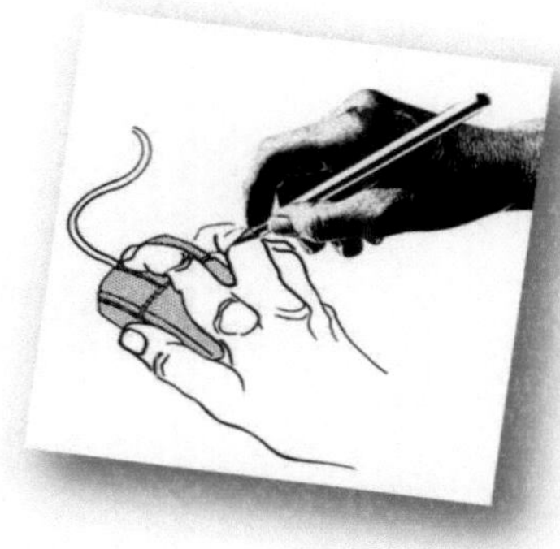

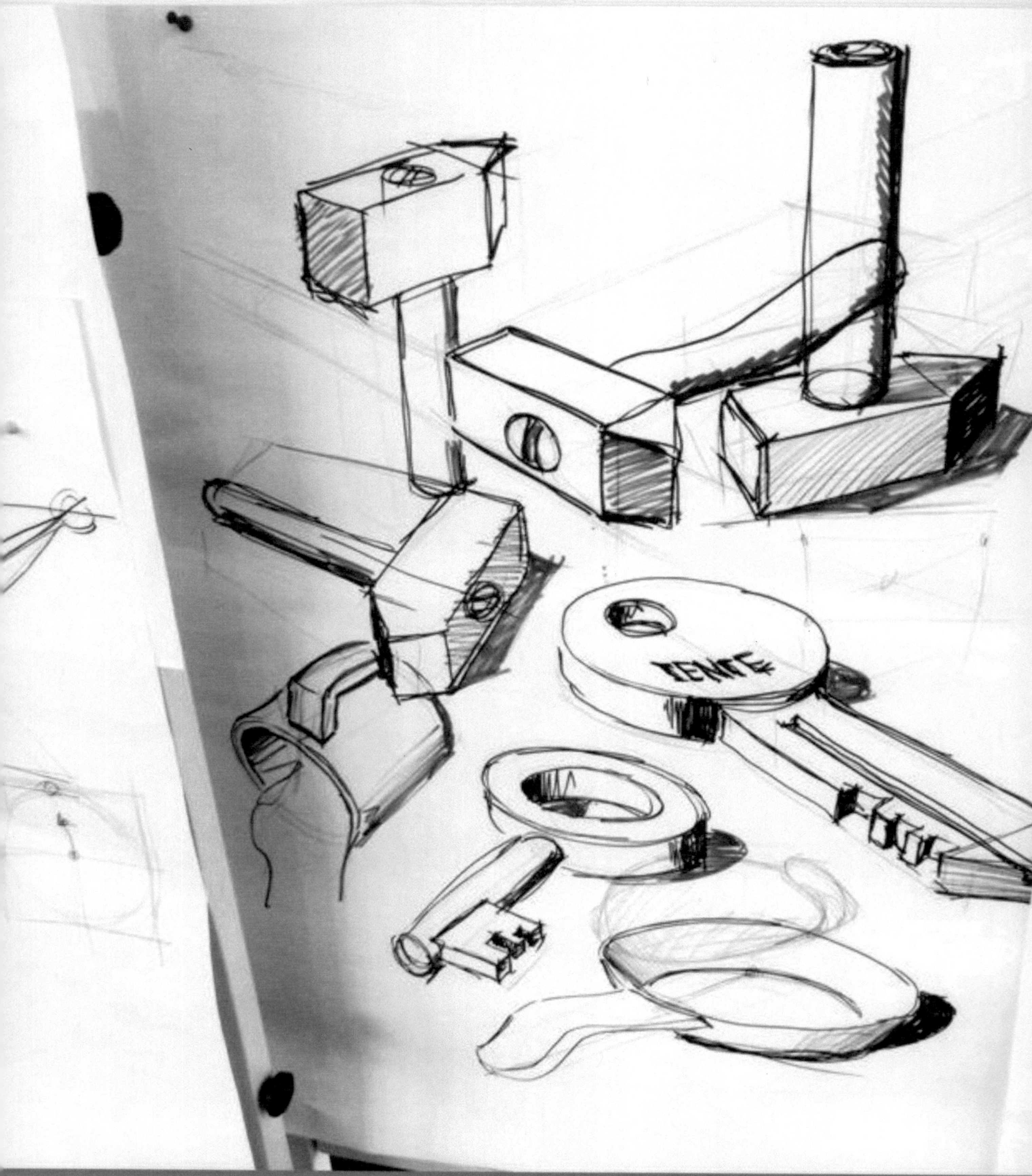

TECHNIK SKIZZIEREN

FÜR INGENIEURE, DESIGNER, ARCHITEKTEN,
PLANER, GESTALTER UND KÜNSTLER.
PERSPEKTIVISCH RICHTIG UND GARANTIERT
EINFACH ZU LERNEN.

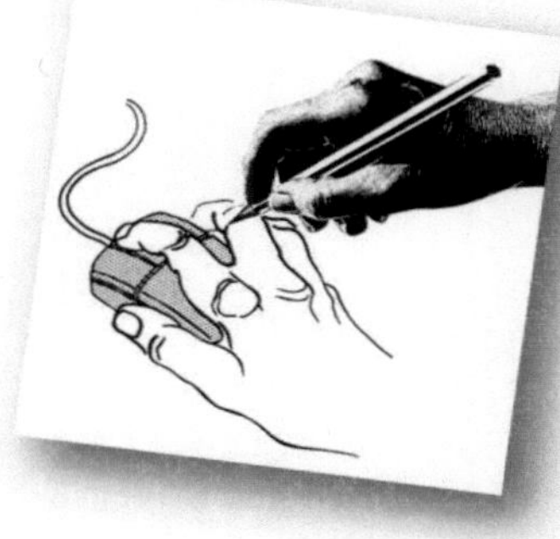

INGO KLÖCKER

Allen jenen gewidmet, die etwas von mir erwartet haben,
und damit gleichzeitig meine Lehrer wurden.

Bibliographische Information der Deutschen Nationalbibliothek:
Die Deutsche Nationalbibliothek verzeichnet diese Publikation in der Deutschen Nationalbibliographie; detaillierte bibliographische Daten sind im Internet über http://dnb.dnb.de abrufbar.

TWENTYSIX – Der Self-Publishing-Verlag
Eine Kooperation zwischen der Verlagsgruppe Random House und BoD – Books on Demand

Herstellung und Verlag: BoD – Books on Demand, Norderstedt

ISBN: 978-3-7407-3559-3

Der Entwurf des Titels, das Layout, die Aufmachung und alle Abbildungen, die keinen Herkunftsnachweis vermerkt haben, sind von Ingo Klöcker.

TECHNIK SKIZZIEREN

FÜR INGENIEURE, DESIGNER, ARCHITEKTEN, PLANER, GESTALTER UND KÜNSTLER. PERSPEKTIVISCH RICHTIG UND GARANTIERT EINFACH ZU LERNEN.

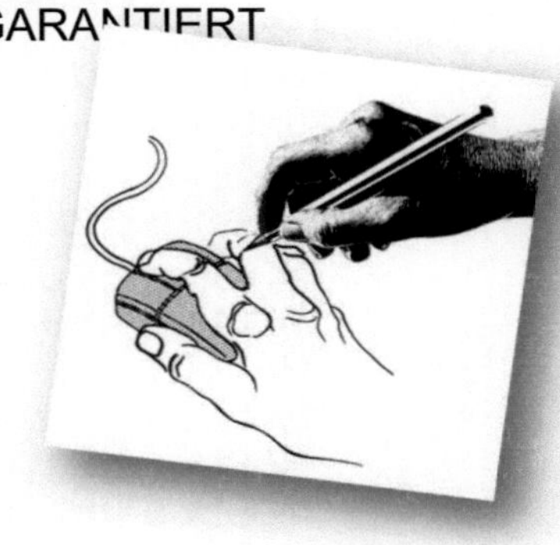

INGO KLÖCKER

INHALT

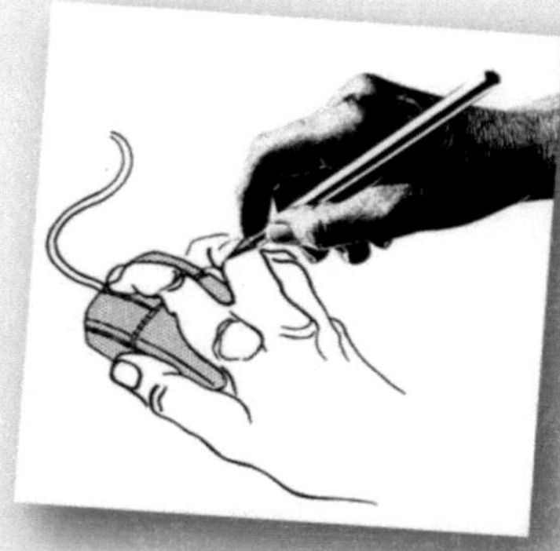

VORWORT

Das Zeichnen ist eine unmittelbare und sensible Technik, die gerade dem Betrachter eine besondere Nähe zum Autor ermöglicht. Nahezu alle Entwerfer und Künstler arbeiten mit Stift und Papier, sei es nur, um den ersten schöpferischen Impuls für sich selbst festzuhalten.

Eine Handzeichnung kann auch heute noch in der Tradition der klassischen Techniken stehen und sie weiterentwickeln. Doch in den letzten 50 Jahren wurde das Spektrum des Mediums enorm erweitert. So sprengt eine Zeichnung heute nicht nur den klassischen Rahmen des Papierformates oder der Zweidimensionalität. Eine Zeichnung greift auch auf andere Techniken und Medien über, wie es beispielsweise performative, raumgreifende oder digitale Ansätze zeigen.

Förderung von Kreativität ist in meinen Augen eine notwendige Investition in die Zukunft und gilt nicht nur für den Bereich in der Technik und der Bildenden oder der angewandten Kunst. Kreatives Arbeiten ist für Kinder und Heranwachsende geradezu eine Voraussetzung für ihre feinmotorische und mentale Entwicklung und bildet wichtige soziale und kognitive Fähigkeiten aus. Unser Unternehmen ist seit vielen Generationen mit der Arbeit bedeutender Künstler und Designern verbunden: Schon Jean-August-Dominique Ingres, Vincent van Gogh, Edvard Munch, Paul Klee, Wassily Kandinsky, Giorgio de Chirico und Joseph Beuys – aber auch Ferdinand Porsche, Sir Norman Foster, Helmut Jahn, Karl Lagerfeld oder Manolo Blahnik haben nachweislich mit Hilfe der Zeichenwerkzeuge aus Stein ihre Ideen umgesetzt.

Zeichnen ist eine der ältesten Kulturtechniken des Menschen. Ich halte die Förderung von zeichnenden Ingenieuren, Technikern, Architekten, Designern und Künstlern für ebenso essentiell wie die anschauliche Vermittlung der dazugehörigen Grundlagen-Techniken. Warum? Weil ich der festen Überzeugung bin, dass dieses Medium auch für die heutige Zeit ein adäquates Ausdrucksmittel ist und sich, im Zeitalter der elektronischen Hilfsmittel, nicht überholt hat.

Anton-Wolfgang Graf von Faber-Castell
Vorsitzender des Vorstandes der Faber-Castell AG
Stein im Februar 2013

Materialbild / Skulptur aus Stiften der Serie 9000,
dem berühmten „Grünen“, der Firma Faber-Castell.

WIE ICH MEINE:

WARUM SOLLTEN SIE SKIZZIEREN UND ZEICHNEN?

Weil es Freude macht. Weil man damit viel mehr sagen, zeigen und vermitteln kann, als mit Worten. Schon Leonardo da Vinci wusste vor mehr als fünfhundert Jahren: „Ein Bild sagt mehr als tausend Worte“. Hinzu kommt, dass unsere Denke fast ausschließlich mit Bildern arbeitet. Das geht dann also leichter, das Denken, besser, bequemer und schneller.

Und: mit Skizze und Freihandzeichnungen kann man auch kommunizieren, man kann gestalten, man entwickelt mehr Ideen und wird kreativer.

Man kann damit ein bisschen die Langeweile reduzieren, wie das Bild hier mit den Tierköpfen zeigt. Es stammt von dem ehemaligen Außenminister Frank-Walter Steinmeier, der ja in vielen, nicht immer erbaulichen, Sitzungen dabei sein musste. (Der Spiegel 23/2007, S.200)

Man kann zuhören und skizzieren gleichzeitig.

Und schließlich sind wir „Augenmenschen“. Der weitaus größte Teil aller Informationen, die uns nicht nur erreichen, sondern die wir auch zu unserem Leben benötigen, erreichen uns über unsere Augen. Siehe hierzu das Diagramm hier unten. Die Augen sind verrückt nach Bildern, sie lieben Bilder. Für die Macht der Unmittelbarkeit eines Bildes bedarf es keiner Erklärung.

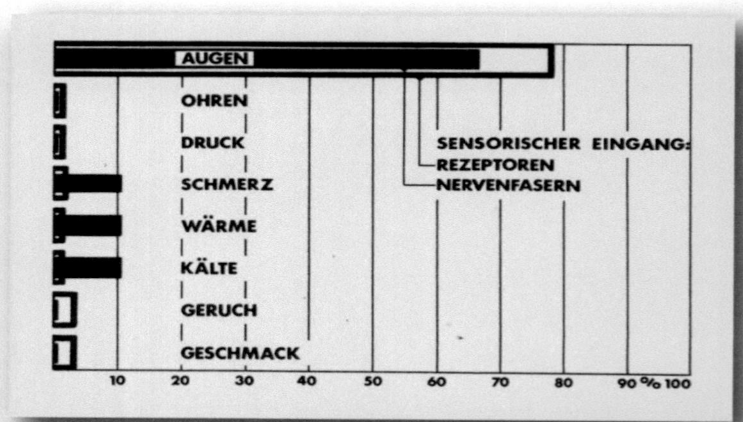

Wenn es mir gelingt, Sie nicht nur für die Freude am Skizzieren zu gewinnen, sondern Ihnen auch ein wenig die Angst vor dem Skizzieren zu nehmen, die Angst, Ihre Angst lieber Leser, liebe Leserin, vor der Perspektive und vor dem ersten Versuch, haben Sie und ich ein großes Ziel erreicht.

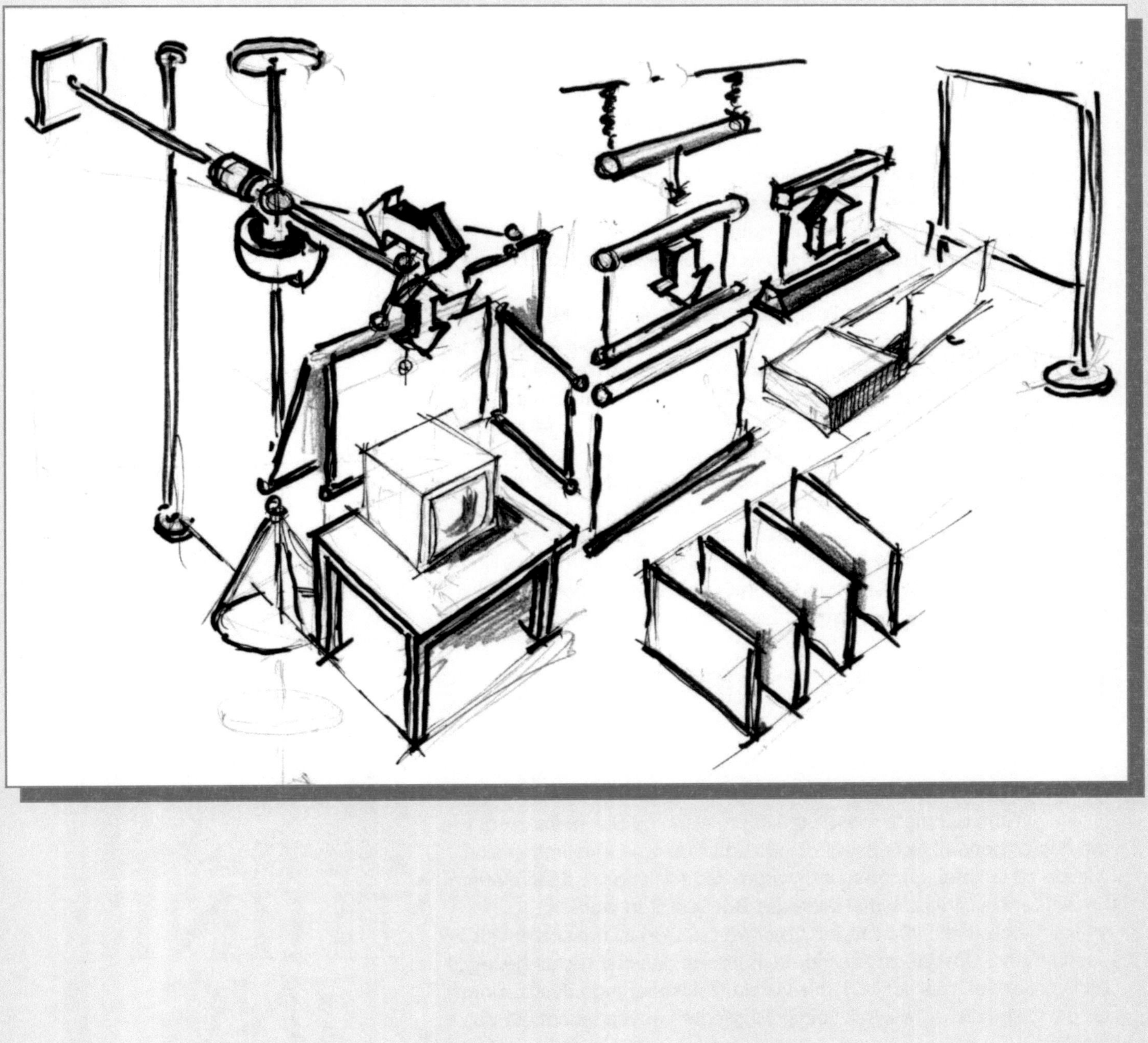

UND WIE GEHT DAS NUN, DAS SKIZZIEREN?

Dieses Buch besteht aus zwei Teilen:

TEIL 1: ANLEITUNG ZUM MACHEN.

Der Teil 1 dieses Buches beantwortet die Frage, wie das mit dem Skizzieren geht, wie Sie es erlernen können, Sie ganz für sich allein, nur mit diesem Buch und Schritt für Schritt. Das beginnt sofort auf den nächsten Seiten. Darin ist wenig Theorie enthalten. Es geht nur darum, Ihnen zu zeigen wie es geht.

Wichtig sind dabei Ihre Hände und das Material - und dass Sie wirklich wollen.

Die gewählten Beispiele sind zunächst einfach und entwickeln sich Schritt für Schritt. Der Aufbau des Buches ist modular und die Vorgehensweise systematisch. Das entspricht der Arbeitsweise von Technikern, Ingenieuren, Designern und anderen Menschen in ähnlichen Berufen. Wenn Sie Künstler sind – oder es gerne sein wollen, spontan und impulsiv, dem Einfall folgend, kann es trotzdem empfehlenswert sein, wenn Sie sich der Vorteile systematischen Arbeitens bedienen und versuchen, die Grundlagen zu beherrschen. Es ist einen Versuch wert. Sie wissen, dass der griechische Begriff „techne“, von dem unser Begriff „Technik“ abgeleitet wurde, wörtlich übersetzt Kunst heißt. Kunst und Technik haben dieselben Wurzeln. Vielleicht kann man sogar sagen, dass Kunst und Technik dasselbe ist.

TEIL 2: DIE THEORIE, DIE HINTERGRÜNDE UND DAS WARUM

Wenn Sie mehr wissen möchten, wenn es Sie interessiert, wie die nachfolgenden Schritte, die Tipps und Hinweise entstanden sind, wie sie zusammen gehören und warum das Alles so ist, dann blättern Sie weiter bis in die zweite Hälfte des Buches. Dort werden wahrscheinlich alle Ihre Fragen beantwortet. Dort ist unser Denken bestimmend. Um das zu illustrieren, habe ich das hier rechts gezeigte Bild verwendet, das der VDI, der Verein Deutscher Ingenieure, einmal für die wesentliche Tätigkeit seiner Mitglieder verwendet hat, für das Denken.

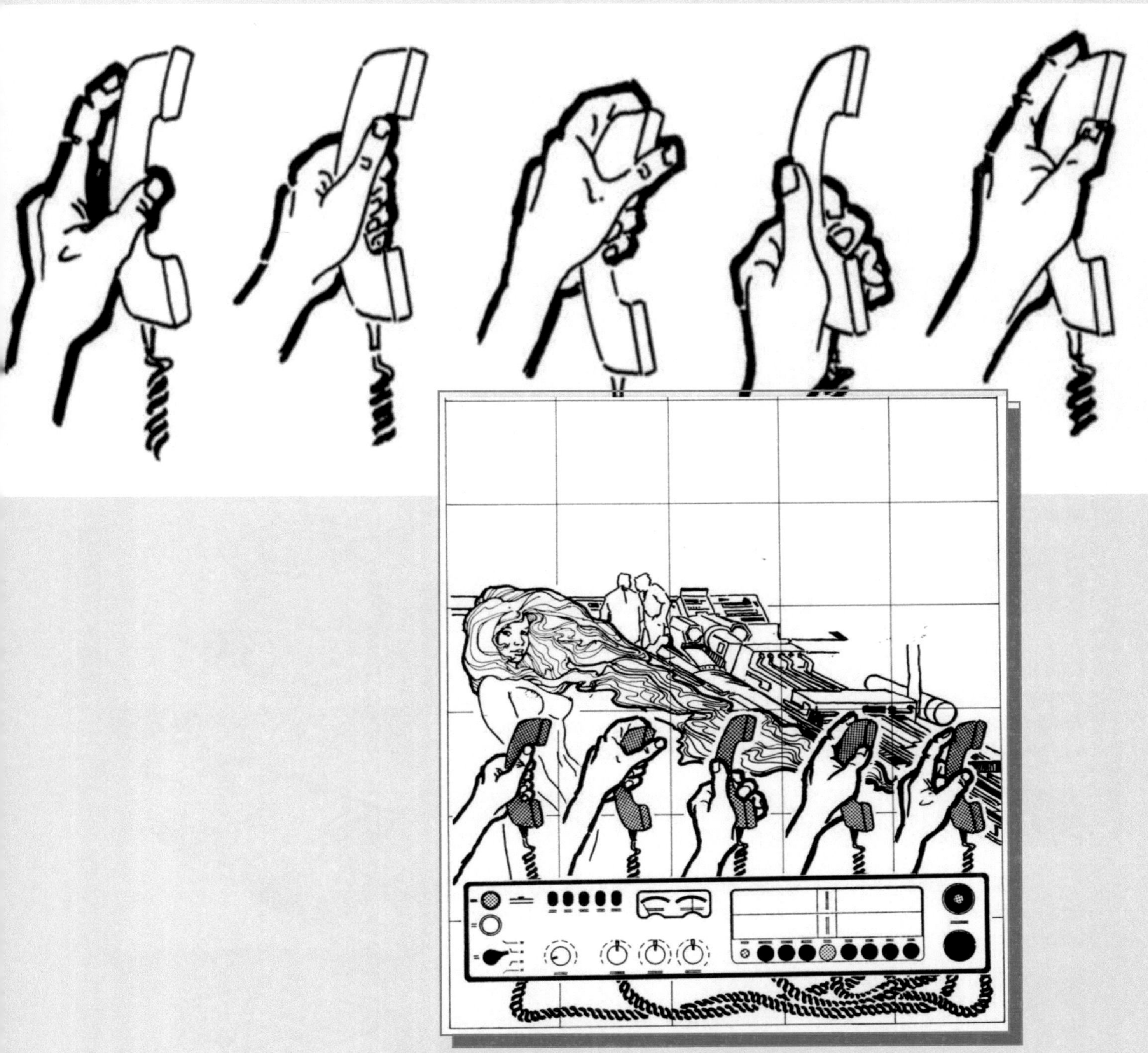

DIE GRUNDKÖRPER

Die in diesem Buch gezeigten - skizzierten - Gegenstände sind vorwiegend technischer Art, Maschinen, Werkzeuge und dergleichen. Das hängt mit den Seminaren zusammen, die ich abgehalten habe. In der Technik kommen vorwiegend nur einige wenige Grundkörper und entsprechende Bombierungen, ein Sonderfall der Freiformflächen, vor. Das Buch ist entsprechend aufgebaut. Auf der rechten Seite sind einige Abwandlungen der Grundkörper und ein erstes Skizzenblatt zu sehen.

Trotzdem ist es möglich, auch Naturformen, amorphe und unregelmäßige Formen, das heißt alles andere darzustellen, was uns unsere Umgebung darüber hinaus für uns an Gegenständen und Phantasiegebilden zeigt. Auch in diesen Fällen beginnt man mit den Grundkörpern. Über einige Besonderheiten hierzu finden Sie gegen Ende des ersten Teiles mehr. Die Grundkörper – das sind:

DER ALLGEMEINE KUBUS UND

DER SPEZIELLE KUBUS: DER WÜRFEL

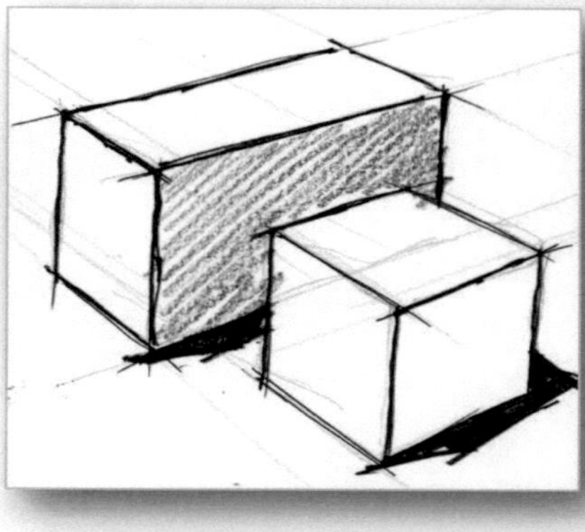

Der allgemeine Kubus hat sechs rechteckige, teilweise unterschiedlich große Flächen - und nur rechte Winkel. Der spezielle Kubus, der Würfel, hat sechs gleiche quadratische Flächen und ebenfalls sechs rechte Winkel.

DANN DER STEHENDE ZYLINDER

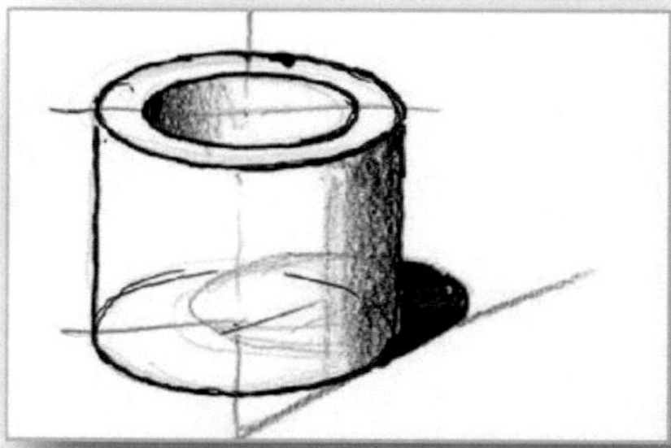

Der stehende Zylinder und dessen Umkehrung, die runde Öffnung bzw. die Bohrung. Man kann auch vom positiven und negativen Zylinder sprechen. Dazu kommen alle Abwandlungen wie Anflächungen, Exzentrizitäten usw. Beim stehenden Zylinder werden, wie beim Kubus, die senkrechten Linien parallel skizziert.

ES FOLGT DER LIEGENDE ZYLINDER

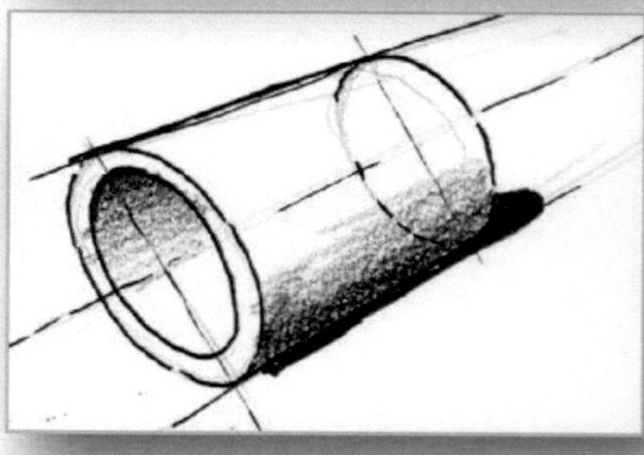

Der liegende Zylinder bezieht sich wieder auf die Fluchtpunkte und beschert uns damit das Problem der sich ständig verändernden Ellipse.

UND DIE (TEILWEISE) FREIFORM-FLÄCHE

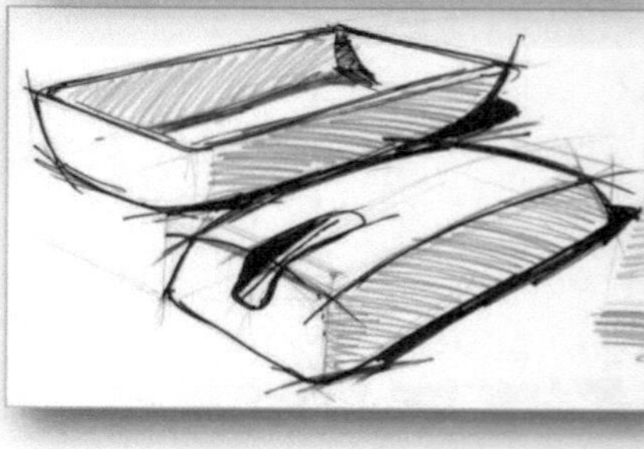

Sie kommt, als volle Freiformfläche, beispielhaft beim Auto und bei Geräten vor, die den menschlichen Körper umhüllen, Brillen, Sportschuhe, Helme usw. Ihre teilweise Variante lässt sich in vielen Fällen auf die genannten Grundkörper zurückführen.

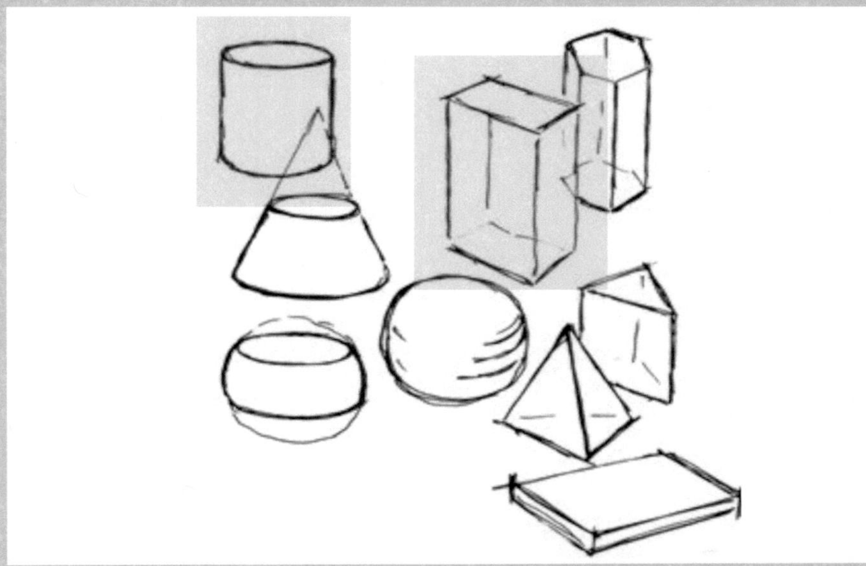

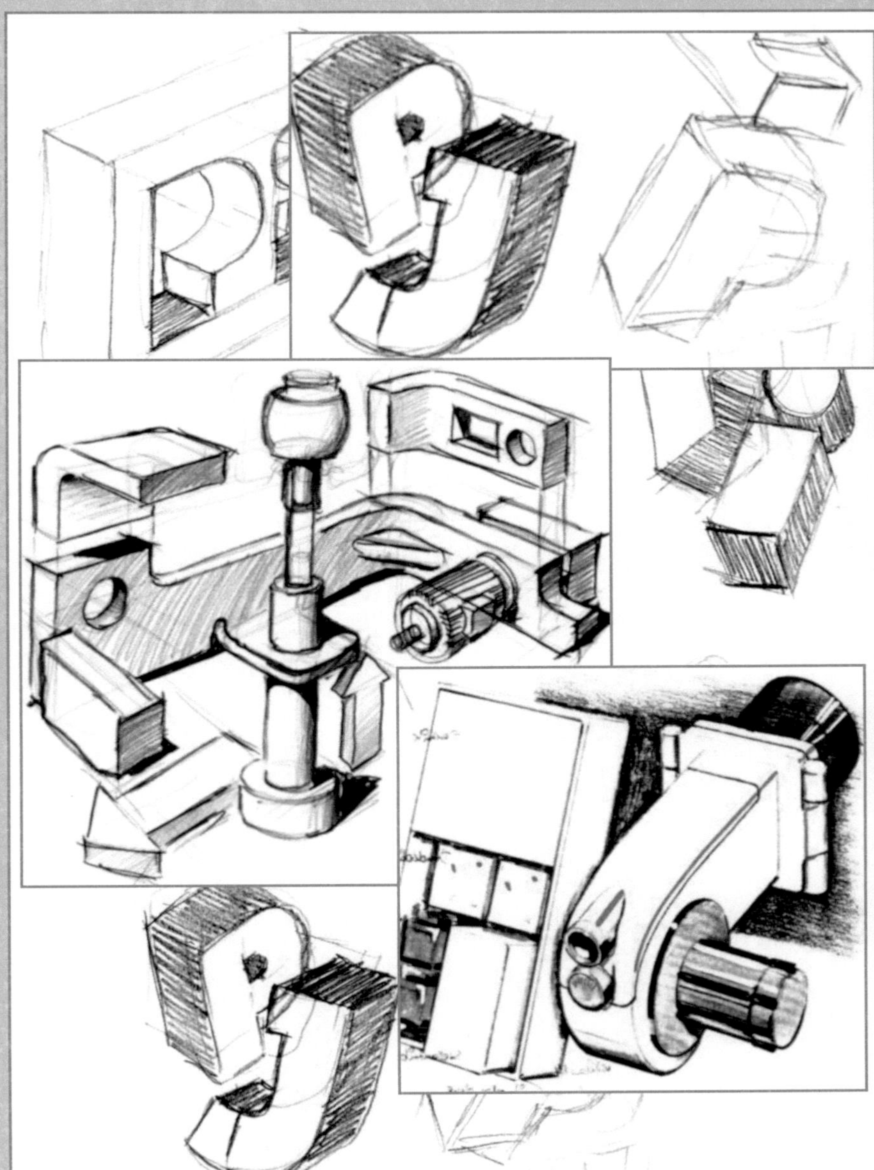

TEIL 1: 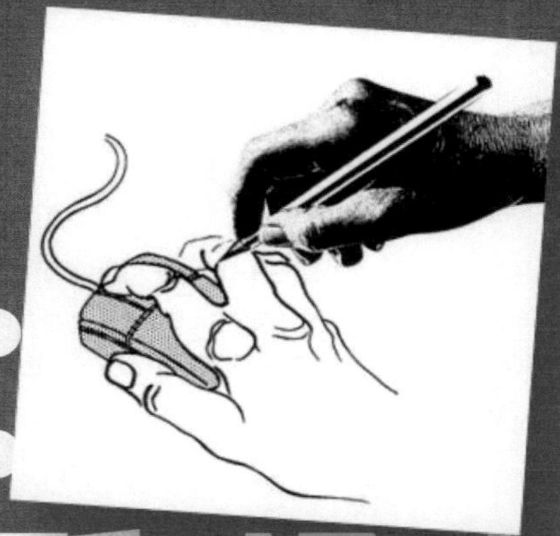 ANLEITUNG ZUM MACHEN

MODUL 1: DIE MATERIALIEN

Um das Skizzieren und Zeichnen zu erlernen benötigen Sie Materialien, Werkzeuge oder Tools, wie man das heute bezeichnet. Aber keine Angst, das sind am Anfang nur wenige:

DIE STIFTE: DER SCHWARZE FARBSTIFT

Der Farbstift dient zum Erstellen der Skizze. Verwenden Sie schwarze Farbstifte, zum Beispiel Polychromos von Faber Castell oder einer anderen Marke - aber Polychromos. Polychromos ist ein amerikanisches Patent, das von mehreren Unternehmen in Lizenz hergestellt wird. Polychromos-Stifte haben einen satten Farbauftrag und sind trotzdem stabil und fest. Bleistifte sind nicht geeignet, sie machen keine schwarzen, sondern graue Striche.

DIE STIFTE: DER FILZSTIFT

Der Filzstift dient nur für Ergänzungen, zum Beispiel für die Schlagschatten Ihrer Skizze. Verwenden Sie etwas dickere Filzstifte mit runder Spitze, sodass gleichmäßige Striche entstehen. Achten Sie darauf, dass auf dem Stift „Permanent“ aufgedruckt ist. Nur dann ist er wasserfest und schmiert nicht, zum Beispiel der „EDDING 3000“.

DAS LINEAL

Für den Anfang ist ein Lineal hilfreich. Es sollte nicht zu kurz sondern wenigstens 40cm lang sein, besser mehr, und keine Scharten haben. Auf Dauer werden Sie ohne Lineal auskommen.

DER SPITZER

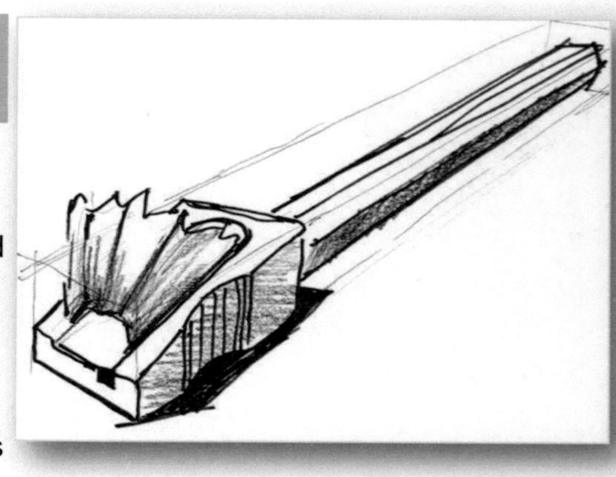

Um die Farbstifte anspitzen zu können, benötigen Sie einen Spitzer oder Bleistiftspitzer oder, wie manche sagen, einen Anspitzer. Die ganz billigen haben eine Schälklinge, die recht schnell stumpf wird und zu Frust führt. Außerdem liegt bei dessen Verwendung der Abfall überall herum. Wenn also ein Schälklingenspitzer, dann nur, wenn dieser einen angebautem Behälter, der die Späne aufnimmt, hat. Besser, sehr viel besser sind Spitzer mit Kurbel. Sie haben einen Walzenfräser, der für lange Zeit ein befriedigendes Ergebnis liefert. Es ist besser, wenn Sie gutes Material haben. Also gönnen Sie sich das.

GERANIUMROT HELL, PALE GERANIUM LAKE
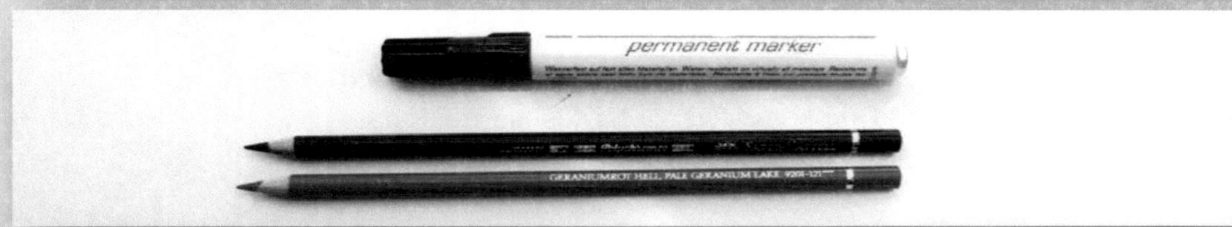
permanent marker
GERANIUMROT HELL, PALE GERANIUM LAKE
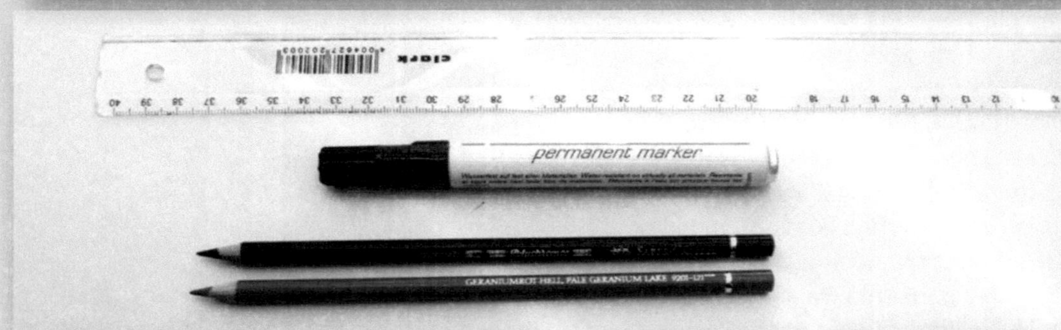
permanent marker
GERANIUMROT HELL, PALE GERANIUM LAKE
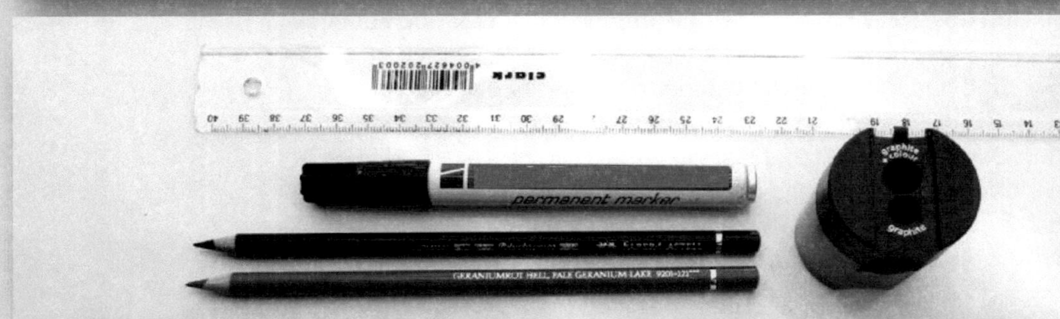
permanent marker
GERANIUMROT HELL, PALE GERANIUM LAKE

permanent marker
GERANIUMROT HELL, PALE GERANIUM LAKE

DAS PAPIER

Zum schnellen Entwerfen, eben zum Skizzieren, ist ganz normales Druckerpapier gut geeignet. Früher nannte man es Schreibmaschinenpapier. Es ist 80 Gramm/qm schwer und weiß und wird heute in jedem üblichen Drucker verwendet. Dieses Papier hat einige Vorteile.

■ Es ist billig. Sie brauchen also nicht zu sparen. Es ist äußerst hinderlich, wenn Sie bei jedem den Sie machen, die wirtschaftlichen Gesichtspunkten berücksichtigen müssen. Dabei gehen sowohl die Spontaneität als auch ihre Geduld verloren.

Sparen Sie also nicht am Papier. Und: Vergessen Sie Ihren Radierer. Das ist ganz wichtig: Radieren Sie nicht. Entfernen Sie Ihren Radierer vom Tisch oder werfen ihn ganz weg. Er hindert und stört. Auf das Arbeiten ohne Radiergummi komme ich später, beim Stichwort Overlay, noch ausführlich zu sprechen.

■ Das genannte Papier ist leicht durchscheinend. Das ist für das schnelle Entwerfen nicht nur praktisch, sondern für bestimmte Techniken unabdingbar. Auch darauf komme ich später noch einmal zurück.

■ Und das Papier ist auch in der nächsten Größe, in DIN A3, immer noch billig. Fast jeder Kopierer und viele einfache Drucker können DIN A3 verarbeiten. Deshalb findet man diese Größe auch in fast jedem Büro. Verwenden Sie am Anfang nur DIN A3. Wenn Sie noch ungeübt sind hat das den Vorteil, dass die Fluchtpunkte 1 und 2 immer mit auf dem Blatt sind.

TIPP: *Verwenden Sie keine Bleistifte. Deren Strich ist nicht schwarz, sondern grau und wird, auch bei festerem Andrücken oder intensiverem Zeichnen, nicht dunkler. Außerdem schmiert er.*
Und er hat diesen silbrigen Glanz, mit dem wir in der Skizze überhaupt nichts anfangen können.

TIPP: *Falls Sie später etwas Farbe in Ihre Skizze bringen wollen, bietet sich wiederum das Polychromos-Programm an. In derselben Qualität des schwarzen Stiftes sind eine Vielzahl verschiedener Farben erhältlich.*
Seien Sie mit Farben aber bitte sparsam.

Und noch etwas über die Materialien. Sie sind heute nicht mehr so einfach zu beschaffen, wie das einmal war. Tipps und Anschriften dazu habe ich in Teil 2 zusammen gestellt.

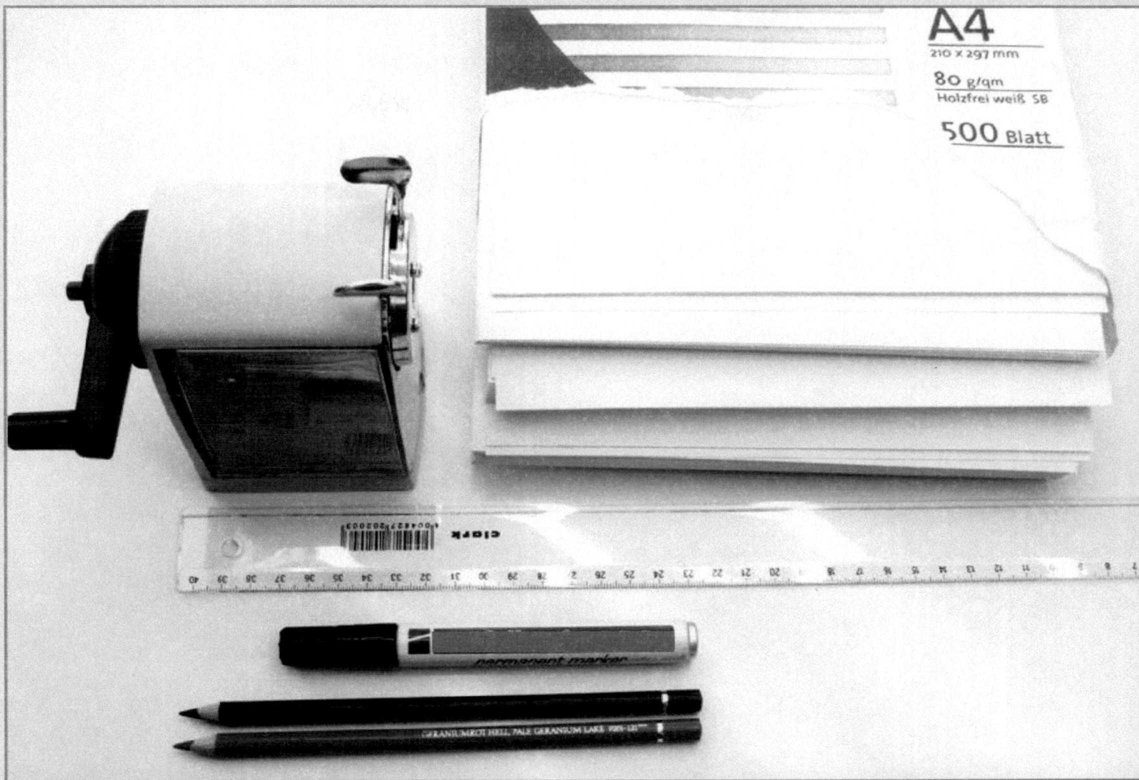
A4
210 x 297 mm
80 g/qm
Holzfrei weiß SB
500 Blatt
permanent marker

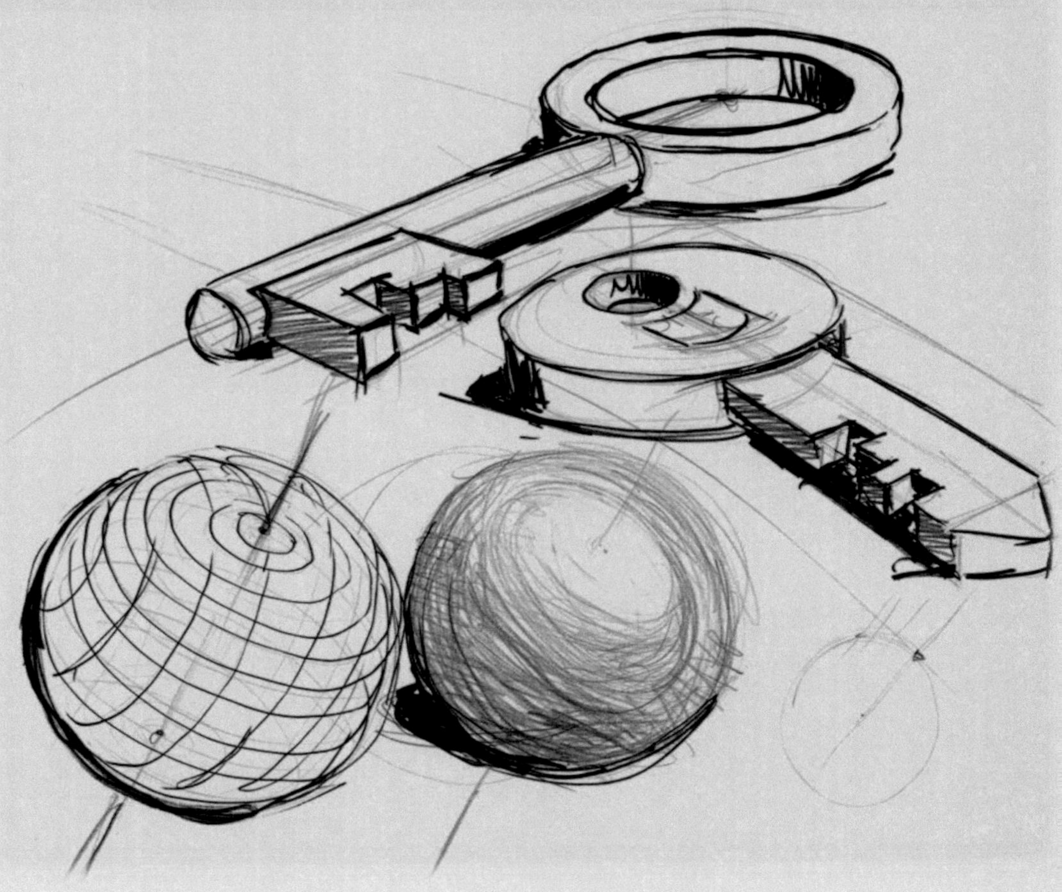

HIER NUN GEHT'S LOS

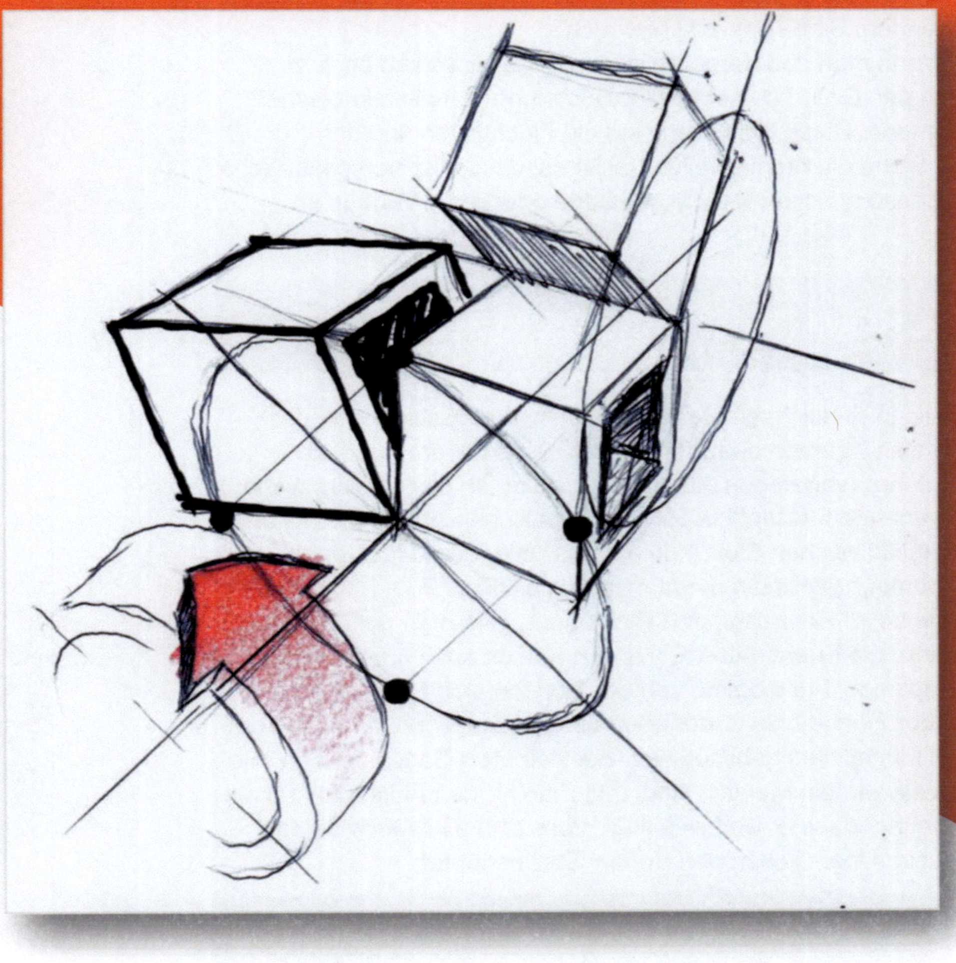

MODUL 2: DER KUBUS ALS WÜRFEL

Der am einfachsten zu zeichnende Gegenstand ist der Würfel. Er ist ein Sonderfall des Kubus, der sechs gleiche Seiten hat, die jeweils im rechten Winkel zueinander stehen. Wir sehen ihn mit den Augen annähernd so, wie ihn eine Kamera auch sieht. Daher können wir für den Anfang und zur Erläuterung der Einzelheiten ein Kamerabild verwenden. Siehe das Bild hier rechts.

Wenn man das Kamerabild um einige Hilfslinien ergänzt, ergibt sich das Grundmuster für die Zeichnung von allen kubischen Gegenständen. Diese Hilfslinien sind die Fluchtlinien und der Horizont. Siehe die rechte Seite. Ziel ist es, dass eine perspektivische Skizze ebenso aussieht wie die gedachte oder reale Vorlage im Raum.

FLUCHTLINIEN UND FLUCHTPUNKTE

Alle in Wirklichkeit parallelen Linien, zum Beispiel die 4 horizontalen Kannten des Würfels, die beiden oberen und die beiden unteren (von denen eine nicht sichtbar ist) treffen sich, wenn man sie verlängert, sowohl in der fotographischen Aufnahme als auch in der perspektivischen Skizze, in einem Punkt, dem Fluchtpunkt. Diese Verlängerungslinien nennt man Fluchtlinien.

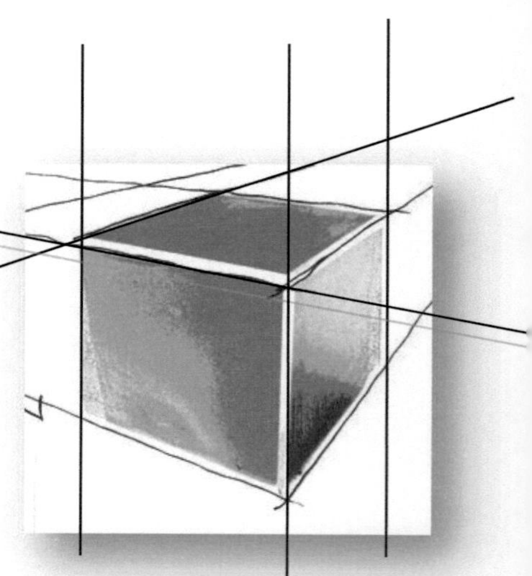

Da es im Raum immer 3 Richtungen gibt, man nennt sie auch Koordinaten, die Koordinaten x, y und z, gibt es auch 3 Fluchtpunkte. Die Fluchtpunkte 1 und 2 sind von den horizontalen Fluchtlinien, während der Fluchtpunkt 3, der oben oder unten liegen kann, von den vertikalen Fluchtlinien gebildet wird. Bei kleineren Gegenständen, die etwa so klein wie ein Mensch sind, trifft man für den Fluchtpunkt 3 die Vereinfachung, dass er weit weg liegt, dass sich alle senkrechten Linien erst im Unendlichen dort treffen. Das bedeutet:

ALLE SENKRECHTEN LINIEN WERDEN PARALLEL GEZEICHNET.

Das sieht auch die Kamera so – vorausgesetzt die Entfernung ist groß genug. Bei größeren Gegenständen, zum Beispiel bei Gebäuden, oder wenn man mit dem Auge oder dem Kameraobjektiv dicht am Objekt ist, ist diese Vereinfachung nicht mehr zulässig. Der Fluchtpunkt 3 liegt dann, zum Beispiel bei Gebäuden, die man von unten betrachtet, also bei einem Hochhaus von der Straße aus gesehen, oben. Wenn man dieselben Gebäude von oben betrachtet, wenn man also darüber zu fliegen scheint, liegt der Fluchtpunkt 3 unten – wie hier im Bild rechts.

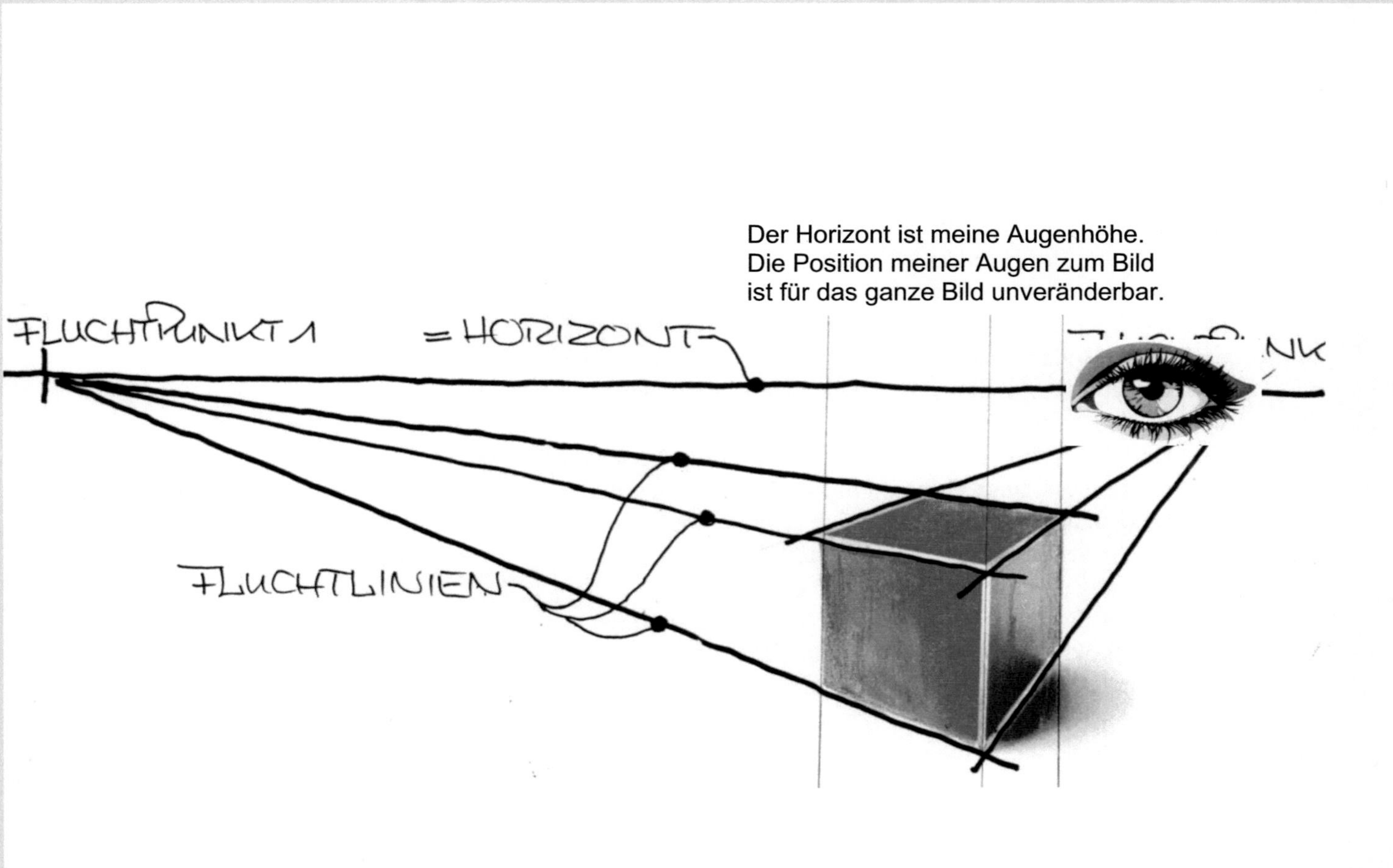
Der Horizont ist meine Augenhöhe.
Die Position meiner Augen zum Bild
ist für das ganze Bild unveränderbar.
FLUCHTPUNKT 1
= HORIZONT
FLUCHTLINIEN

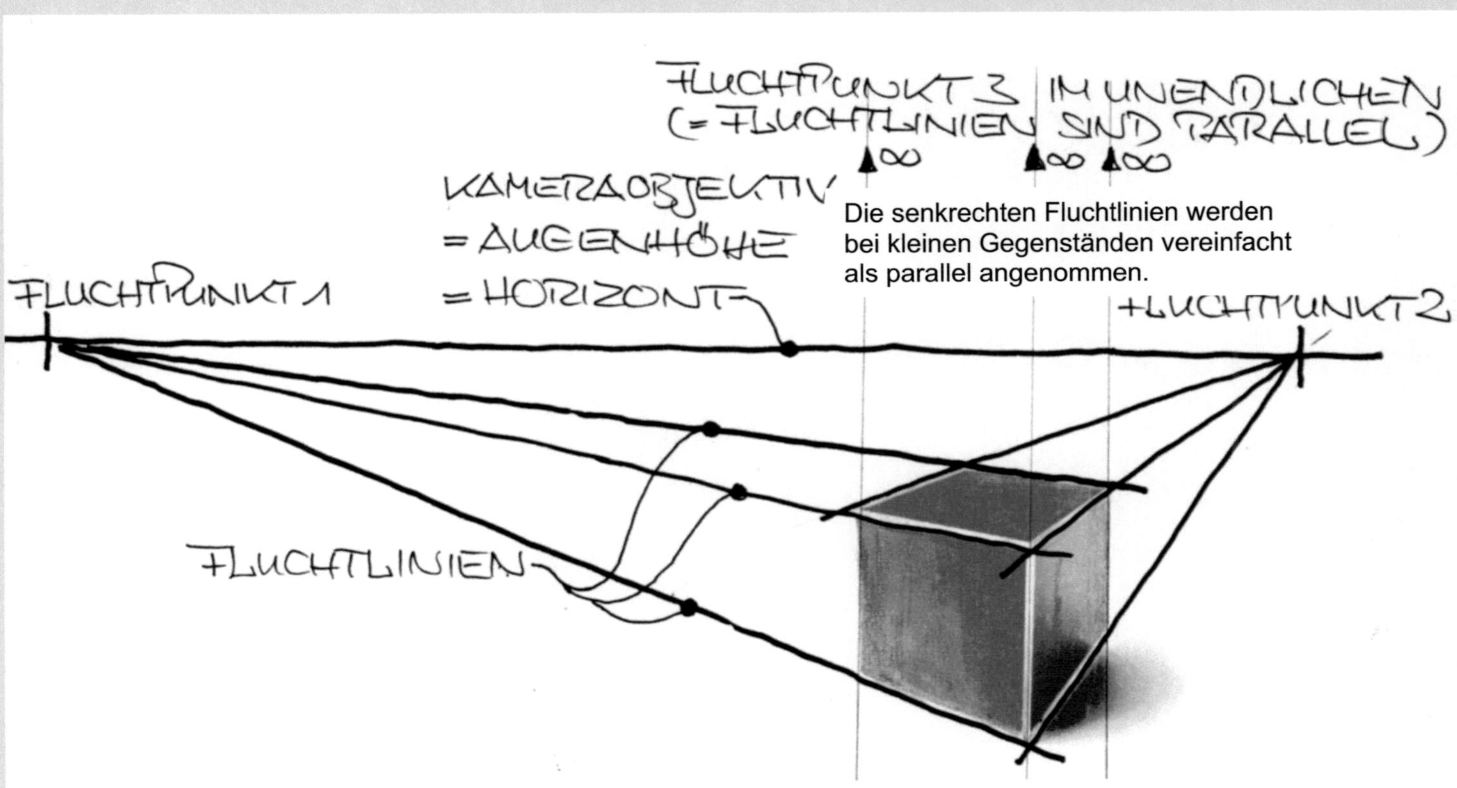
FLUCHTPUNKT 3 IM UNENDLICHEN
(= FLUCHTLINIEN SIND PARALLEL)
∞ ∞ ∞
KAMERAOBJEKTIV
= AUGENHÖHE
Die senkrechten Fluchtlinien werden
bei kleinen Gegenständen vereinfacht
als parallel angenommen.
FLUCHTPUNKT 1
= HORIZONT
FLUCHTPUNKT 2
FLUCHTLINIEN

DER HORIZONT

Die Fluchtpunkte 1 und 2 liegen immer auf einer horizontalen Linie, dem Horizont. Der Horizont ist immer horizontal.

Ausnahmen: Der Horizont ist, wenn wir in einem Flugzeug fliegen oder wenn wir betrunken sind, nicht mehr horizontal. Eine Skizze einer derartigen Situation kommt in diesem Buch nicht vor, insofern bleibt der Horizont für alle unsere Anwendungen horizontal.

Horizontal bedeutet, dass der Horizont immer parallel zur waagerechten, das ist die untere oder obere Blattkante, ist.

Der Horizont ist immer der Horizont des Betrachters bzw. des Zeichners. Das sind wir. Deshalb nennt man ihn auch „Augenhöhe". Der Horizont liegt immer dort, wo wir als Zeichner uns mit unseren Augen befinden. Horizont und Augenhöhe sind in diesem Buch identisch. In Skizzen und Zeichnungen, zum Beispiel von Landschaften oder Siedlungen, können der Bildhorizont und der Horizont der Perspektive unterschiedlich sein. Auch das kommt in diesem Buch nicht vor. Im Falle des Kamerabildes ist der Horizont immer dort, wo die Kamera ihr „Auge" hat oder hatte. Das „Kameraauge" ist das Kameraobjektiv.

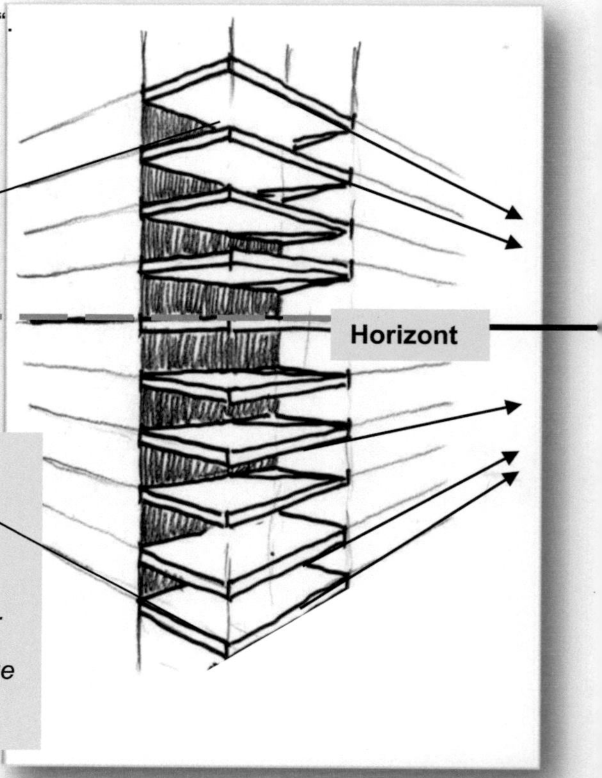

TIPP:
Wenn Sie jetzt mit dem Zeichnen beginnen, zeichnen Sie immer nur auf eine Seite des Papiers.
Wenn Sie die Rückseite verwenden,

- *kann man nicht mehr erkennen, welche Seite Sie meinen.*
- *Außerdem ist es möglich, dass Sie die auf der Rückseite befindlichen Striche beim Weiterarbeiten auf die Unterlage „durchzeichnen".*

TIPP:
Achten Sie am Anfang darauf, dass die beiden Fluchtpunkte 1 und 2 immer auf ihrem Blatt liegen. Verwenden Sie daher am Anfang größere Blätter, zum Beispiel DIN A3 - und die immer im Querformat. Und verwenden Sie ein längeres Lineal.

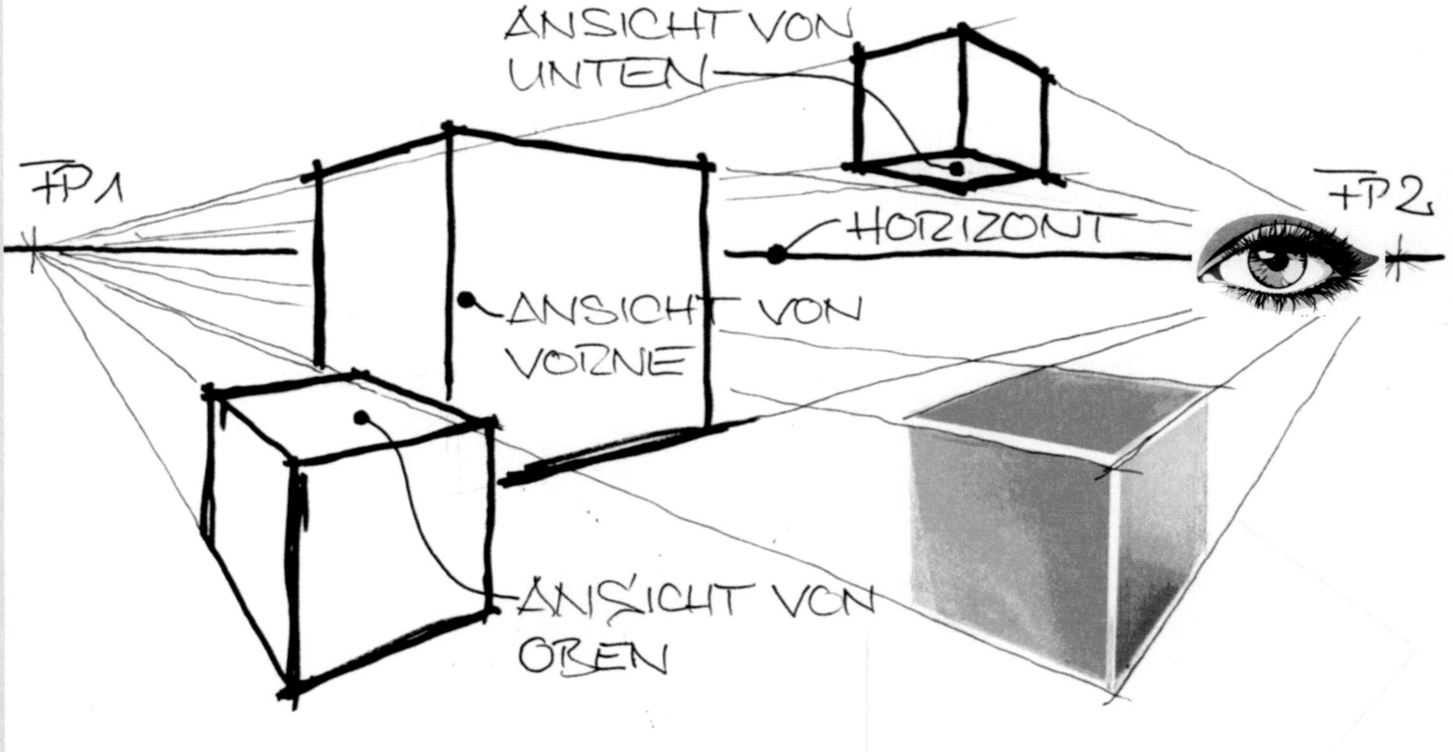

ÜBUNG: Zeichnen Sie zunächst den Horizont und die beiden Fluchtpunkte.

Skizzieren Sie nun zwischen die beiden Fluchtpunkte und um den in der Blattmitte angeordneten Horizont viele große und kleine Würfel.

MODUL 3: DER GEDREHTE KUBUS

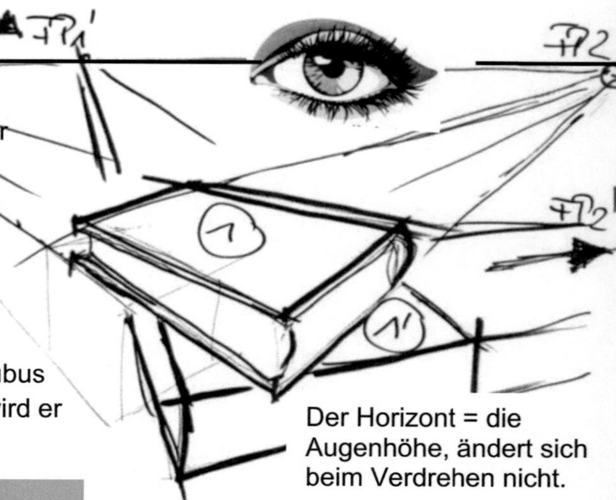

Der Horizont = die Augenhöhe, ändert sich beim Verdrehen nicht.

Werden zwei oder mehr Kuben horizontal gegeneinander verdreht, bleiben die Fluchtpunkte 1 und 2 unverändert auf dem Horizont. Der Horizont ist ja gleichzeitig meine Augenhöhe. Das bedeutet, dass sich daran (also an mir), auch bei beliebigen Veränderungen auf einem Bild nichts ändern kann. Der Horizont bleibt unverändert. Er ist fix.

Und es kann pro Bild nur einen Horizont geben.

Die beiden Fluchtpunkte wandern allerdings. Wird ein Kubus nach rechts gedreht, wandern beide Fluchtpunkte nach rechts, wird er nach links gedreht, wandern sie entsprechend nach links. Beide.

DIE FLUCHTPUNKTE EINES GEGENSTANDES KÖNNEN NICHT GEGENEINANDER WANDERN.

Ihre „Geschwindigkeiten" bzw. ihre „Wanderstrecken" sind ganz unterschiedlich. Der zur Bildmitte hin wandernde Fluchtpunkt wird immer „langsamer" bzw. seine „Wanderstrecke" wird immer kleiner = kürzer. Sie erreicht den Wert Null, wenn er in der Bildmitte angekommen ist. Dagegen wird die „Wanderstrecke" des gleichzeitig aus dem Bild hinaus wandernden Fluchtpunktes immer länger. Sie erreicht den Wert Unendlich, wenn der dazugehörige andere Fluchtpunkt in der Bildmitte angekommen ist. Unendlich bedeutet, dass er sowohl halb um die Erde gewandert ist, als auch, dass seine Fluchtlinien sich erst im Unendlichen treffen. Und das wiederum bedeutet, dass die zu dem im Unendlichen liegenden Fluchtpunkt strebenden Fluchtlinien alle parallel zueinander und parallel zum Horizont – und parallel zur unteren oder oberen Blattkante sind.

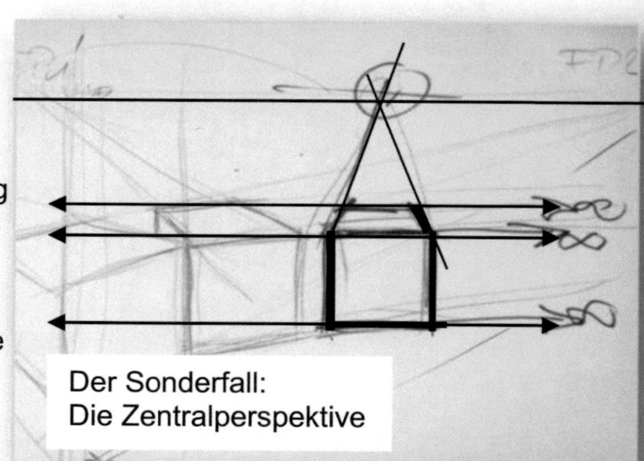

Der Sonderfall:
Die Zentralperspektive

Diesen Sonderfall nennt man Zentralperspektive. Weil eine Skizze in Zentralperspektive in vielen Fällen keine eindeutige Information vermittelt - oder sogar zu Irritationen führen kann - sollte sparsam damit umgegangen werden.

TIPP:
Skizzieren Sie in Zentralperspektive erst, wenn Sie schon viel Übung haben. Es ist schwierig, sie so zu skizzieren, dass ihre Aussage rasch und eindeutig erkannt werden kann. Siehe hierzu auch in Teil 2.

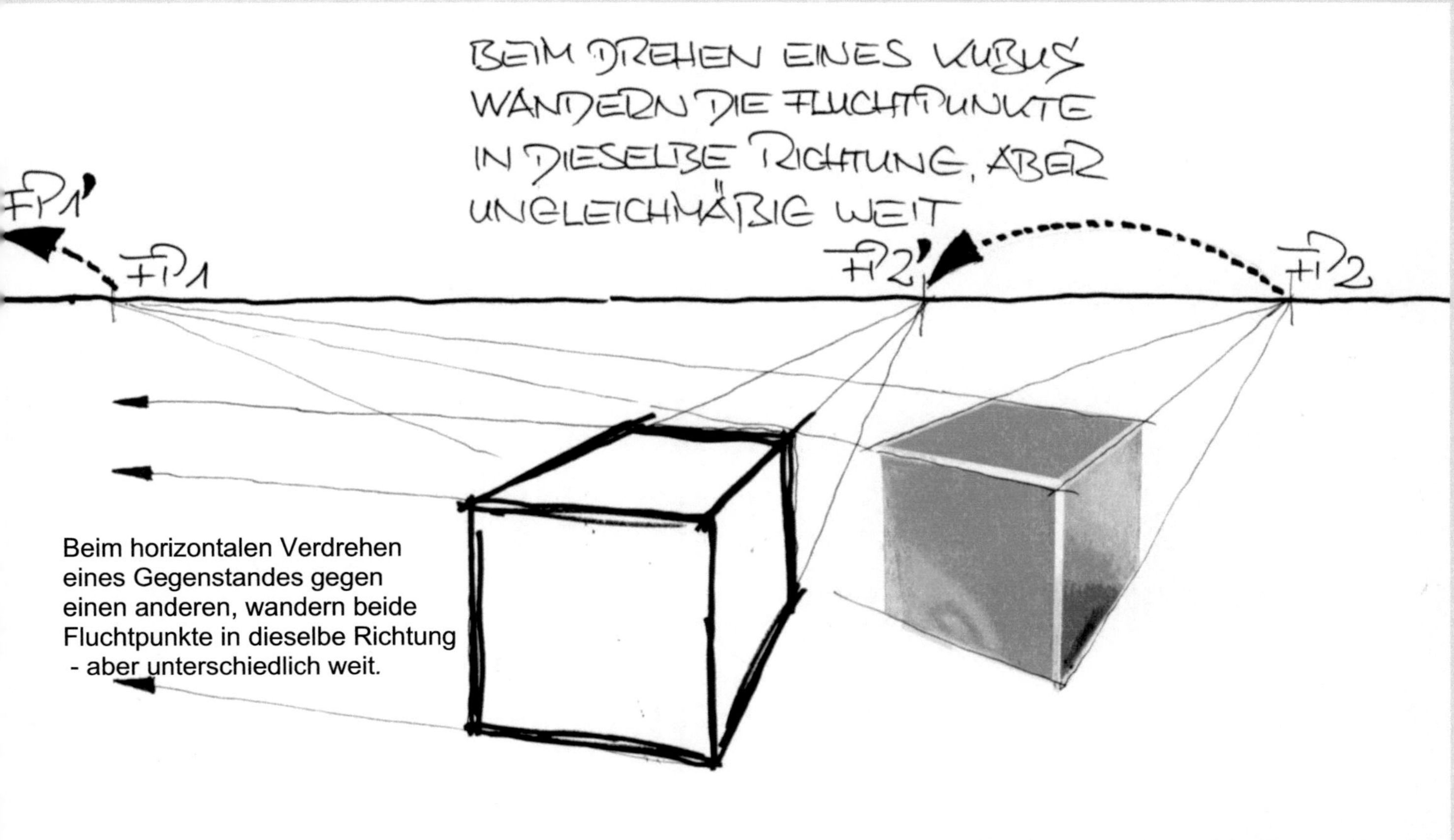

Beim horizontalen Verdrehen eines Gegenstandes gegen einen anderen, wandern beide Fluchtpunkte in dieselbe Richtung - aber unterschiedlich weit.

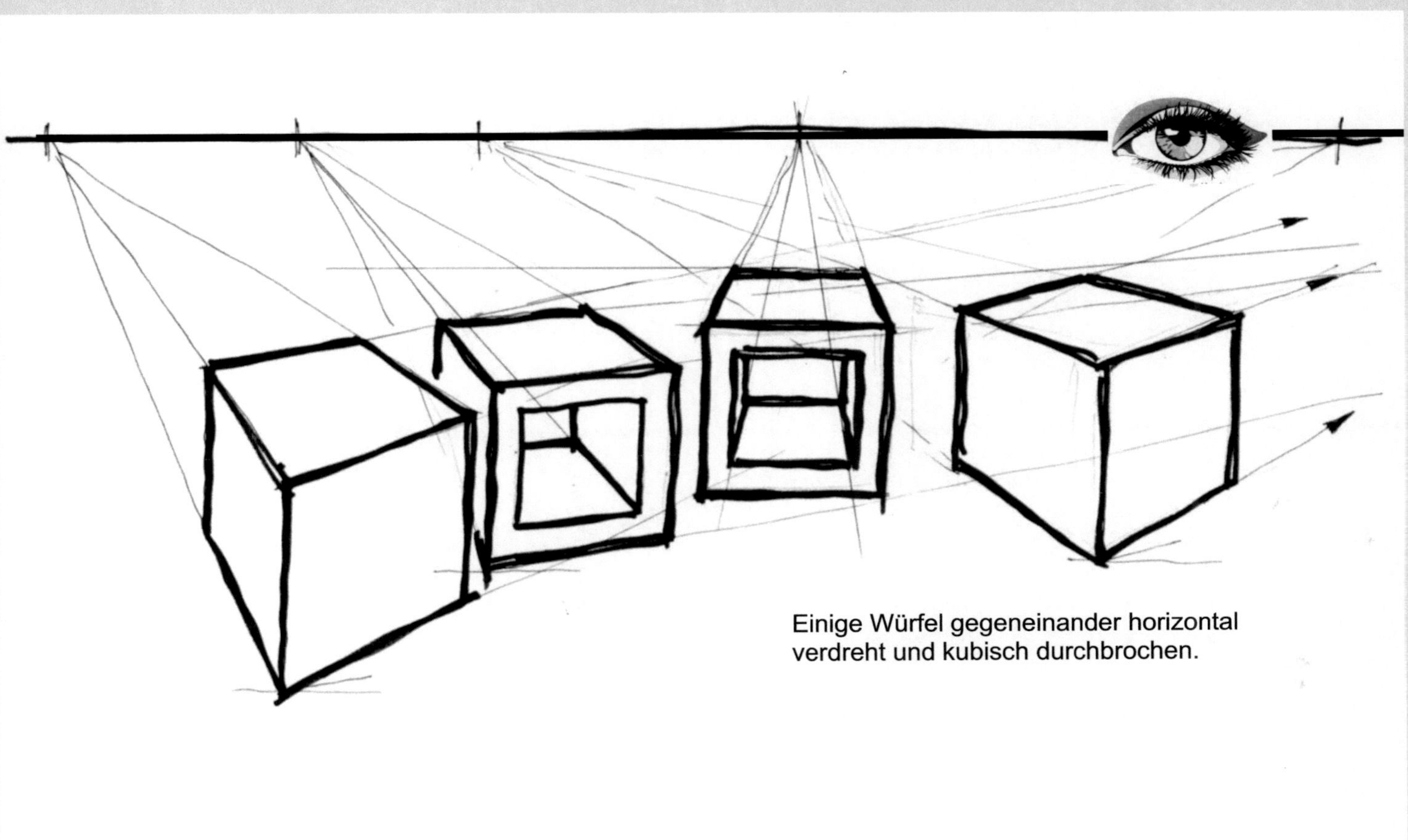

Einige Würfel gegeneinander horizontal verdreht und kubisch durchbrochen.

ÜBUNG: Skizzieren Sie unordentlich über--einander liegende Bücher,

einen Kühlschrank mit geöffneter Türe,

oder eine kubische Couchgarnitur,

oder was Ihnen sonst noch Kubisches einfällt.

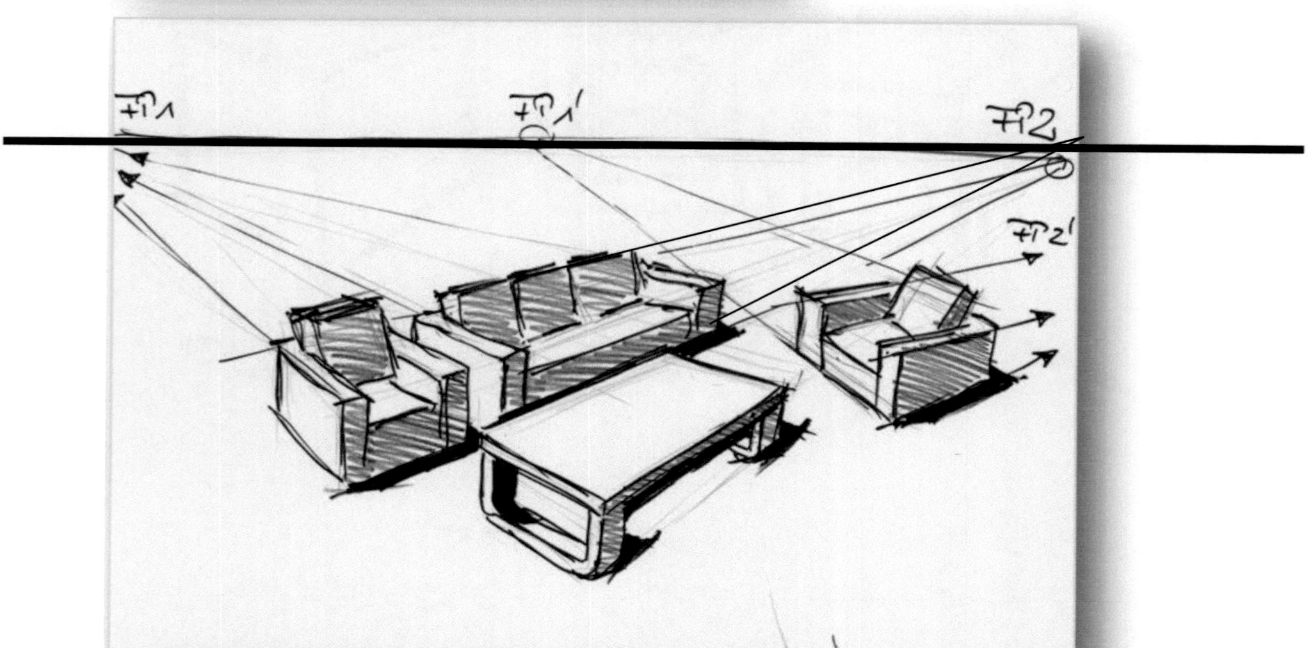

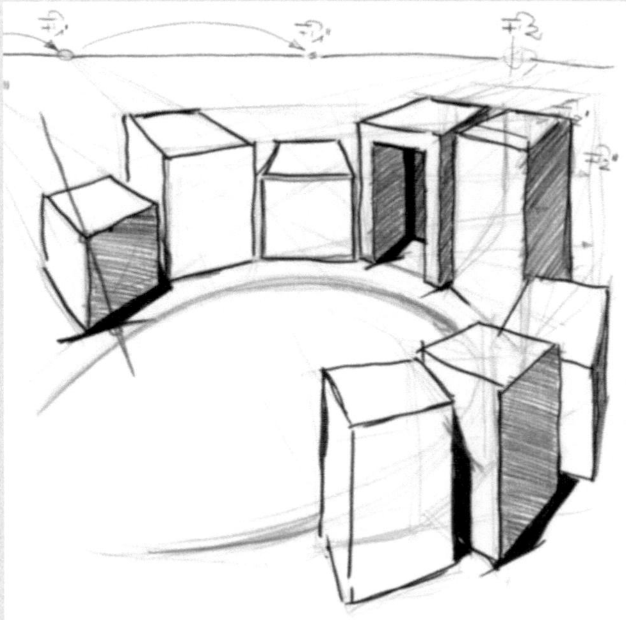

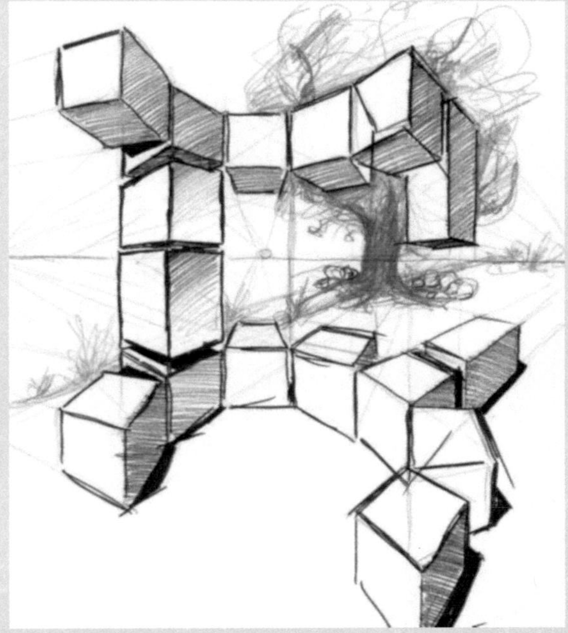

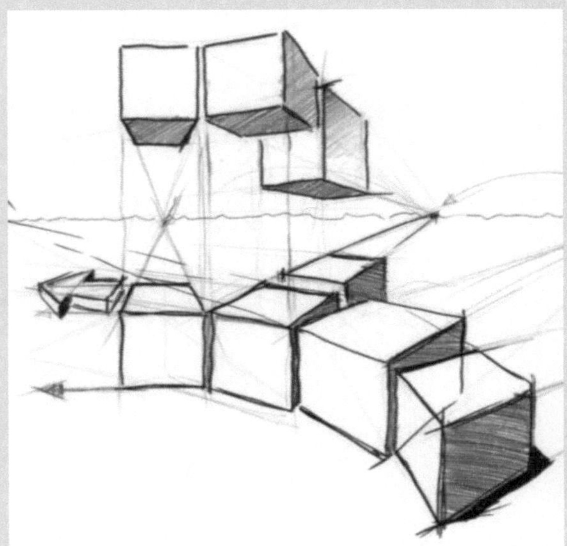

„Isometrische Darstellung einer Zugbrücke von Johann Carl 1587-1665 in Nürnberg“. Aus Katalog GNM.

ÜBUNG: Suchen und korrigieren Sie die Fluchtpunkte und den Horizont dazu.

Das mit der Perspektive war zu jener Zeit ja noch ganz neu. Die Katalog-Beschriftung „Isometrisch“ dürfte daher kaum stimmen.

MODUL 4: WENN'S HINEIN GEHT: DER DURCHBROCHENE KUBUS

Öffnungen sind in der Technik sehr weit verbreitete und übliche Ausprägungen. Wir beschränken uns hier allerdings zunächst auf die kubischen Öffnungen, also die, die man auch als negativen Kubus bezeichnen kann, und deren Linienführung parallel zu den Außenkonturen verläuft. In der Skizze folgt sie damit der Außenkontur - und das wiederum bedeutet, dass die Fluchtpunkte für innen und außen identisch sind.

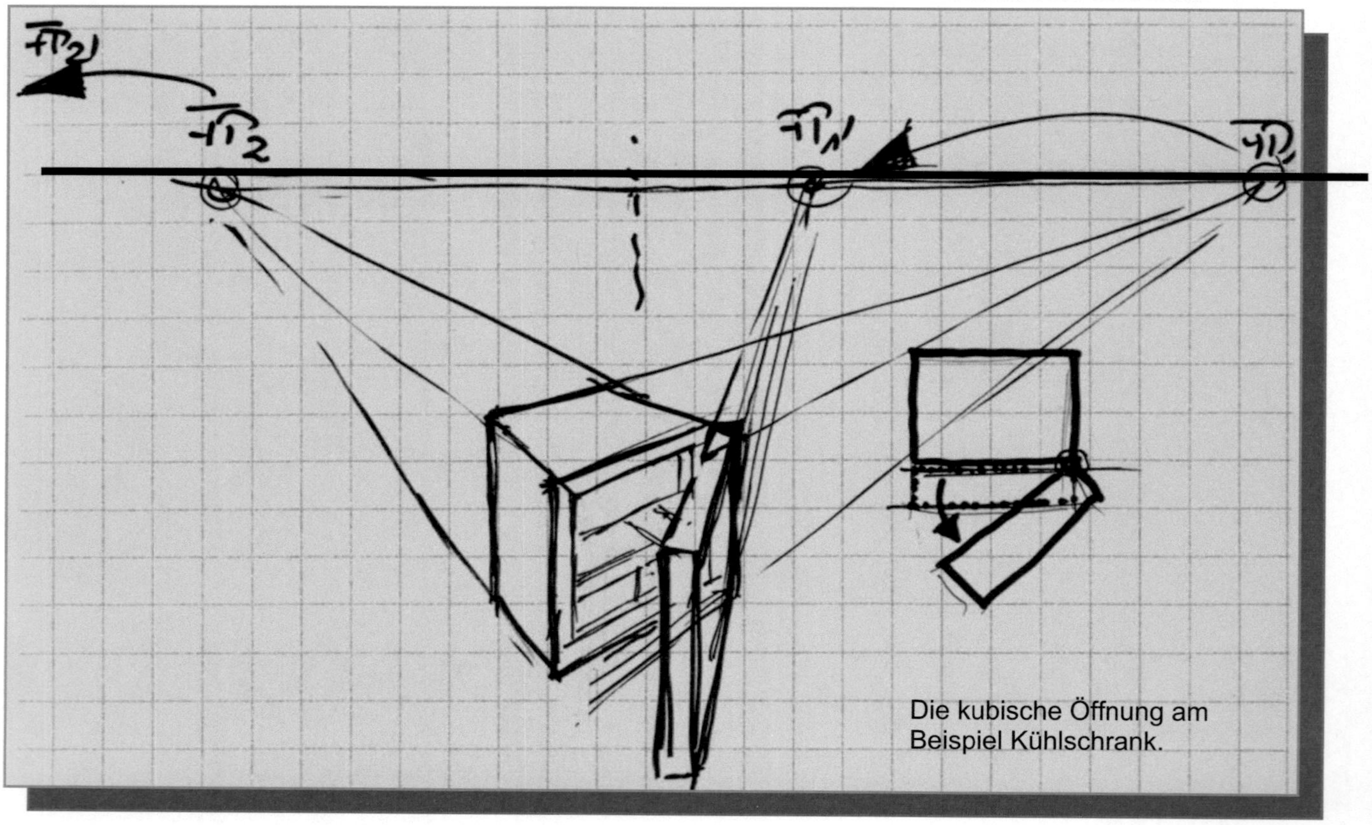

Die kubische Öffnung am Beispiel Kühlschrank.

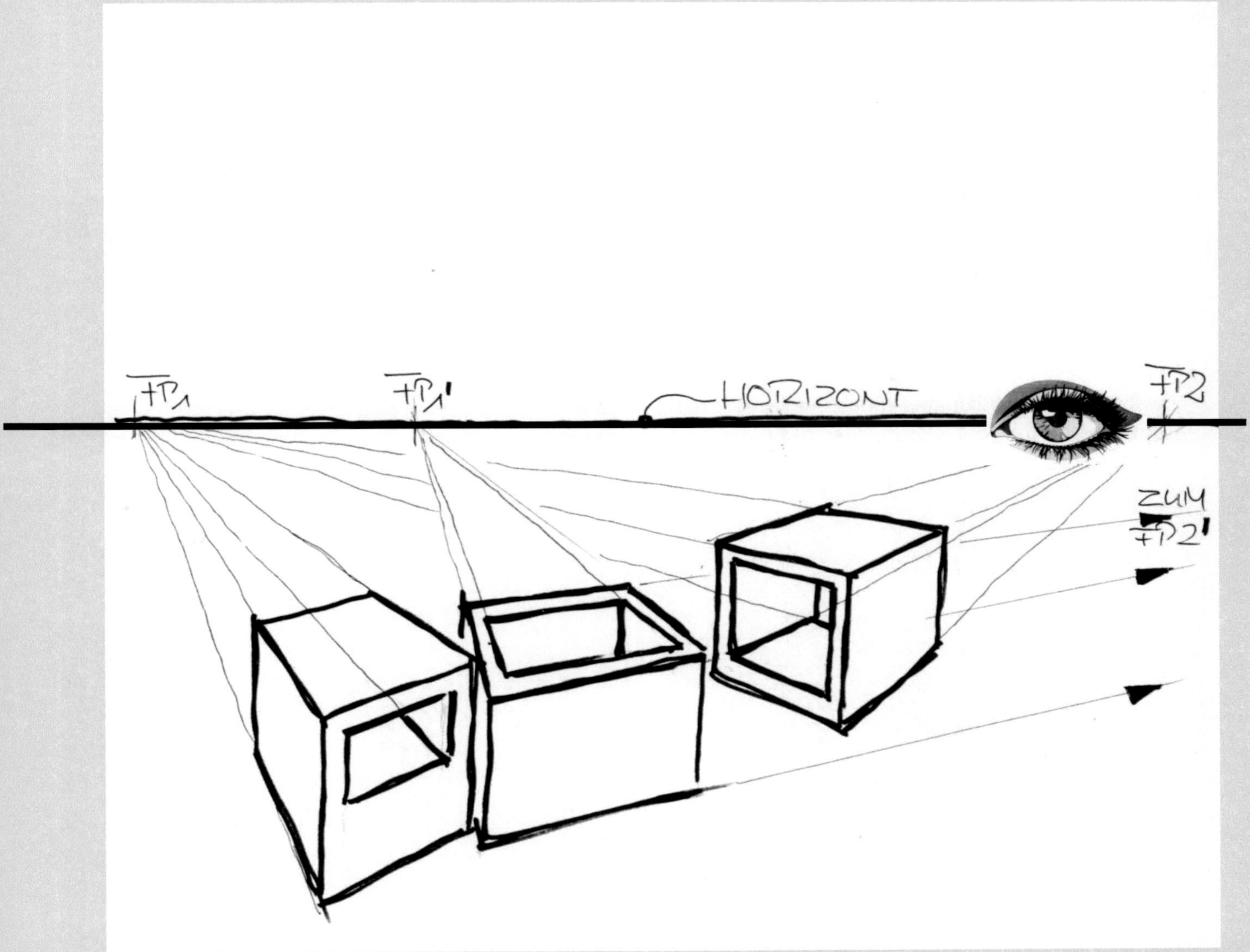
FP1
FP1'
HORIZONT
FP2
ZUM
FP2'

WIE FINDET MAN DIE RICHTIGEN PROPORTIONEN?

Woher weiß ich, wenn ich zum Beispiel einen Würfel skizzieren möchte, wie breit ich die rechte oder die linke Seite anlegen muss, damit sie in der perspektivischen Verzerrung dann als Quadrat erscheint? Oder anders ausgedrückt: wie finde ich die richtigen Proportionen?

Man „sucht“ sie mit dem Stift, indem man dort einen Strich zeichnet, wo man annimmt, dass hier die richtige Stelle ist. Wenn sie das dann aber nicht ist, dann zeichnet man einen weiteren Strich daneben, dann noch einen und noch einen und noch einen, auch einen oder zwei oder drei darüber, über die bereits Vorhandenen und wiederholt diesen Prozess so lange, bis man den Eindruck hat, dass es nun stimmt. Dabei werden die Striche immer dicker und immer kräftiger – was mit den Polychromos-Stiften sehr gut geht.

Der Vorgang ist vergleichbar mit dem Lernen des Fahrradfahrens. Wenn man zum ersten Mal auf das Fahrrad aufsteigt (und es hält mich niemand) kippt man um. Das nächste Mal geht es zwar schon, dass man oben bleibt, ist aber immer noch sehr wackelig. Und wenn man schließlich das zehnte Mal aufgestiegen ist versteht man überhaupt nicht, warum das am Anfang so schwierig war.

ÜBUNG: Beginnen Sie den ersten Umriss mit dünnem Strich. Machen Sie die Striche, die Ihnen noch nicht an der richtigen Stelle erscheinen, immer dicker – so lange, bis Sie zufrieden sind.

Man nennt das:
Mit dem Stift suchen

Entwickeln Sie damit einen Blick für die richtige Proportion.

MACHEN SIE ES WIE DAMALS BEIM FAHRRADFAHREN: ÜBEN, ÜBEN SIE.

TIPP:
Skizzieren Sie verdeckte Kanten, die Kanten, die hinten liegen und man eigentlich nicht sieht, skizzieren Sie die immer mit, aber dünn.

WIE WIRD MEINE SKIZZE WIEDER ORDENTLICH UND ANSCHAULICH?

Durch die vielen und auch viel zu dicken Striche ist Ihre Skizze unansehnlich geworden. Sie müssen sie nun wieder vereinfachen. Dazu legen Sie ein neues Blatt über das schon skizzierte Blatt. Wenn Sie mit dem empfohlenen weißen Druckerpapier arbeiten, können Sie die darunter liegende Skizze gut erkennen.

Anstelle des Druckerpapiers eignet sich auch normales Transparent-Papier, das es in vielen Stärken und Größen – und sogar, extra für diese Zwecke, als Rolle oder Block zu kaufen gibt. Gut geeignet ist Marker-Papier. Es ist, ähnlich dem Druckerpapier, weiß und trotzdem durchscheinend.

Nun skizzieren Sie nur noch die Striche, zeichnen nur die durch, von denen Sie überzeugt sind, dass es die Richtigen sind. Bei diesem zweiten Durchgang beginnen Sie ebenfalls zunächst wieder dünn – und korrigieren eventuell erneut. Diesen Vorgang wiederholen Sie so lange, bis Sie mit Ihrer Skizze zufrieden sind. Sie erinnern sich ans Fahrradfahren.

ÜBUNG: Wenn nun zu viele Striche auf dem Blatt sind legen Sie ein neues Blatt darüber. Wenn Sie das empfohlene Papier nehmen, scheint Ihre Skizze durch. Sie können sie durch das neue Blatt hindurch sehen. Wenn das nicht so ist, gehen Sie mit beiden Blättern gegen das Licht ans Fenster und skizzieren Sie auf dem neuen Blatt nur die Striche, die Sie als die Richtigen einschätzen.

Man nennt das:
Overlay-Technik

TIPP:
Radieren Sie nicht, es ist schade um Ihre Zeit, es ist schade um Ihre Skizze, um Ihre Striche und um Ihren Entwurf. Den sollten Sie hoch schätzen. Leonardo das Vinci hat seine Hilfslinien nie entfernt.
Und: Overlay geht, wenn Sie etwas mehr Übung haben, viel schneller als radieren. Radieren Sie nie!

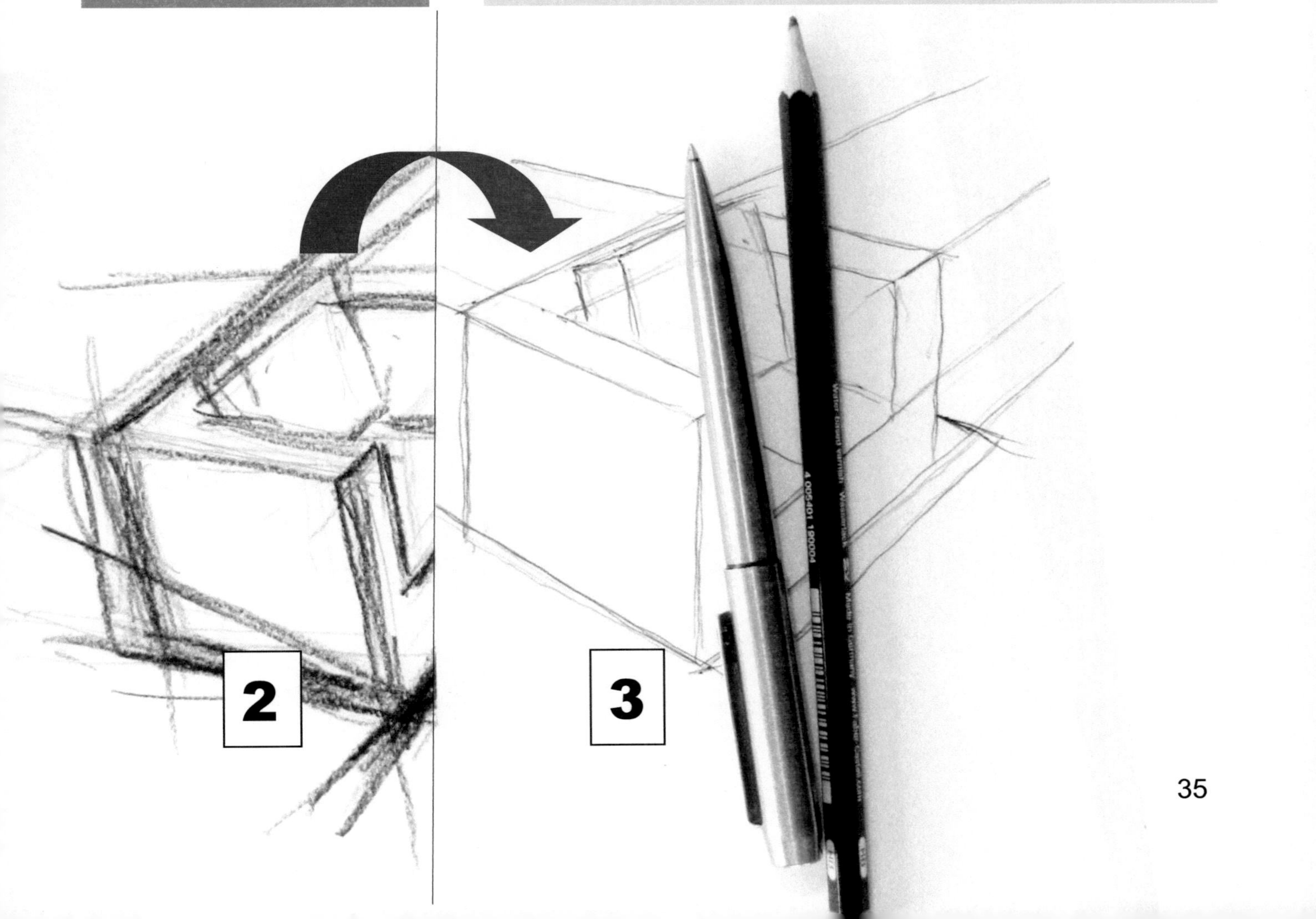

MODUL 5: ES WERDE LICHT: DER KUBUS MIT LICHT UND SCHATTEN

Unsere räumliche Wahrnehmung setzt, neben der Perspektive, auch das Licht und den dabei entstehenden Schatten voraus. In Tests hat man festgestellt, dass wir uns in einem vollkommen schattenfrei ausgeleuchteten Raum nur schwer zurechtfinden und immer wieder die darin befindlichen Gegenstände anrempeln würden. Für unsere Wahrnehmung spielen somit Licht und Schatten eine wesentliche Rolle. Damit empfiehlt es sich, auch eine Skizze entsprechend zu gestalten.

Die am einfachsten zu skizzierende Licht- und Schattensituation ist, wenn wir als Lichtquelle die Sonne annehmen. Da die Sonne „unendlich“ weit weg zu sein scheint, können wir die Lichtstrahlen als parallel annehmen. Das vereinfacht unsere Arbeit.

Und: Wir nehmen die Lichtquelle immer an derselben Seite unseres Bildes an. Die Profis sagen: Das Licht kommt immer von links und von etwas rückwärts, ergo: Das Licht kommt vom linken Ohr.

TIPP:
Bleiben Sie zunächst bei der genannten Lichtquelle. Beobachten Sie andere Lichtquellen und experimentieren Sie erst nach einiger Übung mit anderen Lichtquellen, wie Spots oder Szenen bei Nacht.

TIPP:
Skizzieren Sie den Schatten nicht zu groß, er würde sonst das ganze Bild dominieren. Einen zu groß gewordenen Schatten, zumal mit Filzstift skizziert, kann man nur aufwendig wieder verkleinern. Einen zu kleinen Schatten kann man ganz einfach vergrößern.

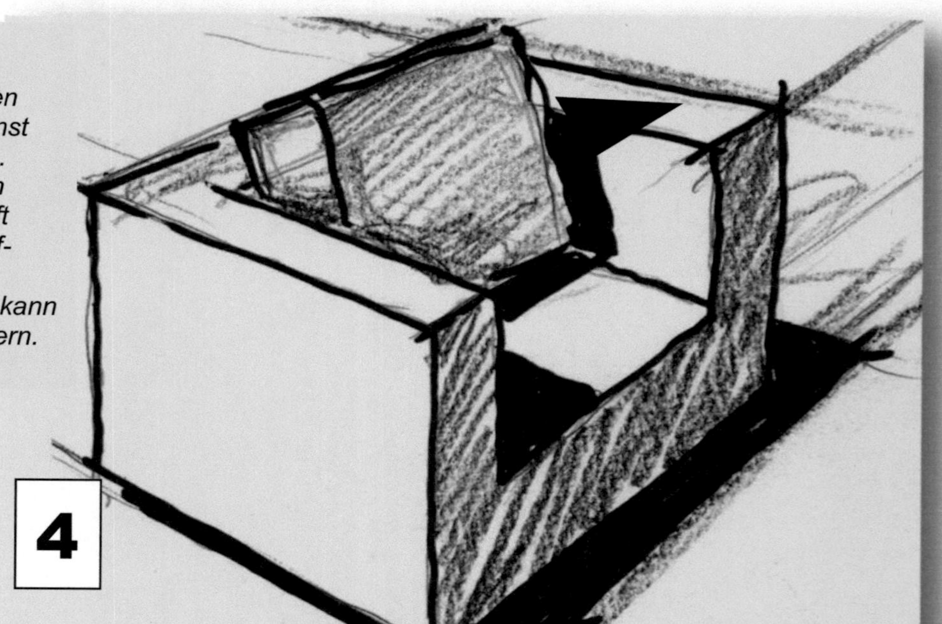

Licht und Schatten des vollen Kubus.

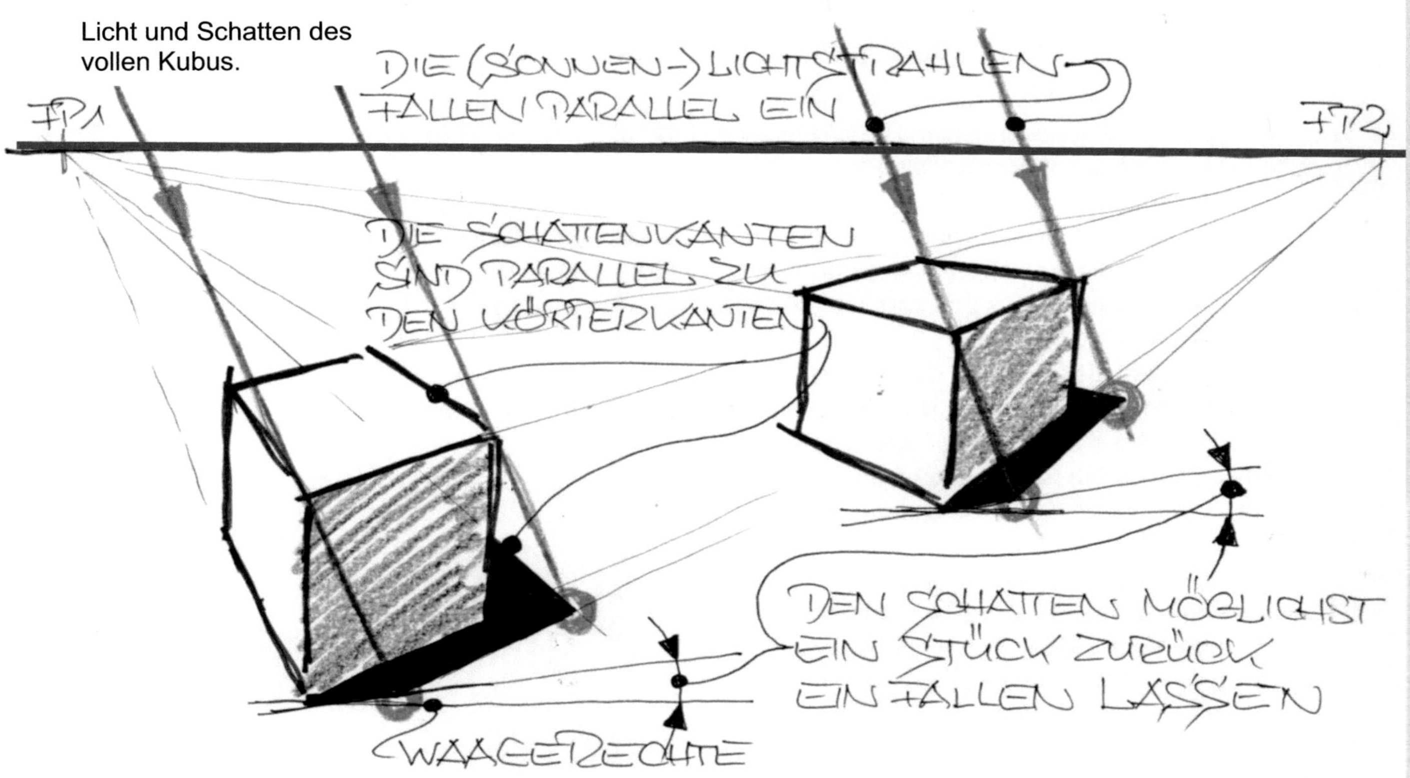

Licht und Schatten des hohlen bzw. durchbrochenen Kubus.

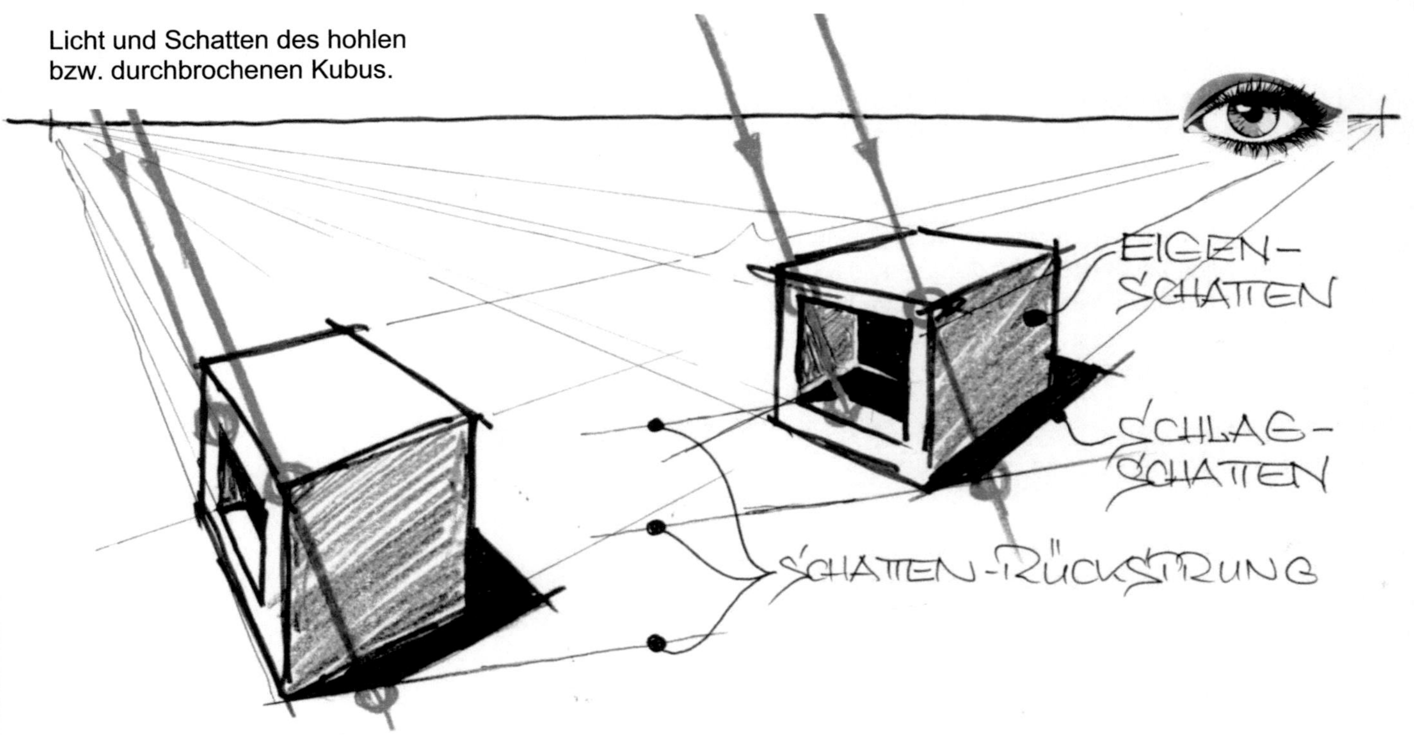

SCHLAGSCHATTEN UND EIGENSCHATTEN

Wenn man die Lichtquelle als Projektor annimmt, gelten die Projektionsregeln. Ein Gegenstand, zum Beispiel unser Kubus, wird auf eine andere Fläche, zu allererst natürlich auf die Fläche, auf der er steht, projiziert. Der dort entstehende Schatten, man sagt auch, der auf einem anderen Gegenstand entstehende Schatten, wird als Schlagschatten bezeichnet. Wenn das Objekt dicht an einem anderen Gegenstand steht, dort also auch einen Schatten hinterlässt, ist das ebenfalls auf einem fremden Körper, also ebenfalls ein Schlag-schatten.

Die Seite des Körpers, die den Schatten „wirft", liegt dem Licht abgewandt, also selbst im Schatten. Und den bezeichnet man als Eigenschatten.

Da Schlagschatten und Eigenschatten häufig gemeinsame Kanten haben, kann man diese, beide im Schatten, also beide dunkel, in unserer Skizze nicht mehr erkennen. In einer fotografischen Aufnahme wäre das genauso. Hier nun verhält sich unser Auge anders als die Kamera. Wenn wir in einen Schatten „hineinsehen" öffnet sich die Pupille unseres Auges und lässt mehr Licht durch. Dadurch können wir, im Gegensatz zur Kamera, auch im Schatten Einzelheiten erkennen. Um diesen Effekt, ich nenne ihn „Augeneffekt", auch in der Skizze zu nutzen, skizzieren wir die beiden Schattenarten mit unterschiedlichen Strichrichtungen: den Eigenschatten mit dem schwarzen Farbstift schraffiert und den Schlagschatten mit schwarzen Filzstift vollflächig schwarz angelegt. Damit bleiben die gemeinsamen Kanten erkennbar erhalten.

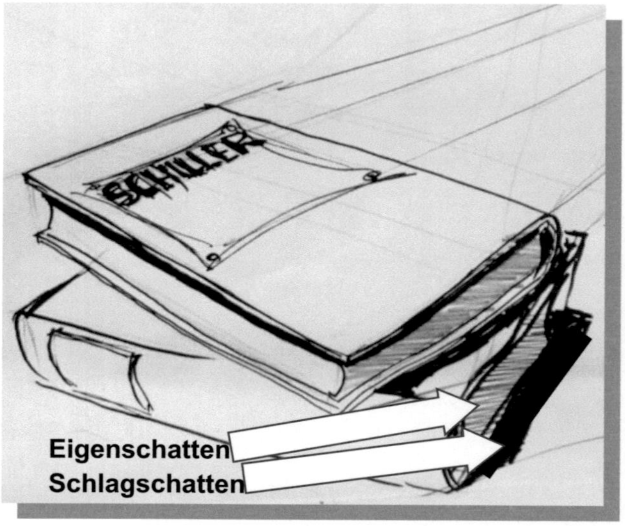

Nun verstehen Sie auch, warum ich geschrieben habe, dass Sie den Schatten, gemeint war der Schlagschatten, klein halten sollten. Klein bedeutet: fast senkrecht stehende Mittagsonne. Mit dem Filzstift kann man die Intensität der Skizze nicht derart verändern wie mit dem schwarzen Farbstift. Der Filzstift ist unbarmherzig schwarz, eine damit angelegte Fläche nicht zu ändern, also auch nicht mehr kleiner zu machen. Sehr wohl können Sie diese Fläche aber, wenn Sie mit kleinem Schatten begonnen haben, größer machen, erweitern.

DAS LICHT KOMMT VOM LINKEN OHR

Da es nur eine Sonne gibt, gibt es auf einem Bild, auf einem Skizzenblatt, auch nur eine einzige Licht- und Schattenrichtung. Damit Sie sich das besser merken können, halten Sie sich an die Profis. Die sagen: „Das Licht kommt immer vom linken Ohr."

Damit sind Sie außerdem dagegen gefeit, dass Sie eine Skizze mit Gegenlicht machen. Das wäre wenig sinnvoll. Bei Gegenlicht läge der größere Teil Ihrer Skizze, und damit alles, was Sie eigentlich zeigen wollten, im Schatten.

Das Sonnenlicht

Die Schräge an der Gaube und der ganzen Häuserfront

Der Schatten des Mannes auf der Straße

Die Leibung des Türrahmens

Eine Vorlage als vergleichbares Beispiel aus der Kunst. Die Impressionisten, die sich deshalb so benannt haben, weil sie den Eindruck, die Impression genau so wiedergeben wollten, wie die Wirklichkeit sich ihnen darstellte, mussten sich auch und ganz besonders mit den Licht- und Schattenverhältnissen auseinander setzen. Die Kamera war noch nicht erfunden

TIPP:

Zeichnen Sie nur auf eine Seite des Papiers. Wenn Sie nämlich die Rückseite verwenden,

- *kann man nicht mehr erkennen, welche Seite Sie meinen.*
- *Außerdem ist es möglich, dass Sie beim Zeichnen die Striche auf der Rückseite auf die Unterlage „durchzeichnen“ und diese damit zerstören..*

MODUL 6: DER KUBUS MIT EINIGEN BESONDERHEITEN

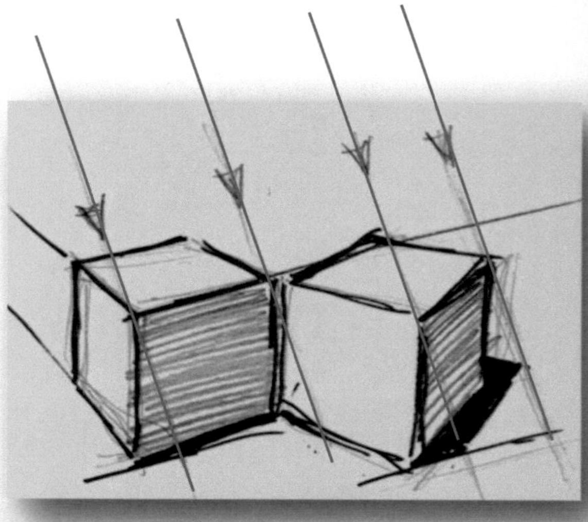

Man kann den zu skizzierenden Gegenstand genau zwischen die beiden horizontalen Fluchtpunkte legen. Das Bild wird dann symmetrisch. Symmetrisch ist nicht nur langweilig, man sagt, dass die Spannung fehle, sie kann auch leicht zu Irritationen führen.

Wenn Sie das Objekt mehr zum linken Fluchtpunkt legen, liegt der größere Teil der Skizze im Schatten. Im Schatten kann man wenige Einzelheiten zeigen. Besser ist, wenn Sie weiter nach rechts gehen. Die Schokoladenseite, das was Sie zeigen wollen, liegt dann im Licht. Siehe hier rechts und rechte Seite oben.

TIPP:
Wenn das Objekt eher am rechten Fluchtpunkt liegt, wird seine Schokoladenseite, das was Sie zeigen wollen, besser ausgeleuchtet.

Wenn die Fluchtpunkte zu eng beieinander liegen, entspricht das einem sehr kurzen Betrachter-Abstand. Siehe hierzu noch einmal Modul 2. Das ist ungewöhnlich. Üblicherweise sind wir weiter weg. Ihre Skizze sieht deshalb besser aus, wenn Sie die Fluchtpunkte weiter auseinander legen. Siehe rechte Seite unten.

TIPP:
Es sieht besser aus, wenn die beiden Fluchtpunkte nicht zu eng aneinander liegen.

TIPP:
Versuchen Sie am Anfang, dass die beiden Fluchtpunkte immer auf dem Blatt liegen. Verwenden Sie daher größere Blätter, zum Beispiel DIN A3, und immer im Querformat.

Wenn die Seiten eines Würfels unterschiedlich groß sind, nennt man diesen Körper Kubus. Beispiele dafür sind der Kühlschrank und die Mikrowelle, ein Buch oder Tablett, jede Schachtes, ein Messgerät, Legostein, LKW oder viele andere. An allen Regeln, die Sie bisher kennen gelernt haben, ändert sich nichts. Sie können diese uneingeschränkt auf jedes beliebige Gerät, das sich auf die Form eines Kubus zurückführen lässt, anwenden.

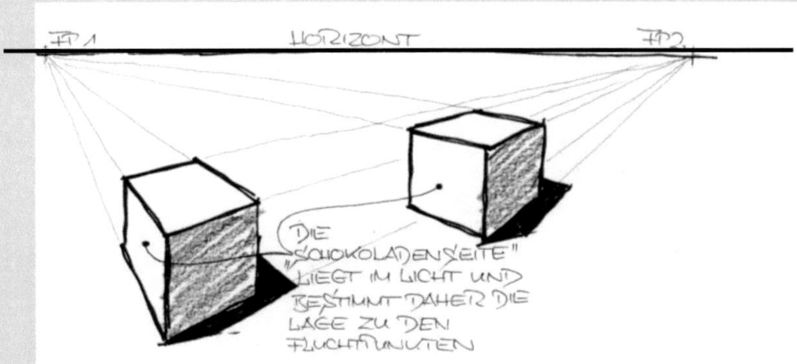

Bei der Wahl der Lage des Objektes beachten Sie dessen Schokoladenseite. Sie sollte nicht im Schatten liegen.

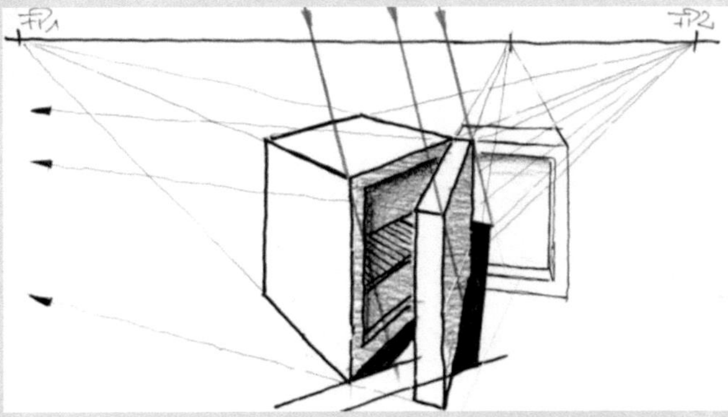

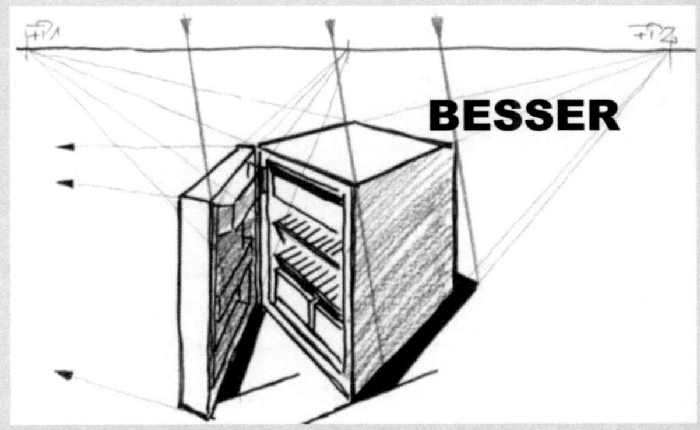

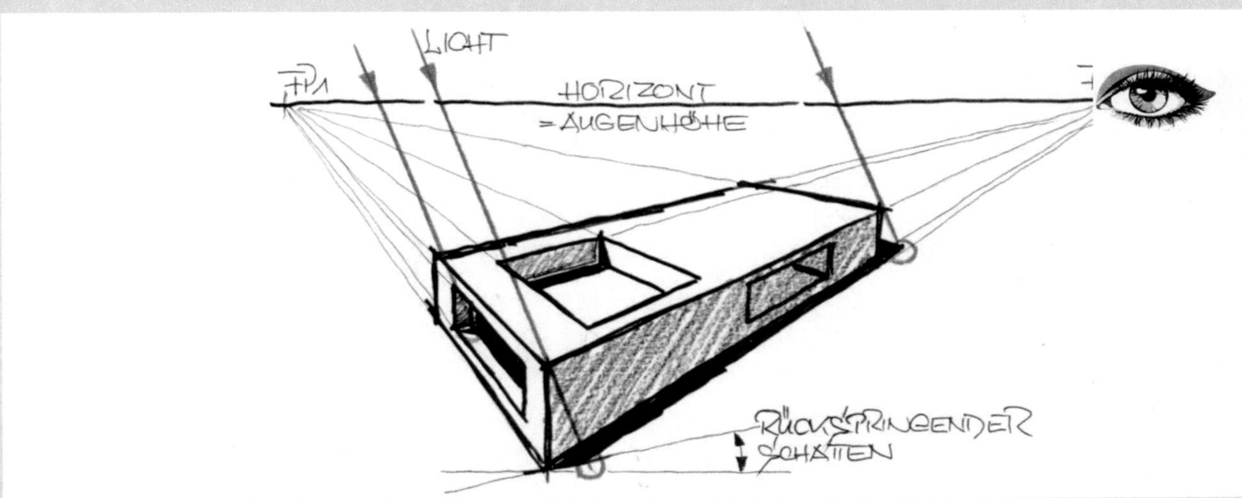

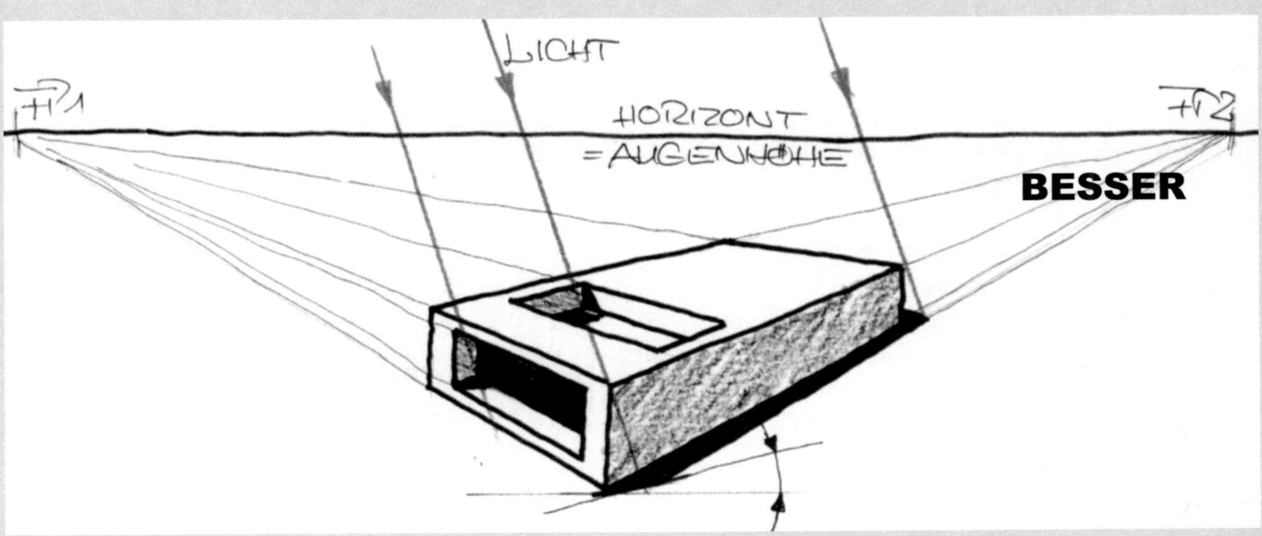

WIE WIRD DER KUBUS, WENN ER SICH NICHT UM DIE SENKRECHRTE, SONDERN UM DIE WAAGERECHTE ACHSE DREHT, SKIZZIERT?

Der gekippte Kubus beschreibt beim Kippen eine Drehbewegung um eine waagerechte Achse, er beschreibt dabei die Form eines Zylinders. Es ist einfacher, diese Kippbewegung deshalb anhand des Zylinders zu erklären – was in einem späteren Kapitel, siehe hierzu Modul 14, erfolgt.

DER GROSSE KUBUS BZW. DAS HOHE OBJEKT

Bei größeren Objekten, zum Beispiel drei oder vier Mal so groß wie ein Mensch, oder noch viel größer, also ab etwa zehn Metern, eine genaue Grenze lässt sich dazu nicht angeben, führt die Vereinfachung, die wir gemacht haben, die in der Wirklichkeit senkrechten Linien immer parallel zu skizzieren, zu einer ähnlichen Veränderung wie bei den Falschperspektiven. Sowohl in der Architektur-Zeichnung, zum Beispiel bei der zeichnerischen Rekonstruktion des Apollontempels in Didyma bei Milet, wie sie in einschlägigen Werken dargestellt ist, als auch in der Architektur-Fotografie, hat es sich eingebürgert, die perspektivische Verzerrung gerade zu richten. Das Linsensystem der Kamera alleine kann sie genau so wenig korrigieren wie das unseres Auges. Mit entsprechenden Programmen lässt sich das jedoch leicht realisieren. Diese Bilder entsprechen der Darstellung in einer Konstruktionszeichnung.

FROSCH- UND VOGELPERSPEKTIVE

Das fotografische Bild ohne Verzerrungsausgleich zeigt einen ausgeprägten dritten Fluchtpunkt. Dieser liegt, wenn die Augenhöhe unten ist, zum Beispiel bei einem Menschen auf Straßenniveau, oberhalb der Abbildung. Siehe hierzu die Abbildung auf der rechten Seite oben. Im umgekehrten Fall, wenn man über das Objekt fliegt, siehe das Foto hier rechts, das Objekt sich somit unter dem Betrachter bzw. unter der Augenhöhe befindet, liegt der dritte Fluchtpunkt unten.

Das Erste nennt man Frosch-, das Letztere Vogelperspektive.

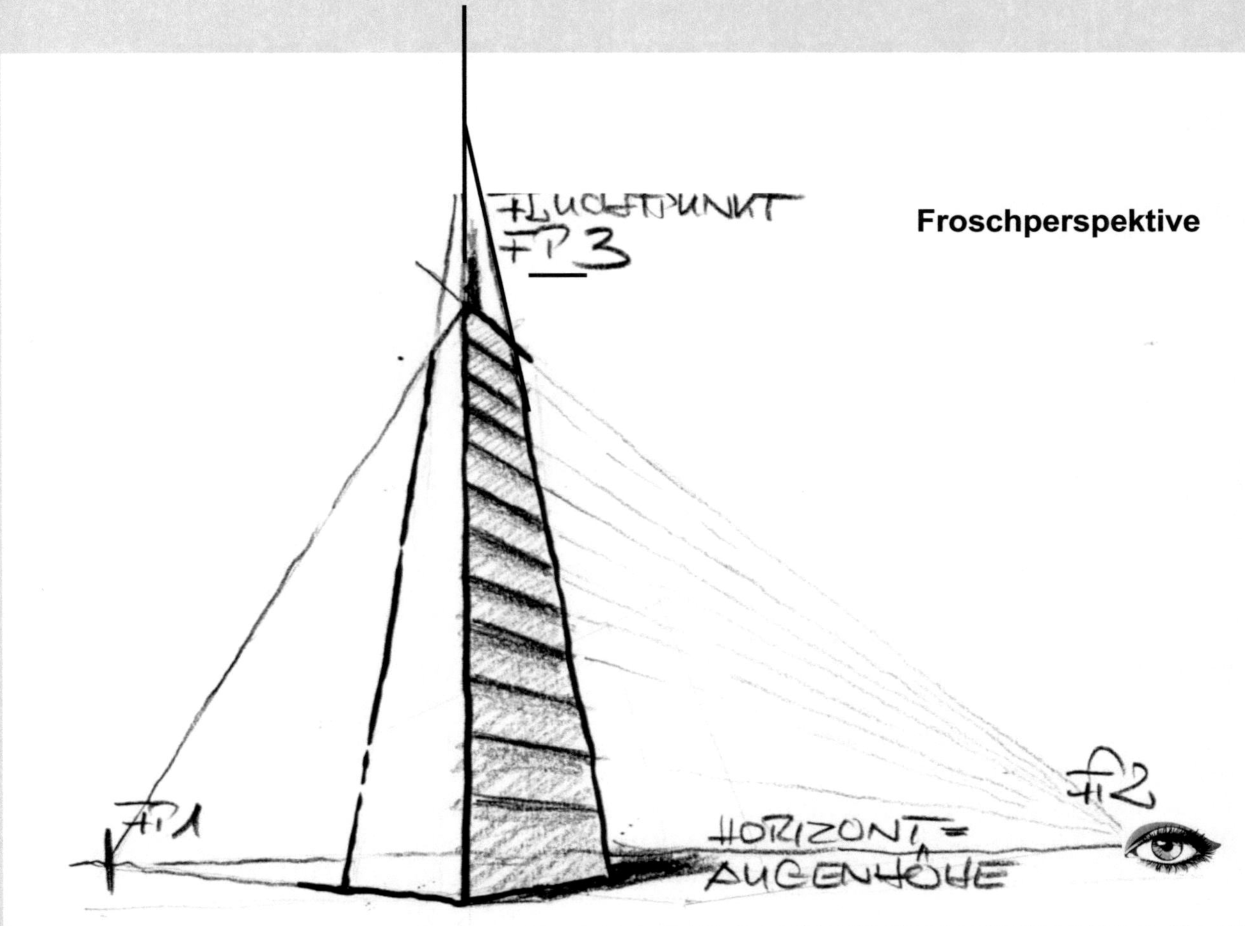

Froschperspektive

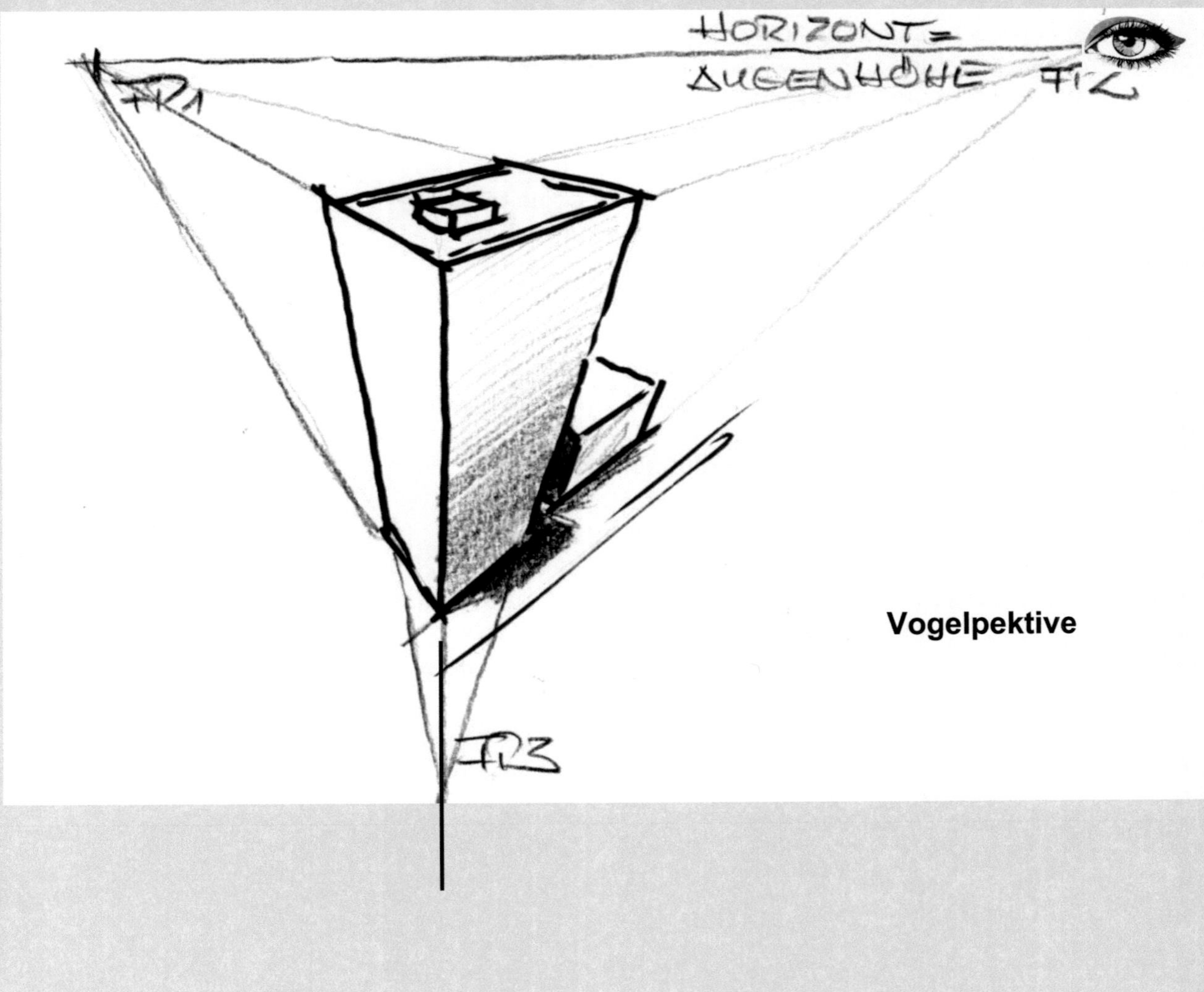

Vogelpektive

MODUL 7: DER ZYLINDER – ODER: DAS PROBLEM MIT DEM KREIS

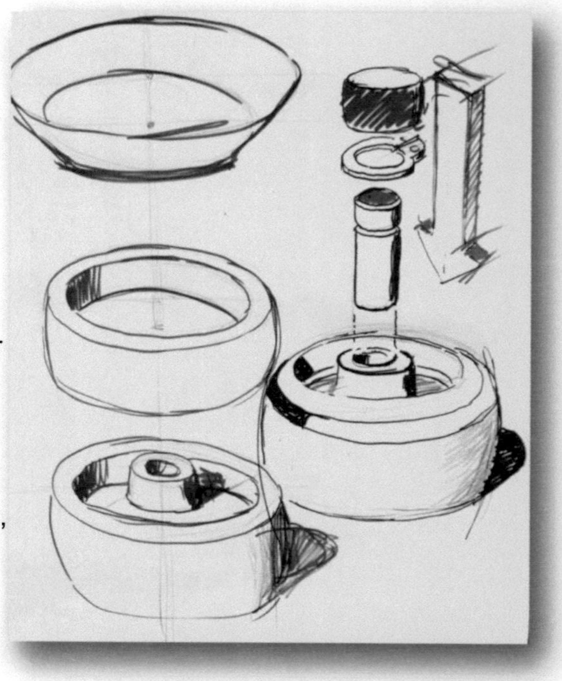

Ein Zylinder hat einen Kreis als Grundfläche. Wenn wir einen Zylinder perspektivisch skizzieren wollen, müssen wir uns zunächst mit dem Kreis beschäftigen.

Der Kreis bzw. die durch den Kreis begrenzte Kreisfläche, ist geometrisch die einfachste aller Formen, die wir kennen. Man benötigt lediglich einen Punkt und einen Vektor, praktischerweise ist das ein Zirkel, der sich um diesen Punkt herum bewegt und dabei in der Ebene bleibt. Schon wird ein Kreis beschrieben.

Psychologisch sieht das ganz anders aus. Aus psychologischer Sicht, genauer: aus gestaltpsychologischer Sicht, stellt der Kreis sowohl die einfachste, als auch gleichzeitig die stärkste aller Formen dar. Damit meint man, dass sich der Kreis in unserer Wahrnehmung gegen jede, auch noch so geringe, Veränderung „wehrt". Ein freihändig gezeichneter Kreis wird eher als eine beliebige Form, als Kartoffel vielleicht, als Tomate oder dergleichen wahrgenommen, denn als Kreis. Ein Kreis muss für unsere Wahrnehmung makellos sein, sonst, so urteilt unser Gehirn, ist es kein Kreis.

Profis, wie etwa die Karikaturisten oder Illustratoren, zeichnen deshalb einen Kreis zunächst dünn mit dem Zirkel, also perfekt, und ziehen ihn anschließend freihändig nach. Dann scheint er, trotz seiner Perfektion, skizziert zu sein. Siehe die beiden Beispiele perfekter Kreis und „perfekter" Freihandkreis auf der nächsten Seite.

In der perspektivischen Ansicht eines Zylinders kann man dessen kreisförmigen Querschnitt nie als Kreis sehen, man sieht ihn als Ellipse. Die perspektivische Ansicht des Kreises ist eine Ellipse.

Alle Kriterien, die für den Kreis gelten, gelten unverändert auch für seine perspektivische Abbildung, für die Ellipse. Auch sie widersetzt sich, wie der Kreis, jeglicher Ungenauigkeit. Aus diesem Grunde ist es wichtig, zunächst einmal zu überlegen, welche Hilfsmittel uns zur Verfügung stehen, um eine Ellipse „freihändig" möglichst genau zu skizzieren. Mit dem Zirkel, wie beim Kreis, geht das nicht.

Die Ellipse wird als schräge Projektion einer Zylinder-Schnittfläche definiert. Sie gehört zur Gruppe der Kegelschnitte.

Ellipsen können auf sehr unterschiedliche Arten skizziert, gezeichnet oder skizzenhaft „konstruiert" werden. Einige der geläufigsten Möglichkeiten sind auf den folgenden Seiten dargestellt. Um heraus zu finden, welche dieser Möglichkeiten die für Sie die Günstigste, die Bequemste oder die Sympathischste ist, müssen Sie selbst einige Versuche dazu anstellen.

Zusätzliche Möglichkeiten, eine Ellipse zu konstruieren, findet sich in Coulin, C., Zeichenlehre, S.46f, Hoffmann-Verlag Stuttgart 1966.

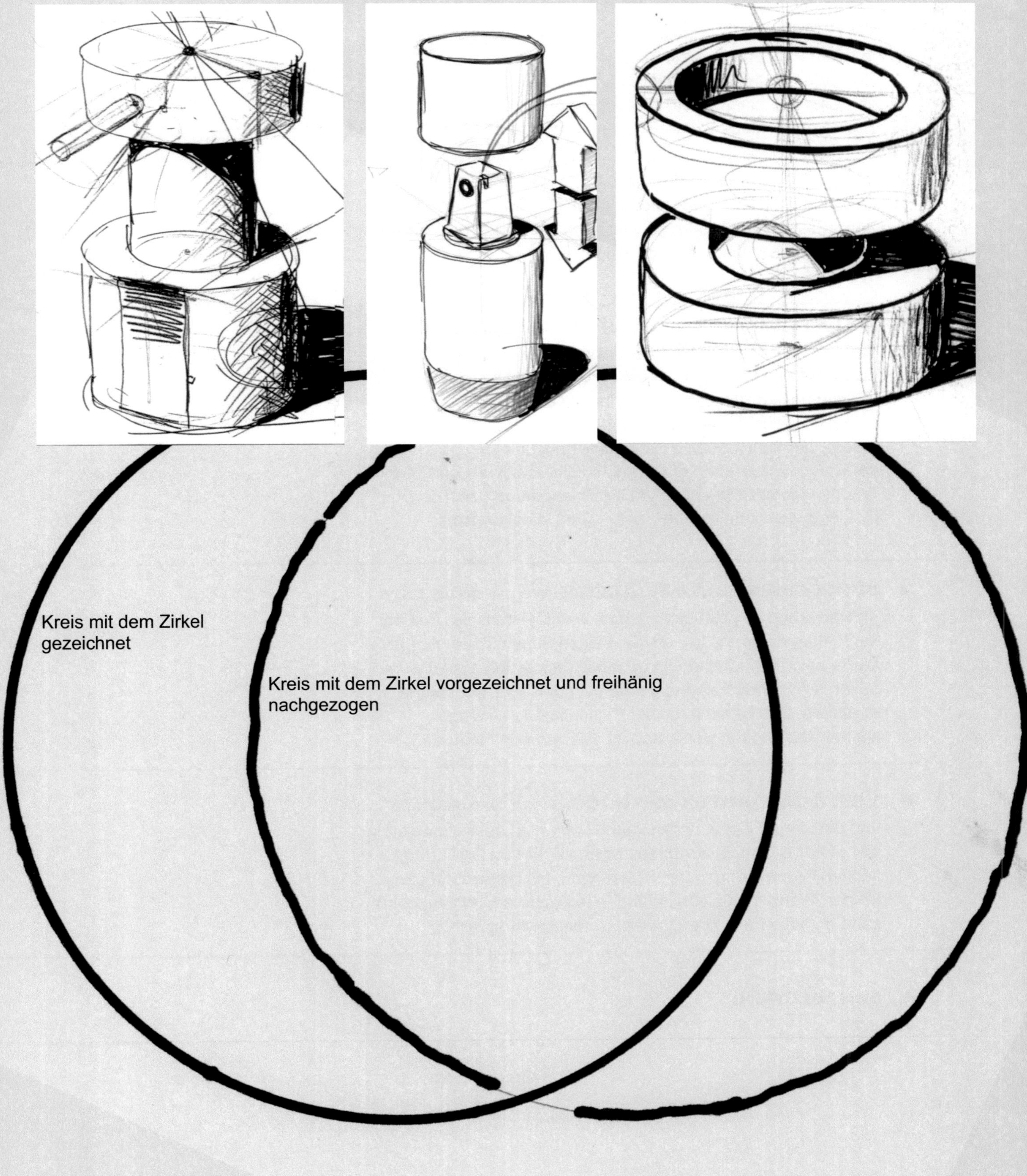
Kreis mit dem Zirkel gezeichnet
Kreis mit dem Zirkel vorgezeichnet und freihänig nachgezogen

- **FREIHANDVERSUCH**: Zeichnen mit viel Übung und Konzentration. In älteren Büchern wird hier empfohlen, viele Blätter mit vielen Ellipsen zu füllen. Vermeiden Sie den „lockeren“ und „großen“ Schwung. Der wird kaum gelingen.

- **GÄRTNERKONSTRUKTION:** Die Summe der beiden Strecken von jedem beliebigen Punkt der Ellipse zu deren Brennpunkten F1 und F2 ist immer gleich lang. Eine Ellipse hat 2 Brennpunkte. Dort schlägt der Gärtner je einen Pfosten ein, stellt mit einem Seil eine Schlaufe mit den 3 genannten Längen her und kann nun mit einem „Stift“ die Ellipse „abfahren“. Problem: Wie finde ich die Brennpunkte?

NÄGEL IN SKIZZE?: VERGESSEN SIE‘S.

DIE BRENNPUNKTE? MIT DEM STIFT SUCHEN.

- **ELLIPSENZIRKEL:** Man kann sich diese Zirkel kaufen. Sie sind für mich allerdings viel zu kompliziert und aufwendig, deshalb kann ich hier auch keinen zeigen. Ich denke, dass es Ihnen ähnlich ergeht.

- **DE LA HIRE-** oder auch **GLASER-KONSTRUKTION** genannt. Jede Ellipse hat zwei Achsen: eine lange und ein kurze Achse. Sie stehen immer senkrecht aufeinander. Mit den beiden Achslängen wird nun je ein Kreis gezeichnet. Durch den gemeinsamen Mittelpunkt wird ein Strahlenbündel gelegt. Die Schnittpunkte der jeweils horizontalen und vertikalen Linien durch die Schnittpunkte von Kreis und Strahl ergeben einen Ellipsenpunkt. Der Glaser erspart sich damit, im Gegensatz zum Gärtner, zwei Nägel in seiner Arbeit.

- **SCHEITELKRÜMMUNGSKREISE:** Wenn man die kurze und die lange Ellipsenachse kennt, was meistens der Fall ist, kann man, näherungsweise, die beiden Scheitelkrümmungskreise zeichnen - freihändig oder mit dem Zirkel - und die fehlenden Stücke freihändig oder mit der Kurvenschablone ergänzen. Das ist nach meiner Einschätzung eine der schnellsten und am sichersten zu skizzierende Methode.

- **VIER QUADRANTEN-METHODE:** Wenn man die kurze und die lange Ellipsenachse kennt, kann man sehr genau die vier umhüllenden Quadranten zeichnen. An den Berührungsflächen liegen - tangential - Kreisbögen, ein großer und ein kleiner. Wenn man diese gefunden hat (mit dem Stift suchen!) kann man die Fehlenden jeweils symmetrisch spiegeln.

- **SCHABLONEN:**

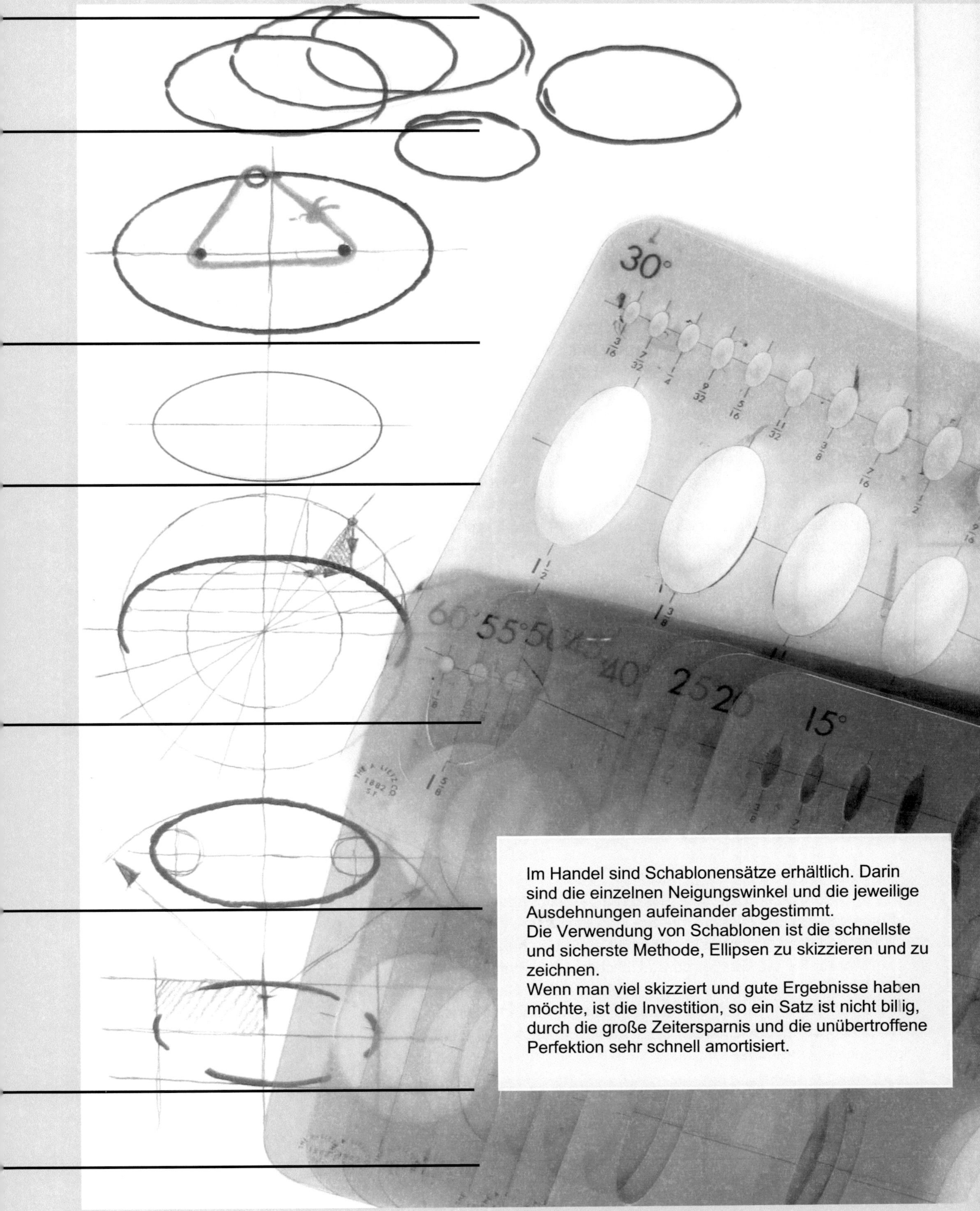

Im Handel sind Schablonensätze erhältlich. Darin sind die einzelnen Neigungswinkel und die jeweilige Ausdehnungen aufeinander abgestimmt.
Die Verwendung von Schablonen ist die schnellste und sicherste Methode, Ellipsen zu skizzieren und zu zeichnen.
Wenn man viel skizziert und gute Ergebnisse haben möchte, ist die Investition, so ein Satz ist nicht billig, durch die große Zeitersparnis und die unübertroffene Perfektion sehr schnell amortisiert.

MODUL 8: EINE RUNDE SACHE: DER STEHENDE ZYLINDER

Verschiebt man einen Kreis senkrecht von seiner Fläche weg entsteht ein Zylinder. Er hat, in diesem Fall, einen kreisrunden Querschnitt. In der perspektivischen Ansicht kann man diesen Querschnitt, diesen Kreis oder diese Kreisfläche, nie sehen. Beide sind perspektivisch verzerrt.

Wenn wir den Zylinder als technisches Bauteil verstehen, kann sich dessen Durchmesser sprunghaft verändern. Wenn er größer wird, sprechen wir von einem Absatz oder Bund, und wenn er kleiner wird, bezeichnen wir das als Einstich. Wenn sich der Durchmesser auf der Längsachse stetig vergrößert oder verkleinert, handelt es sich um einen Kegel oder einen Kegelabschnitt. Alle diese Veränderungen lassen sich auf den Zylinder zurückführen.

Betrachtet man eine Kreisfläche von der Seite genau auf der Höhe des Horizontes, kann man, wie auf dem Leuchtturmbild auf der nächste Seite lediglich einen geraden Strich sehen. Geht man vom Horizont nach oben oder nach unten, öffnet sich die Ellipse immer mehr, man sagt, sie wird bauchiger. Auch das ist am Leuchtturmbild gut erkennen.

Wie stark die Bauchigkeit zunimmt ist wieder eine Frage, die erneut schwierig zu beantworten ist. Man muss das suchen, zumindest am Anfang, wenn Sie noch wenig Routine haben, mit dem Stift suchen, Sie erinnern sich an diese Methode bei den Kuben, und dann mit Overlay abschließen.

ÜBUNG: Skizzieren Sie - mit sehr viel Geduld und Konzentration – sehr viele Ellipsen.

Probieren Sie die verschiedenen Möglichkeiten aus und versuchen, die für Sie richtige Methode zu finden.

ÜBUNG: Skizzieren Sie stehende Zylinder und suchen die Zunahme der Bauchigkeit der Ellipsen von oben, also vom Horizont her beginnend.

DIE BAUCHIGKEIT DER ELLIPSEN BEIM STEHENDEN ZYLINDER NIMMT, JE WEITER MAN SICH VOM HORZONT ENTFERN, ZU.

Vergleichen Sie Ihre Skizzen mit Abbildungen oder Fotos von realen Objekten, die Sie in Zeitschriften, in Katalogen oder anderen Drucksachen gefunden haben. Entwickeln Sie ein Gespür dafür. Üblicherweise nimmt die Bauchigkeit langsamer zu als Sie denken. Sehen Sie sich dazu das Foto von der Space-Lab-Station an. Wenn die Bauchigkeit zu schnell wächst entsteht der Eindruck eines zum Betrachter, also zu Ihnen, hin geneigten Krümmers.

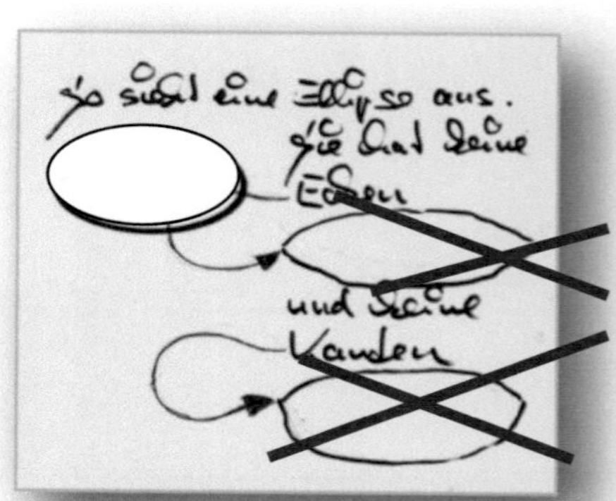

UND IMMER DRAN DENKEN: ELLIPSEN ERTRAGEN KEINE UNGENAUIGKEITEN.

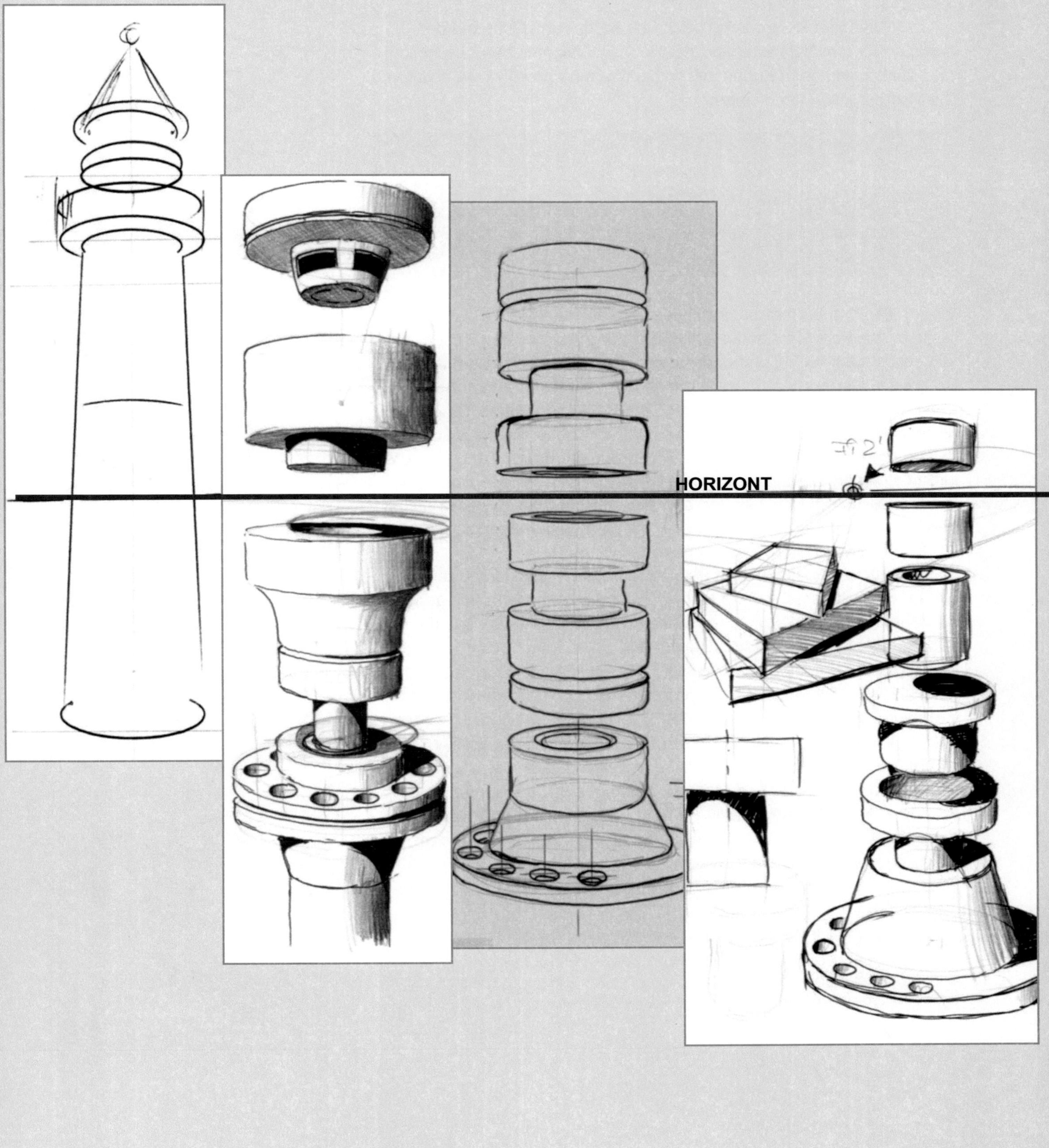
HORIZONT

MODUL 9: DER STEHENDE ZYLINDER MIT LICHT UND SCHATTEN

Wie beim Kubus spielt auch hier wieder das Licht und der Schatten für die Wahrnehmung der Räumlichkeit eine zentrale Rolle. Und ähnlich wie beim Kubus lassen sie die Zusammenhänge ableiten. Die Voraussetzungen bleiben:

SONNENLICHT KOMMT MIT PARALLELEN STRAHLEN VOM LINKEN OHR. DEN SCHLAGSCHATTEN SPARSAM ANLEGEN.

Bevor man den Schatten des ganzen Objektes skizziert projiziert man die Mittelachse auf den Untergrund, auf den Boden. Er fällt etwas nach rechts und etwas nach hinten verschoben auf den Boden. Das ist der Mittelpunkt für eine Ellipse mit der langen Achse wie ganz oben am Zylinder und der Bauchigkeit wie unten. Tangential daran bildet sich der Zylindermantel ab. Der Eigenschatten auf dem Zylindermantel außen beginnt am Berührungspunkt der Tangente und nimmt stetig an Intensität zu.

Bei einem Hohlzylinder, also einem Rohr oder einem Behälter, entsteht auf der dem Schlagschatten diagonal gegenüber liegenden Innenseite ebenfalls ein Eigenschatten.

Auf der Abbildung auf der nächsten Seite ganz unten rechts kann man zwei verschiedene Lichtsituationen sehen; links wie gehabt: das Licht kommt von vorne, vom linken Ohr. Beim rechten Zylinder dagegen liegt Gegenlicht vor. Dieses Bild soll nur die beiden Möglichkeiten nebeneinander zeigen. Für eine Skizze sind zwei verschiedene Lichtquellen auf ein und demselben Blatt strickt zu vermeiden. Sie führen zu Irritationen.

Fällt der Schlagschatten nicht nur auf den Boden sondern von einem überstehenden Teil auch auf den Zylinder selbst, wie auf der rechten Seite links unten dargestellt, entsteht ein sogenannter Zylinderschnitt. Das ergibt eine Parabel - oder einen parabelähnlichen Verlauf der Schattenkante. Dabei ist die höchste Stelle an der dem Licht zugewandten Seite, in unserem Falle also immer links.

TIPP:
Die konstruktive Richtigkeit des Schattens spielt keine große Rolle. Entscheidend ist, dass er nicht dominant wird, dass er überhaupt da ist und dass er die Erkennbarkeit des Raumeindruckes unseres Objektes unterstützt.

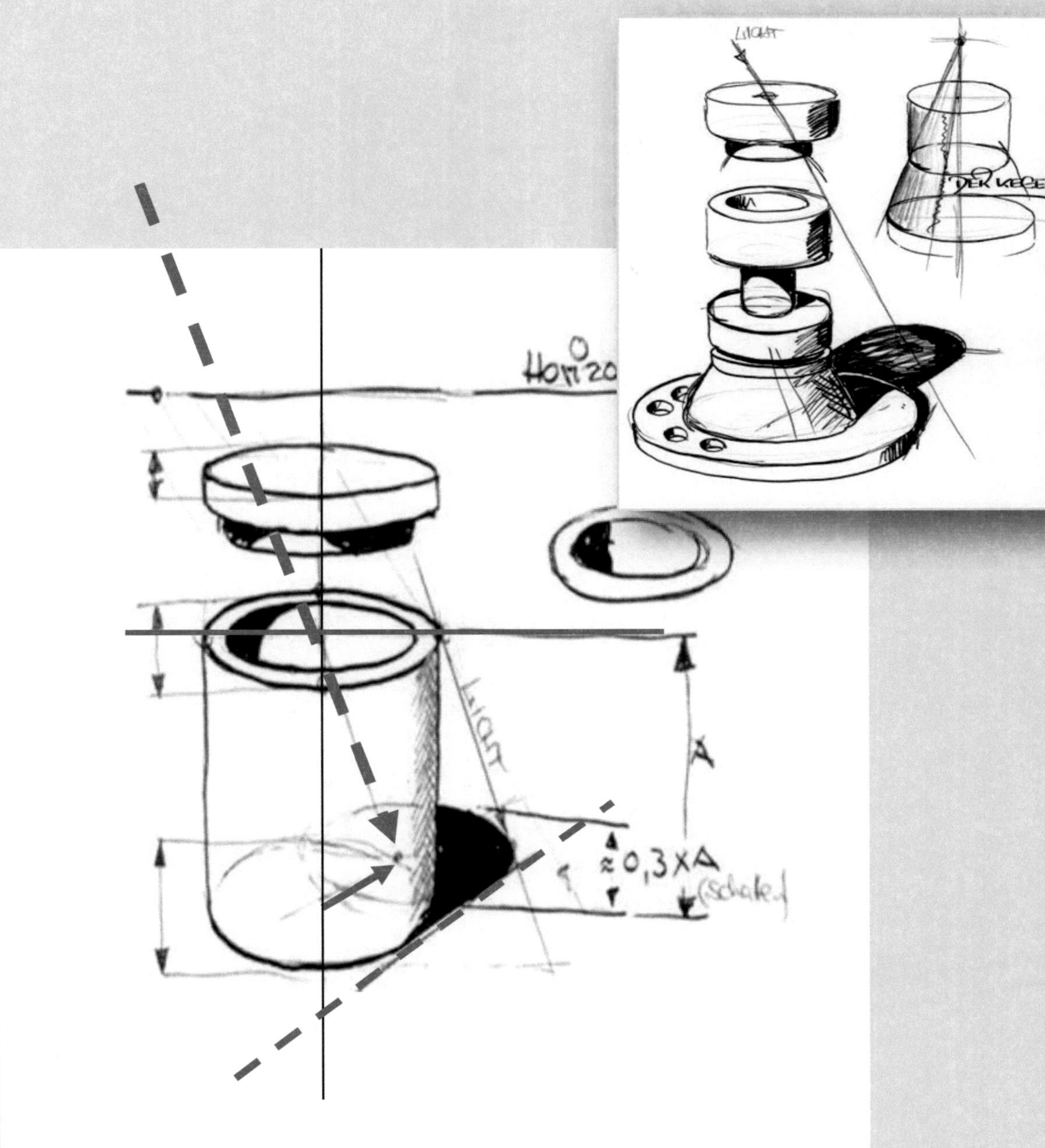
LICHT
DER KEGEL
LICHT
A
≈0,3 x A
(Schale)

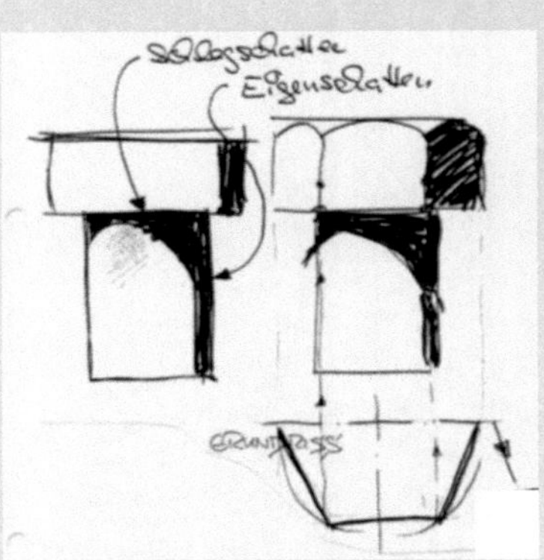
Schlagschatten
Eigenschatten
Grundriss

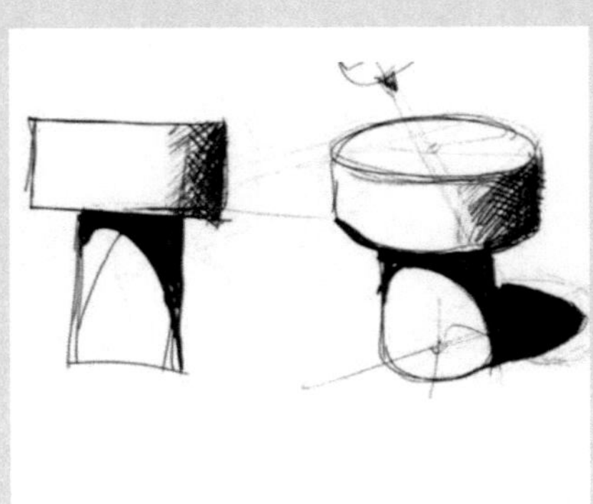

LICHT VON VORNE
GEGEN-LICHT
GEGENLICHT

MODUL 10: DER STEHENDE ZYLINDER MIT QUERELEMENTEN

Fast alle Querelemente an einem Zylinder sind rechtwinklig auf der jeweiligen Tangente angeordnet. Anders ausgedrückt: sie zielen fast immer zur Zylindermittelachse. Das gilt für Bohrungen, Anflächungen, Griffe oder andere derartige Elemente. Diese Situation kann man recht gut auf der jeweiligen Zylindergrundfläche abbilden. Hier rechts ist die Situation am Kreis, also an der Projektion in die Bildebene hinein und, darunter, in die entsprechende perspektivische Verzerrung hinein dargestellt. Dabei gibt die Verbindung von der Mantelfläche zur Mittelachse die Richtung vor. Da sich bei der Verschiebung entlang der Rotationsachse nichts mehr ändert, die Richtung bleibt bestehen, kann man so das Querelement an einer beliebigen Stelle auf der Längsachse anordnen.

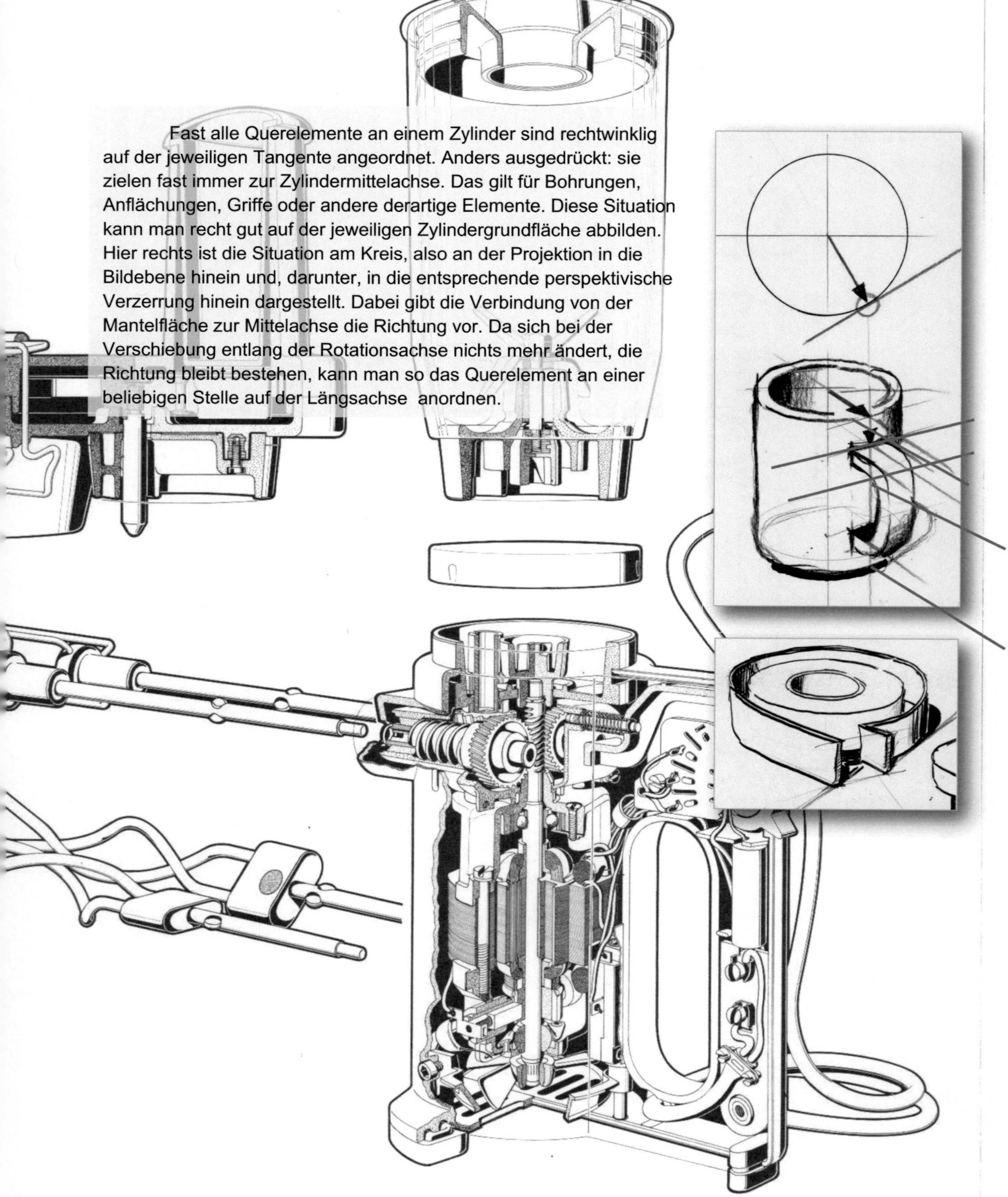

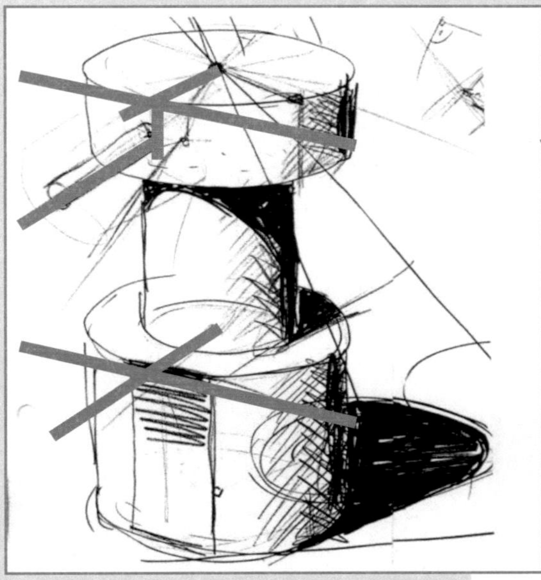
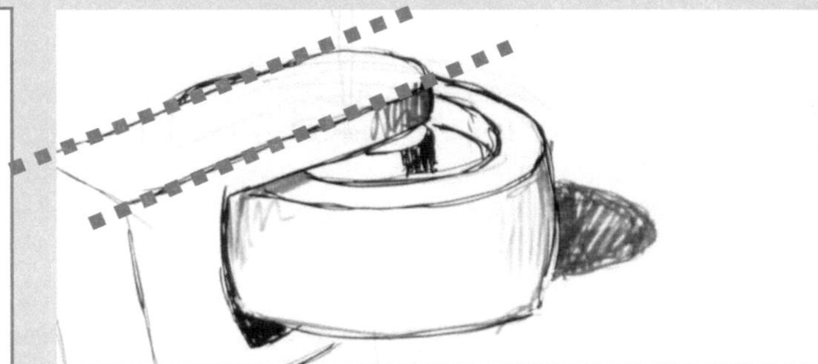
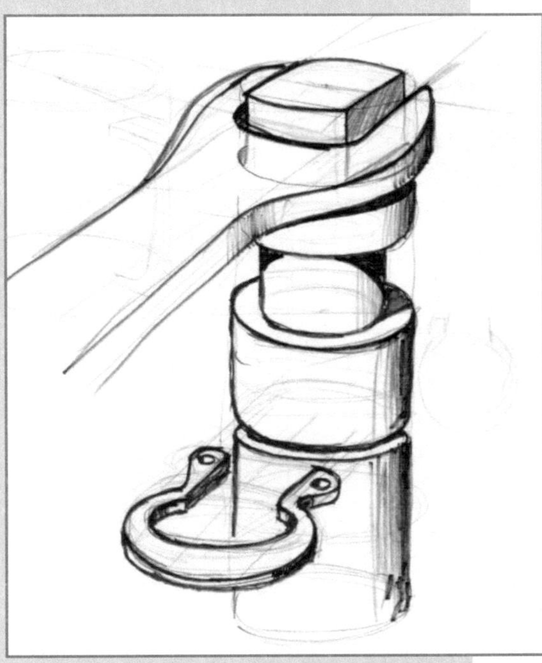
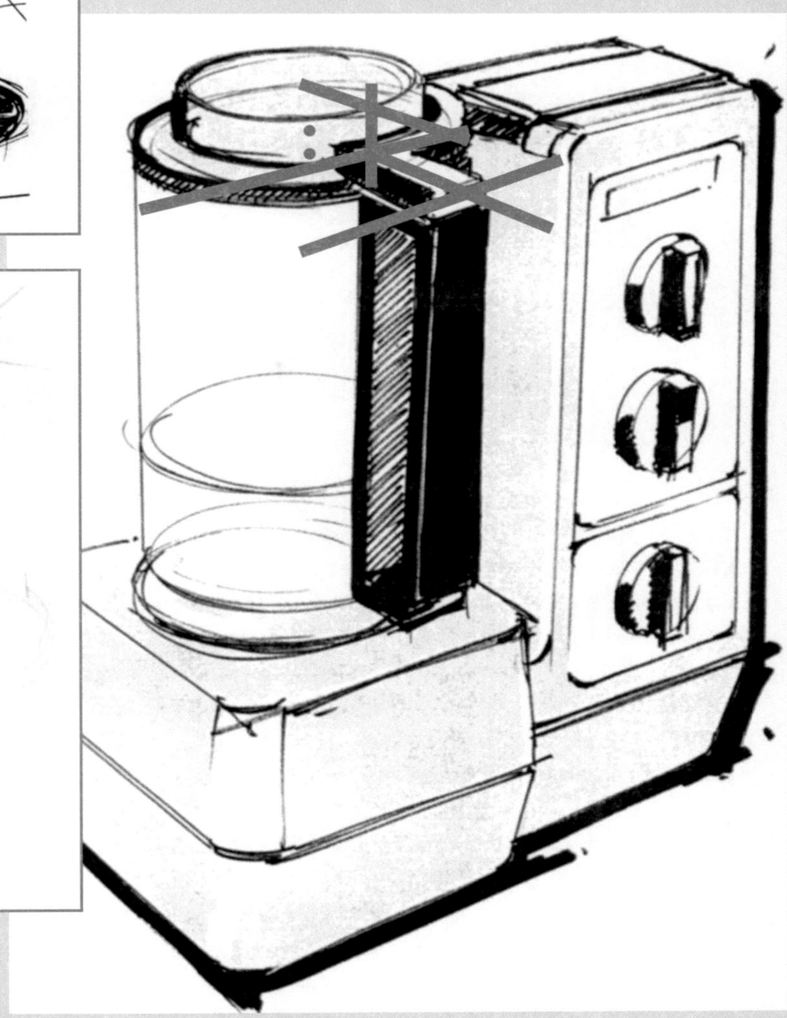

MODUL 11: UMGEFALLEN: DER LIEGENDE ZYLINDER

Da der Kreis, die Grundform des Zylinders, richtungslos ist, benötigen wir beim stehenden Zylinder keinen der beiden horizontalen Fluchtpunkte. Der senkrechte Fluchtpunkt liegt, wie beim Kubus, im Unendlichen, die senkrechten Linien, das sind insbesondere die Umhüllenden, die Mantellinien des Zylinders, sind daher parallel.

Beim liegenden Zylinder strebt die Rotationsachse zu einem der beiden horizontalen Fluchtpunkte. Den dazugehörigen Zweiten brauchen wir im Augenblick noch nicht. Um den kümmern wir uns später. Die Senkrechten bleiben unverändert parallel.

EINE ELLIPSE HAT IMMER EINE KURZE UND EINE LANGE ACHSE. DIE STEHEN SENKRECHT AUFEINANDER.

IMMER.

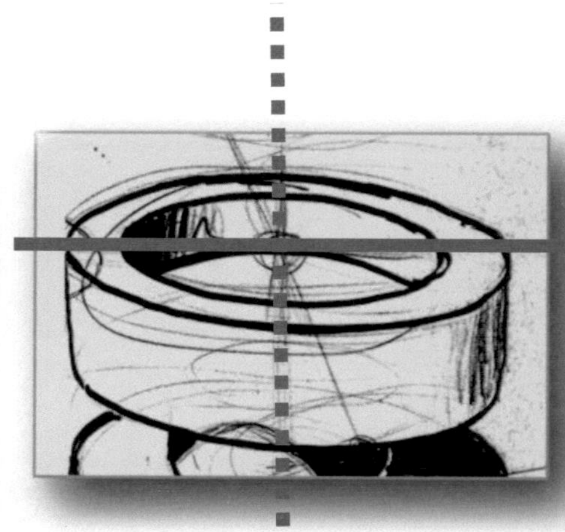

DIE KURZE ELLIPSENACHSE IST IDENTISCH MIT DER ROTATIONS-ACHSE DES ZYLINDERS IMMER.

Die kurze Ellipsenachse ist identisch mit der Rotationsachse des Zylinders – immer. Das war schon beim stehenden Zylinder so, ist uns dort nur nicht aufgefallen. Hier nun, beim liegenden Zylinder, sollte es uns nicht nur auffallen, hier ist es ein wesentliches Kriterium dafür, dass Ihre Skizze gut und richtig aussieht.

Sollte es einmal nicht so sein, die kurze Ellipsenachse nicht identisch mit der Rotationsachse oder die lange Ellipsenachse nicht senkrecht auf der kurzen Ellipsenachse stehen, dann sieht es aus wie eine schräg angeschnittene Salami - und das wäre falsch.

Die Umhüllende bzw. der Zylindermantel, das sind die beiden Linien, die tangential von der Ellipse ausgehen, laufen zum Fluchtpunkt hin. Dort treffen sie sich.

Die Ellipsen sind an der dem Fluchtpunkt entferntesten Stelle schmal und werden, je näher sie zum Fluchtpunkt kommen, immer bauchiger. Aber bitte Vorsicht. Das ist hier derselbe Effekt, wie beim stehenden Zylinder. Wenn die Bauchigkeit zu schnell zunimmt, erscheint Ihr Zylinder krumm.

ÜBUNG: Skizzieren Sie einige liegende Zylinder, die alle von demselben Fluchtpunkt aus gehen – 1) nach unten, 2) horizontal und 3) nach oben.

Beginnen Sie mit der schmalen und großen Ellipse an der dem Fluchtpunkt entferntesten Stelle. Machen Sie die Zylinder dann hohl, ein Rohr, bringen einige Einstiche an und setzen einen Bund auf.

Verzichten Sie -noch - auf die Suche nach dem zweiten Fluchtpunkt.

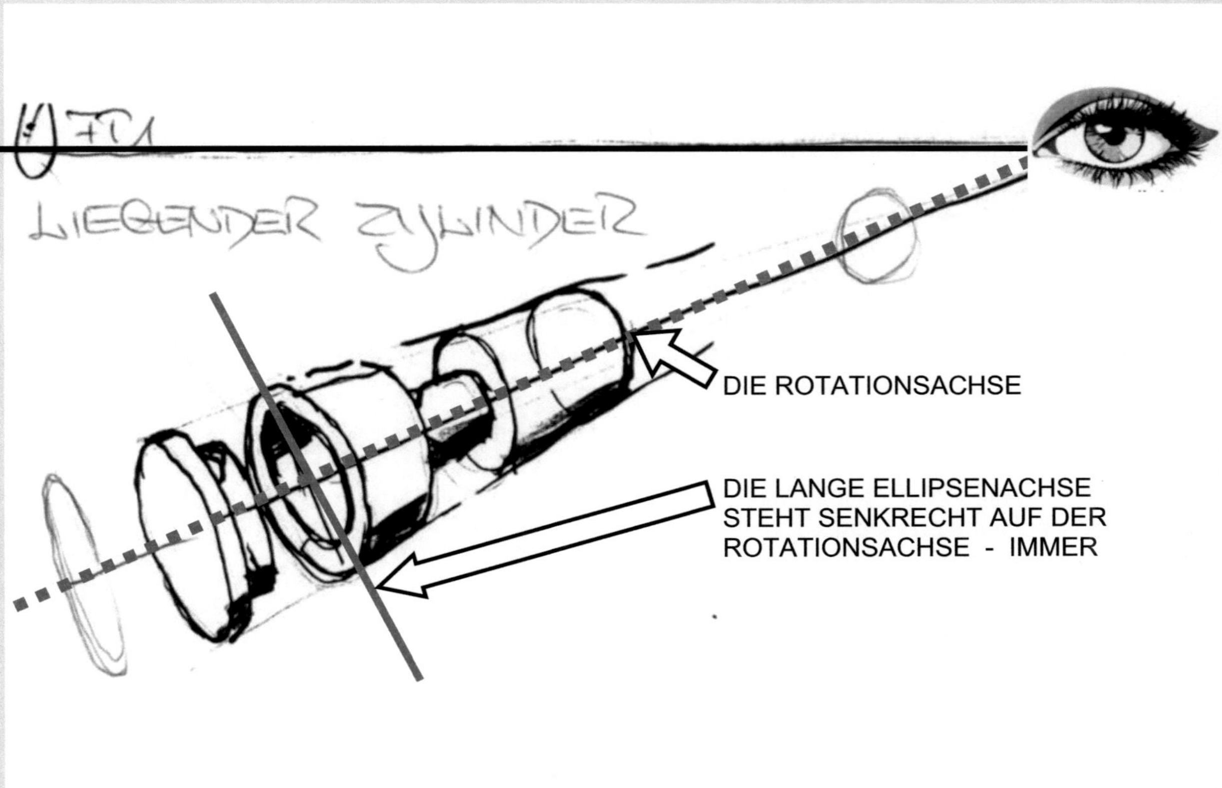
LIEGENDER ZYLINDER
DIE ROTATIONSACHSE
DIE LANGE ELLIPSENACHSE
STEHT SENKRECHT AUF DER
ROTATIONSACHSE - IMMER

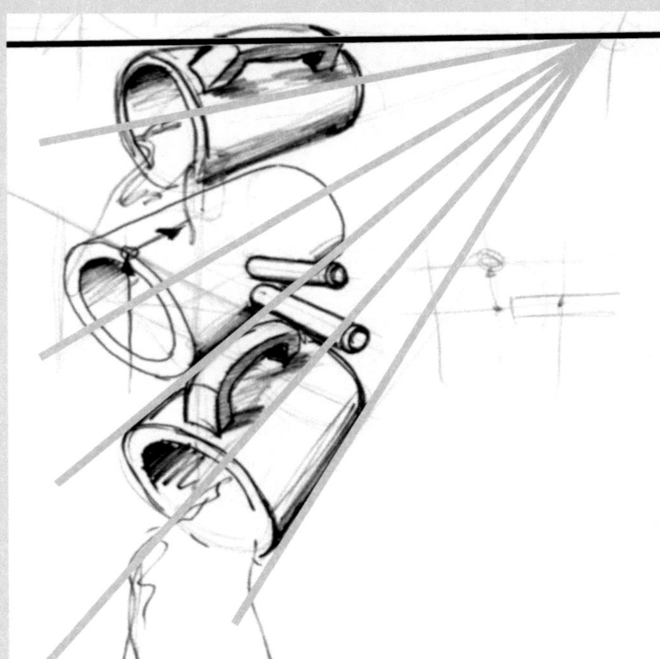

MODUL 12: DER LIEGENDE ZYLINDER MIT KUBISCHER UMHÜLLUNG

UND:

DER ZWEITE FLUCHTPUNKT?

Beim Kubus benötigten wir die beiden horizontalen Fluchtpunkte - unbedingt. Beim stehenden Zylinder konnten wir auf alle beide verzichten und beim liegenden Zylinder benötigten wir den, zu dem die Rotationsachse des Zylinders zielen sollte und der gleichzeitig Ziel aller parallelen Linien ist.

Da der Zylinder in der technischen, architektonischen, gestalterischen und auch natürlichen Wirklichkeit aber nur in Ausnahmefällen isoliert vor kommt, er in der Regel mit anderen Elementen, auch kubischen, zusammengebaut erscheint, benötigen wir für diese Kombination den zweiten horizontalen Fluchtpunkt.

Dazu geht man zur höchsten Stelle des Zylinders. Sie liegt senkrecht über dessen Rotationsachse. Hier nun beginnt erneut die „Suche mit dem Stift", die wir ja nun schon zwei Mal gebraucht haben. Der Stift skizziert/sucht an diesem höchsten Punkt so lange eine Tangente, bis Sie sagen: Ja, das ist sie. Wenn nicht, machen Sie weitere Striche und reduzieren zum Schluss mit Overlay.

Tangente: Sie erinnern sich? Tangente bedeutet gleicher Winkel auf beiden Seiten – nun allerdings perspektivisch verzerrt. Und diese Tangente ist gleichzeitig Fluchtlinie und geht zum gesuchten Fluchtpunkt.

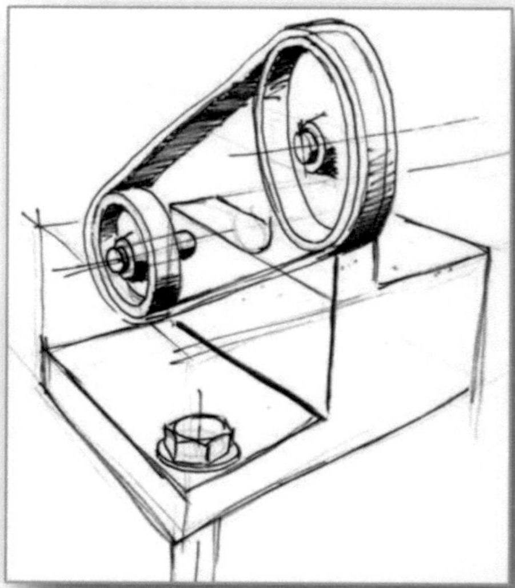

DIE VORGESTELLTE METHODE IST EINE NÄHERUNGSKONSTRUKTION. SIE STIMMT / FUNKTIONIERT NUR IN EINEM MITTLEREN / ÜBLICHEN BEREICH.

Diese Vorgehensweise ist eine Näherungskonstruktion. Sie stimmt für einen üblichen und mittleren Bereich. Das bedeutet, dass Sie nicht nur ausreichend weit von den Fluchtpunkten entfernt bleiben sollten, sondern auch auf der gegenüberliegenden Seite keine ganz schmalen Ellipsen skizzieren. Vom Fluchtpunkt weit genug weg bleiben ist außerdem angesagt, weil die Strecke dorthin auf dem letzten Stücksehr lang ist, viel länger als übliche Gegenstände groß sind. Siehe das nebenstehende Bild. Lediglich entsprechende Objekte wie Eisenbahnschienen oder Straßen kämen hier in Frage. Der mittlere Bereich jedoch entspricht unserer Sehweise. Ergänzend hierzu siehe in Teil 2 die Ausführungen über Bildbegrenzung, Rahmen und Präsentation.

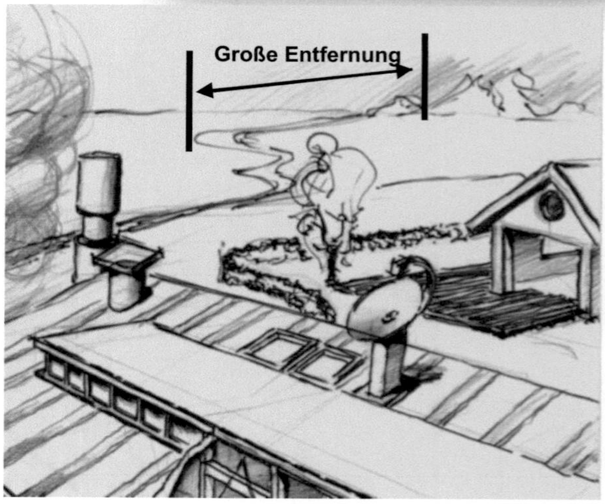

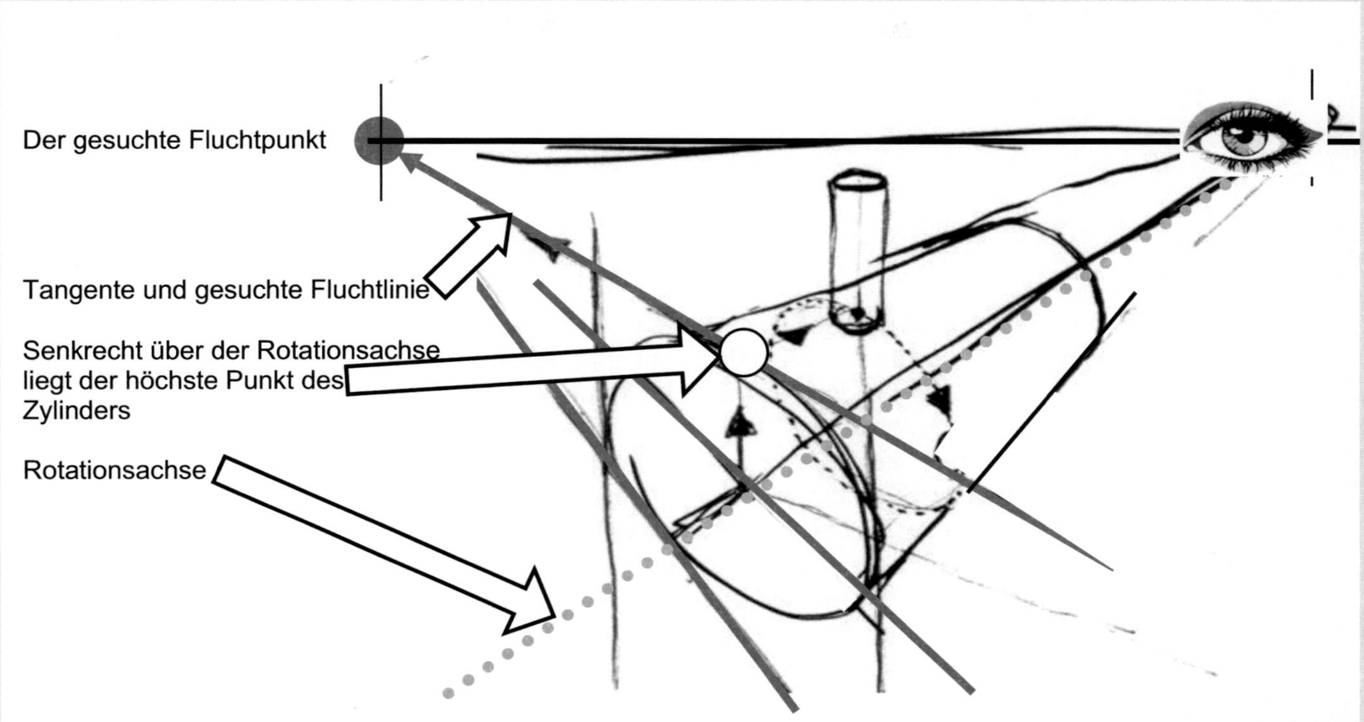
Der gesuchte Fluchtpunkt
Tangente und gesuchte Fluchtlinie
Senkrecht über der Rotationsachse liegt der höchste Punkt des Zylinders
Rotationsachse

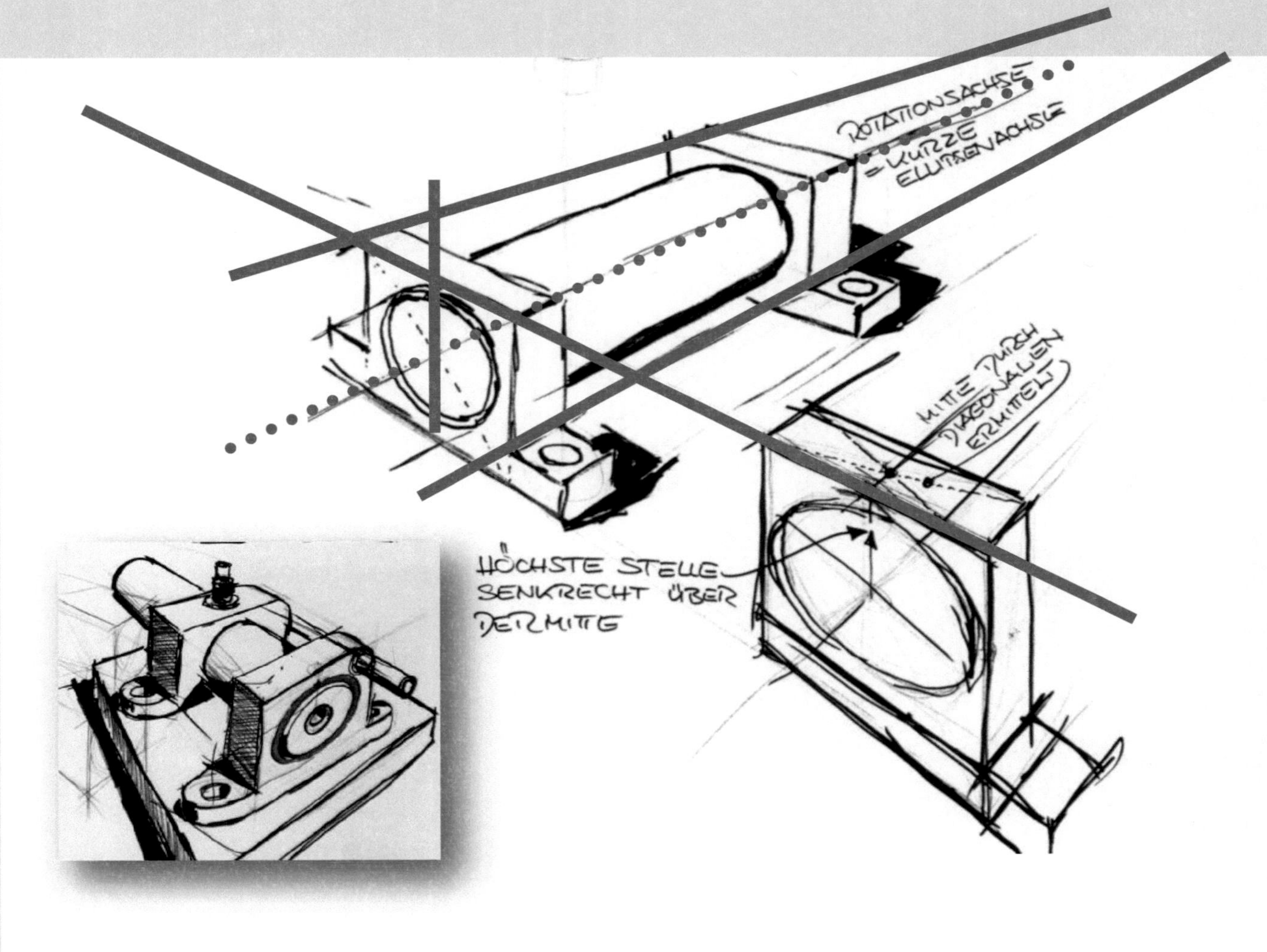
ROTATIONSACHSE = KURZE ELLIPSENACHSE
MITTE DURCH DIAGONALEN ERMITTELN
HÖCHSTE STELLE SENKRECHT ÜBER DER MITTE

MODUL 13: DER LIEGENDE ZYLINDER MIT SCHATTEN UND QUERELEMENTEN

Mit Licht und Schatten ist hier wenig zu machen. Der liegende Zylinder hat immer nur eine sehr kleine Auflagefläche oder ist an ein anderes Element angebaut - und hat dann überhaupt keine Auflage. Wenn bei einem dergestalt „schwebenden“ Zylinder ein Schatten ein Eigenleben entwickelt, das heißt, keine Berührung mehr mit dem ihn werfenden Objekt, führt das zu Fehlinformationen oder Irritationen und muss entfallen. Die Stirnfläche, wenn sie nach links geneigt ist, liegt im Licht und der nach unten zunehmende Eigenschatten ist sehr klein.

Position und Richtung der Querelemente wird analog der Vorgehensweise bei der Suche nach dem zweiten Fluchtpunkt beim liegenden und ansonsten entsprechend beim stehenden Zylinder entwickelt.

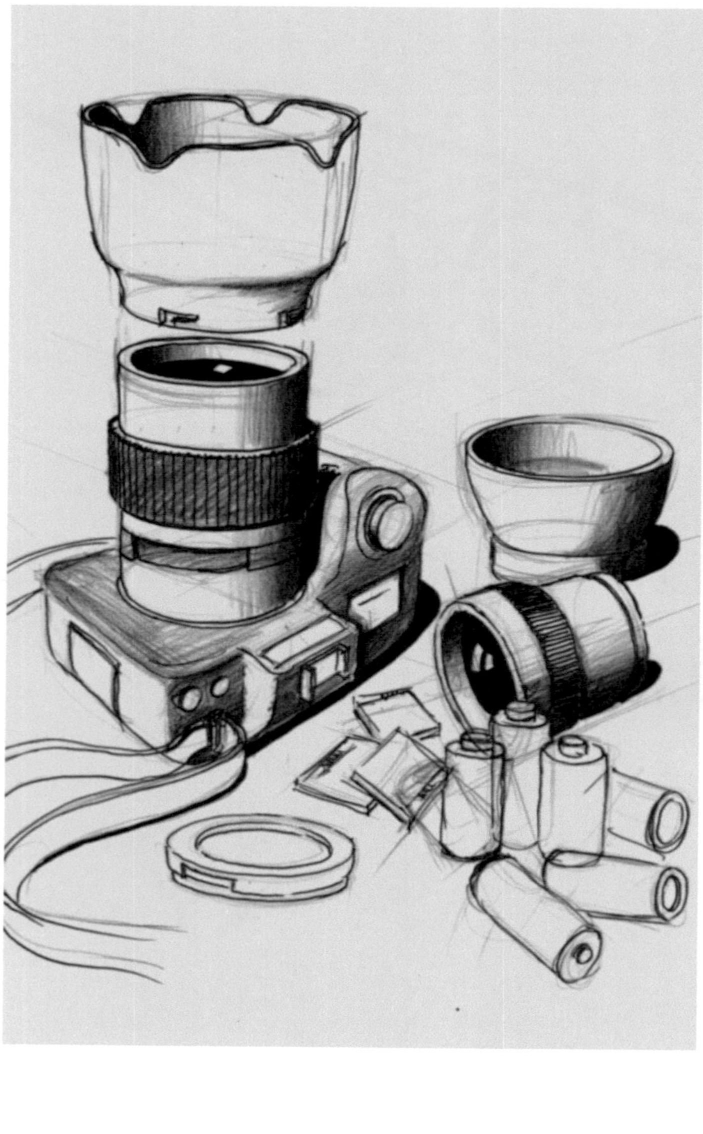

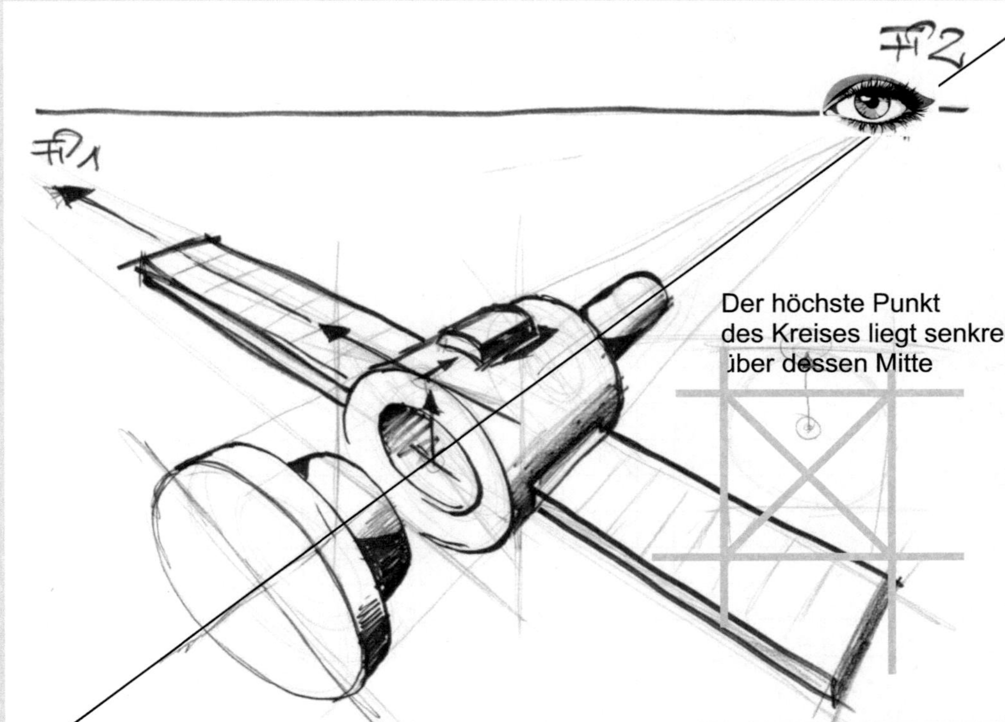
FP 2
FP 1
Der höchste Punkt
des Kreises liegt senkrecht
über dessen Mitte

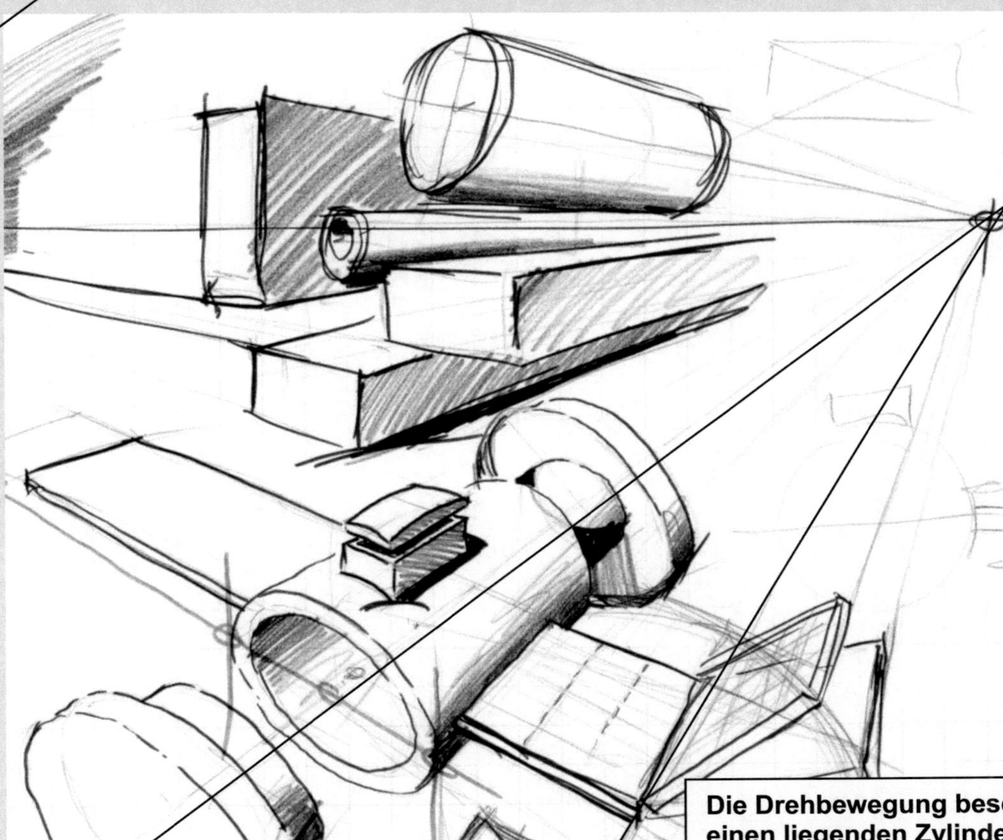
Die Drehbewegung beschreibt
einen liegenden Zylinder

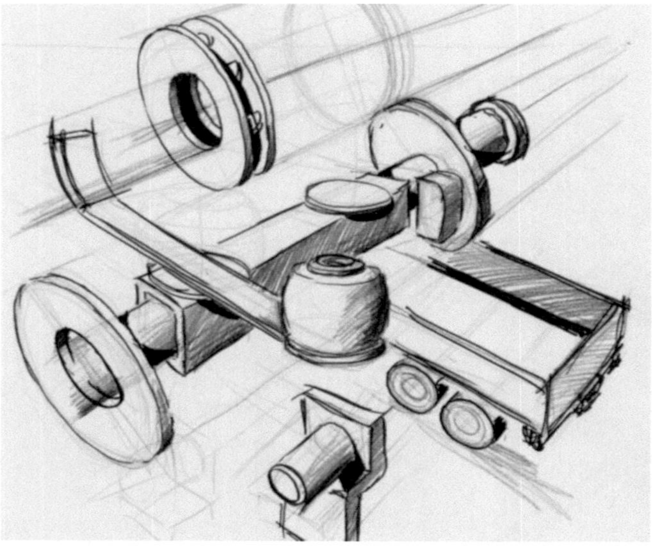

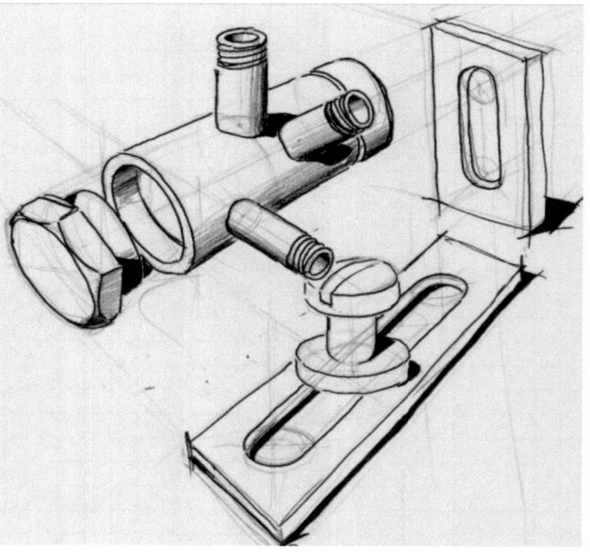

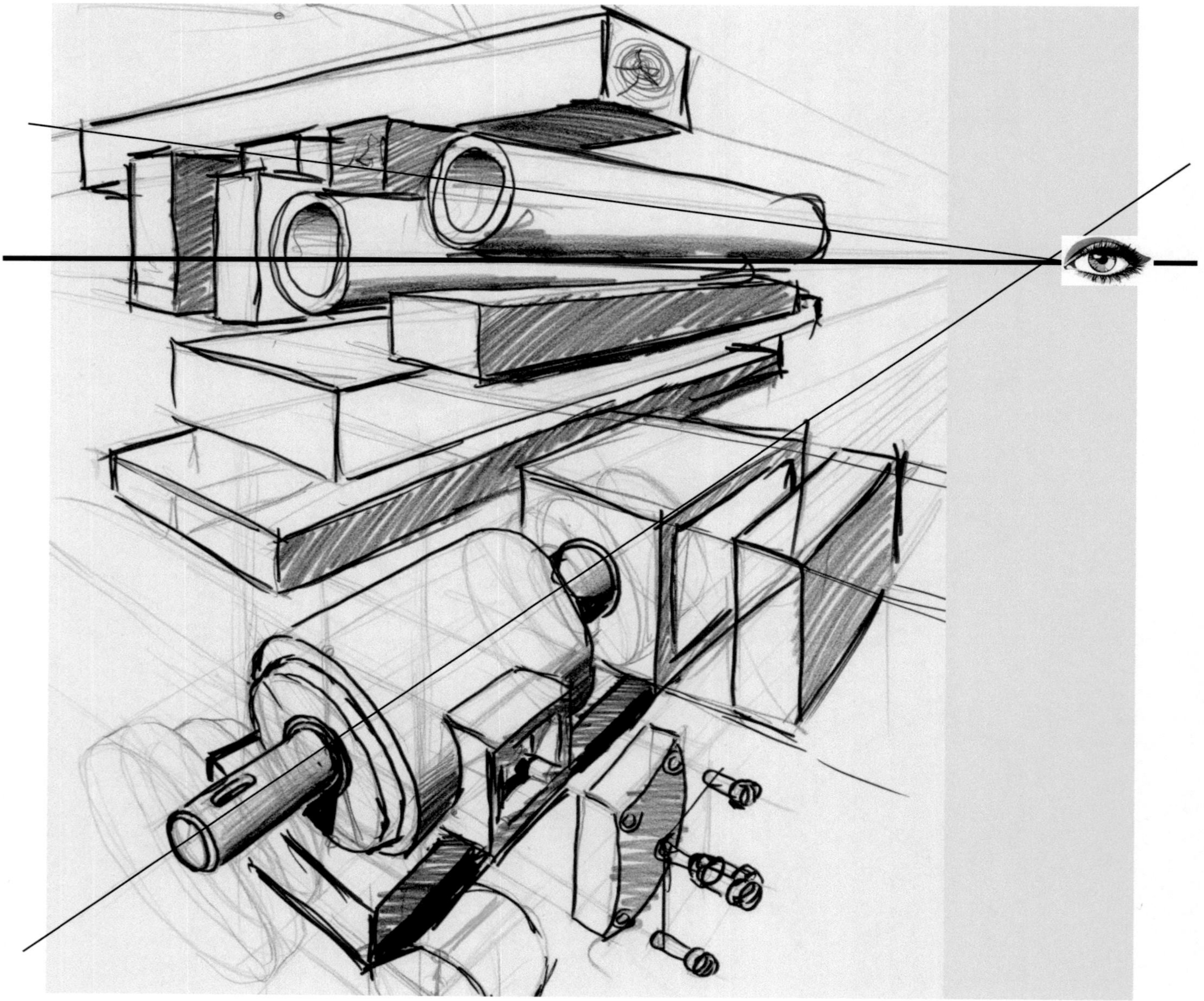

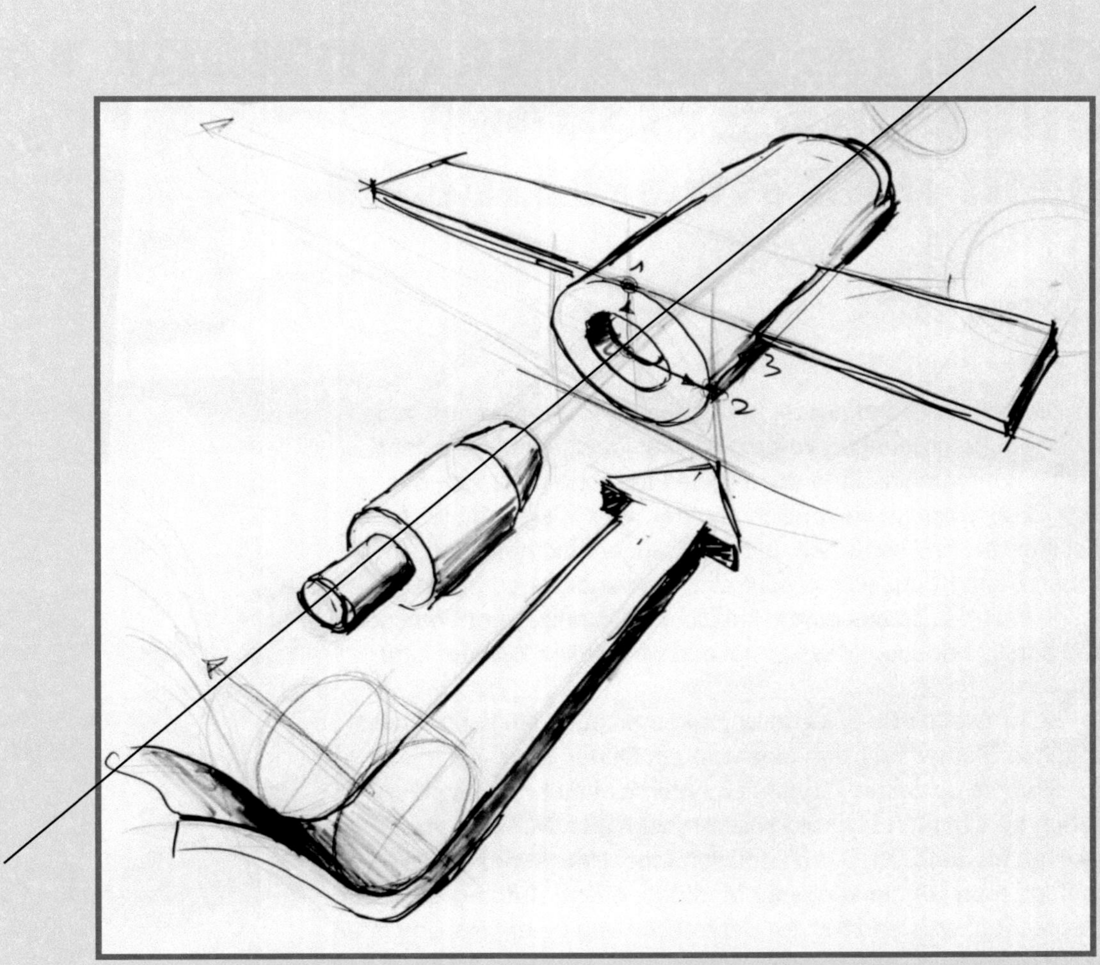

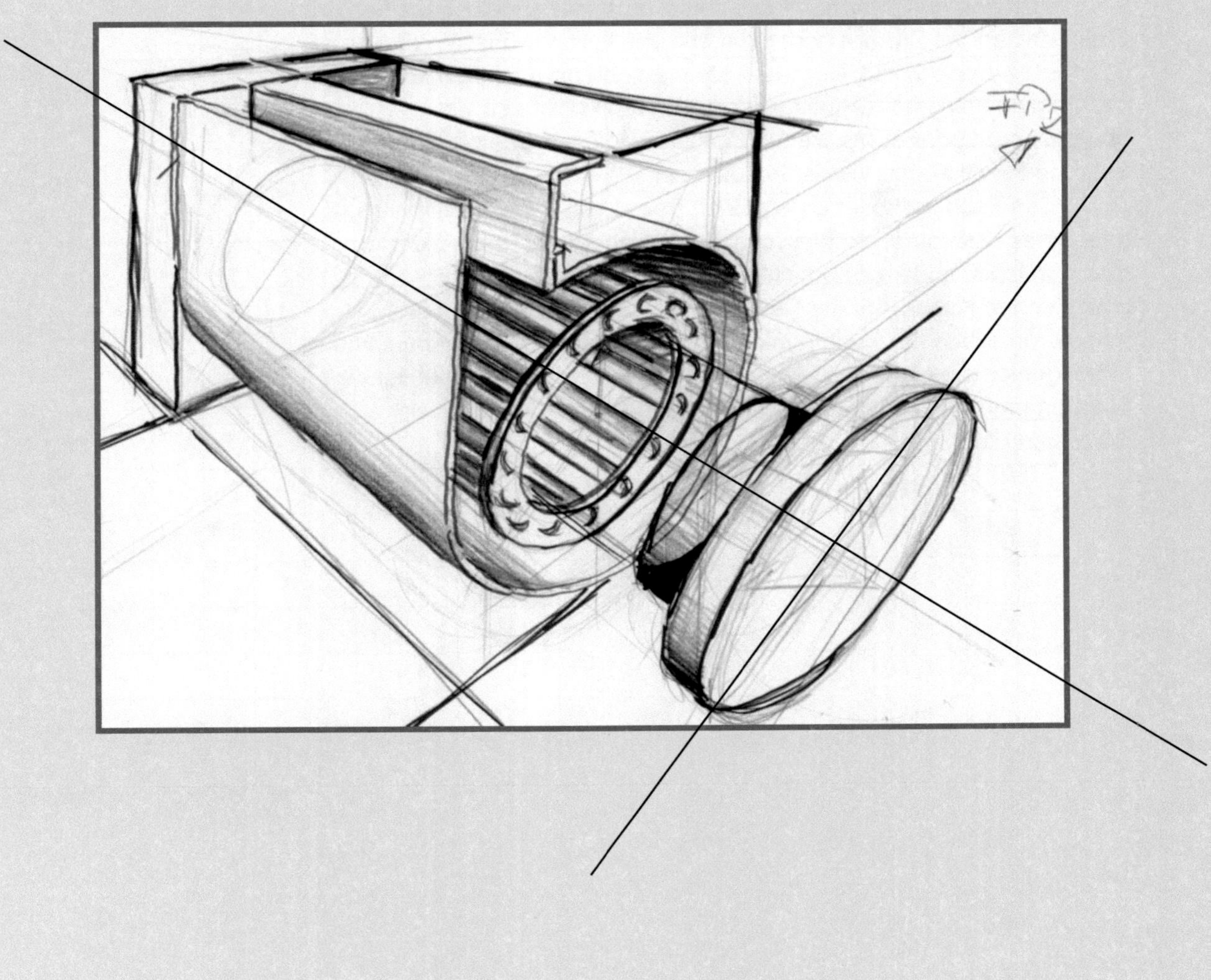

MODUL 14: DER ZUSAMMENBAU VON KUBUS UND ZYLINDER ODER: DAS MODELLIEREN.

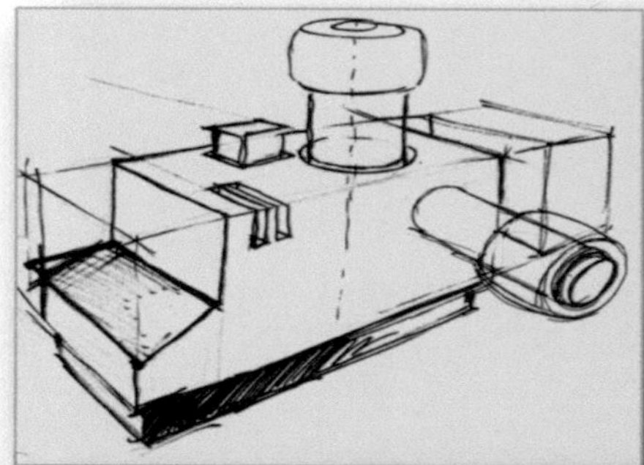

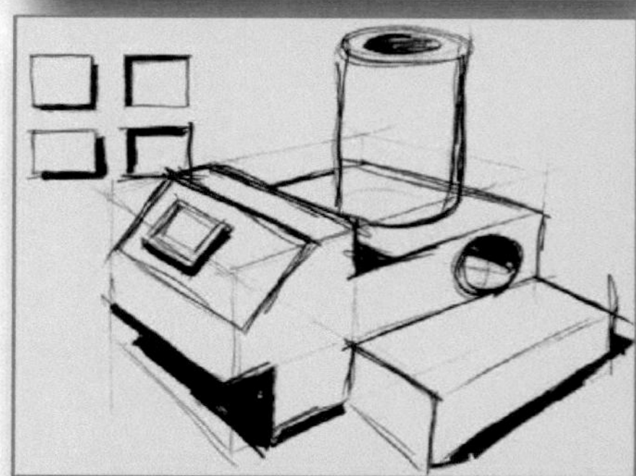

Die beiden Grundformen Kubus und Zylinder sind nun in den wesentlichen Ausprägungen vorgestellt. Der Realität entsprechend können sie nun gemeinsam auftreten, additiv, ohne dass sich das jeweilige Grundelement wesentlich ändert - oder integriert, siehe das Beispiel hier rechts. Die Kuben und die Zylinder sind noch einzeln erkennbar. Beim Kubus wurde subtraktiv und additiv gearbeitet. Subtraktiv meint, dass aus einem kubischen Grundkörper herausgearbeitet, additiv bedeutet, dass angesetzt wurde. Die Zylinder sind unverändert.

Beim zweiten Beispiel darunter kommt auch ein subtraktives zylindrisches Element in Form einer runden Öffnung vor.

Sind die einzelnen Grundelemente nicht mehr unmittelbar erkennbar, spricht man vom Modellieren, vom additiven und vom subtraktiven Modellieren. Beim additiven Modellieren wird etwas hinzugefügt, man könnte von einer Montage, einem Aufbau „Stein auf Stein" sprechen, während bei der Subtraktion von einem Rohling oder einem Grundkörper etwas weggenommen wird. Letzteres ist mit der Arbeit des Steinmetz vergleichbar. Michelangelo Buonarotti sagte einmal, dass in dem Marmorblock, den er sich immer selbst aus den Steinbrüchen bei Carrara geholt hat, die von ihm gewünschte Figur vollständig enthalten ist. Er müsse sie nur noch herausholen. Es meinte damit ein subtraktives Vorgehen. Wenn etwas zu viel abgenommen oder etwas weggebrochen war, verbot es die Ehre der Steinmetze, es additiv wieder anzusetzen.

Im Falle von zwei allgemeinen Beispielen, eines Schlüssels oder eines Hammers, die hier rechts unten abgebildet sind, skizziert man zunächst, in der gewünschten Perspektive, den bündig umhüllenden Kubus. Mit der Perspektive bzw. der Umhüllenden hat man automatisch die Fluchtpunkte und den Horizont vorgegeben. Nun benötigt man sie eigentlich nicht mehr. Ihre Rolle hat die Umhüllende übernommen. Sie bestimmt die Linienführung und die Lage der jeweiligen Elemente.

ÜBUNG: Skizzieren Sie einige Kuben in unterschiedlicher Größe und Lage, die als Umhüllende dienen könnten – ohne die Fluchtpunkte selbst zu skizzieren.
Achten Sie darauf, dass die Fluchtlinien zusammenlaufen.

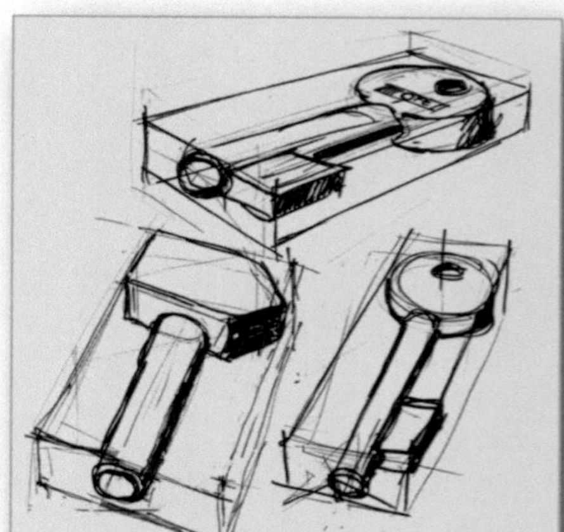

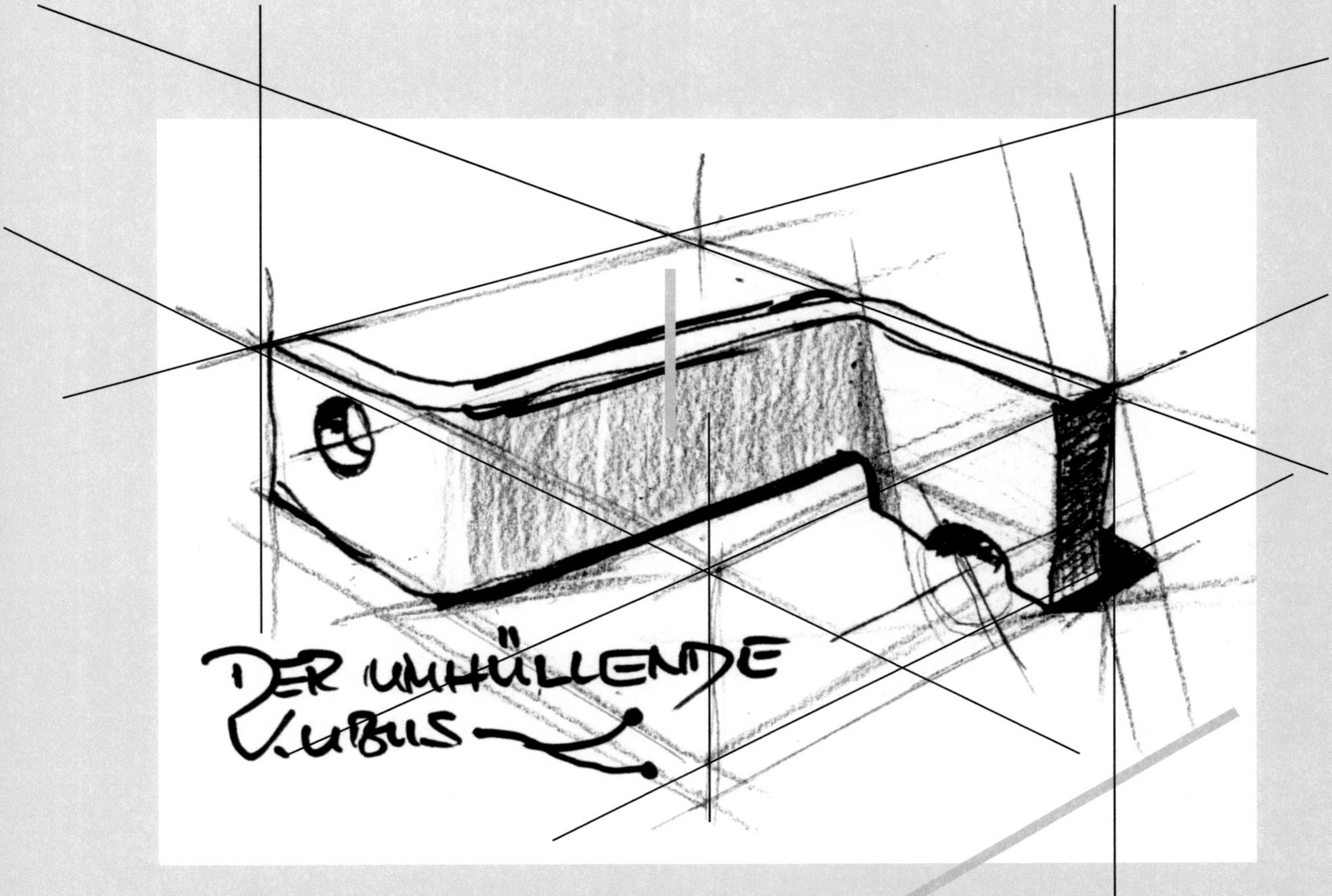
DER UMHÜLLENDE KUBUS

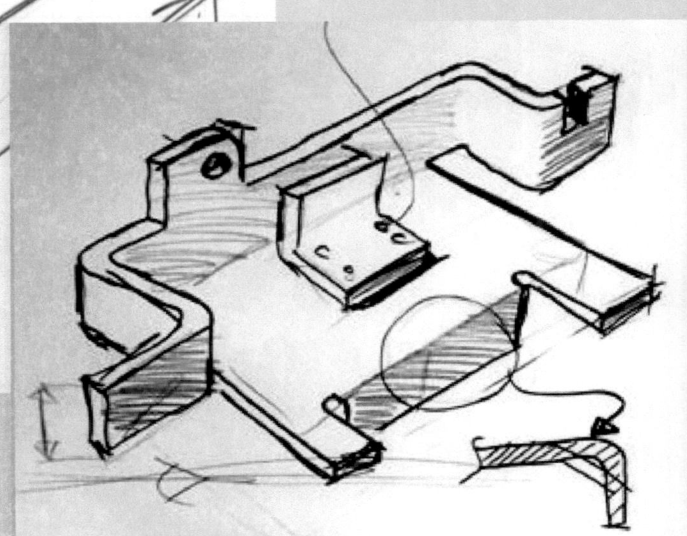

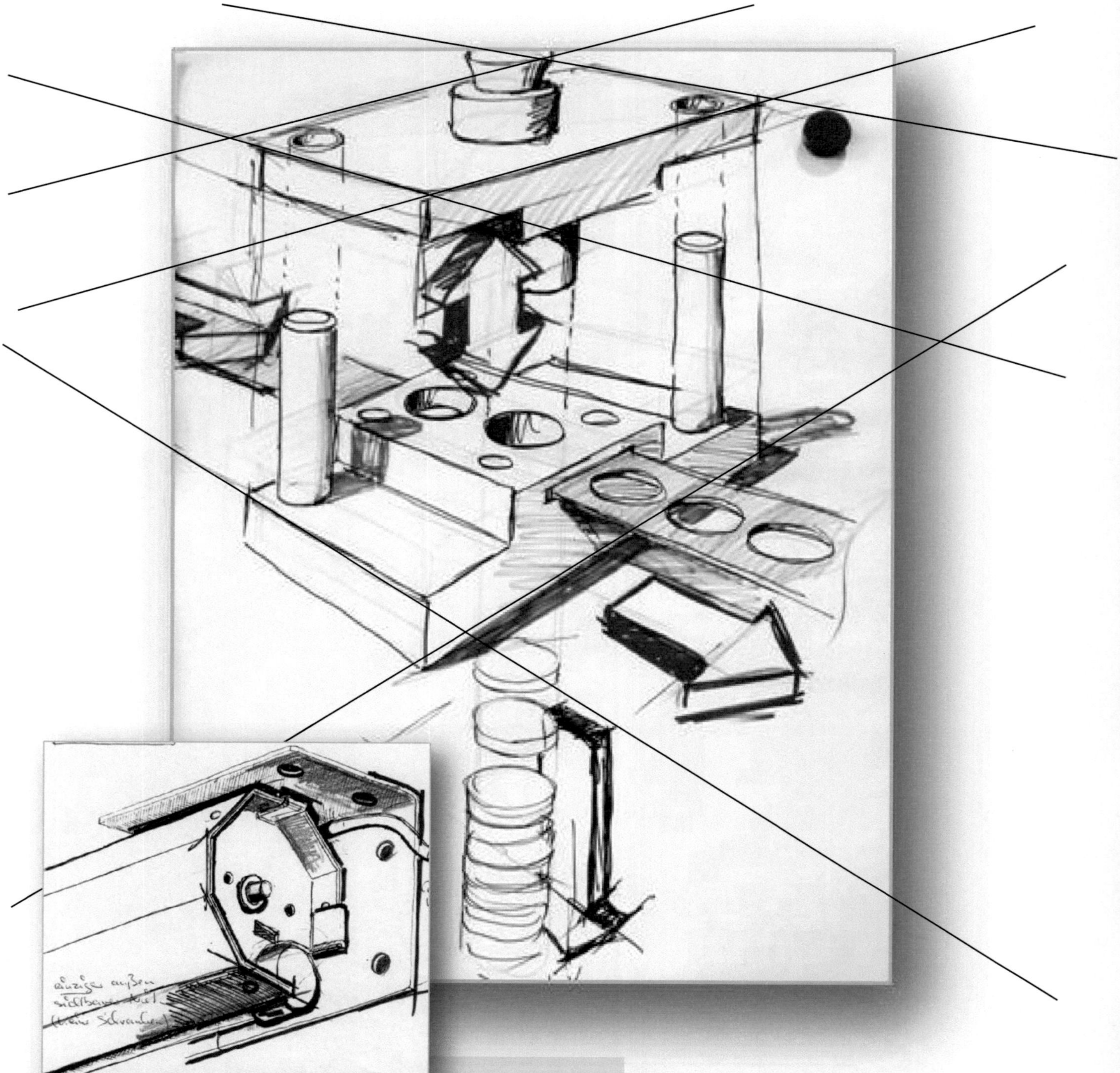
einziges außen
sichtbares Teil
(keine Schrauben)

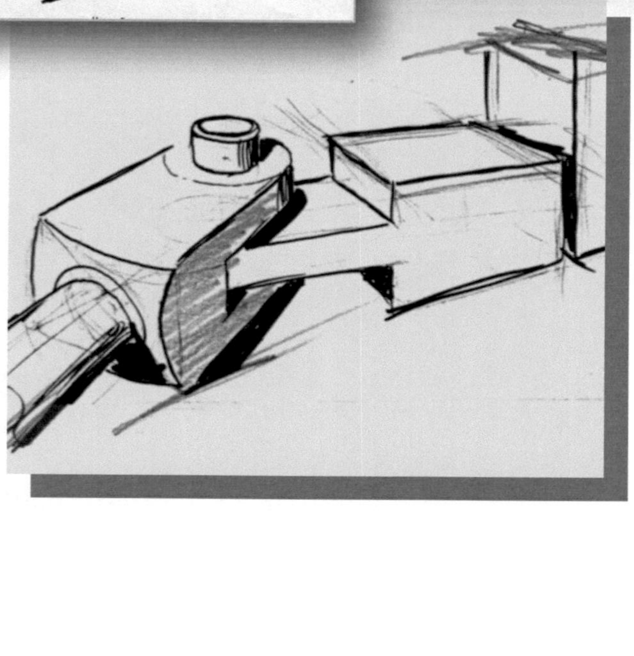

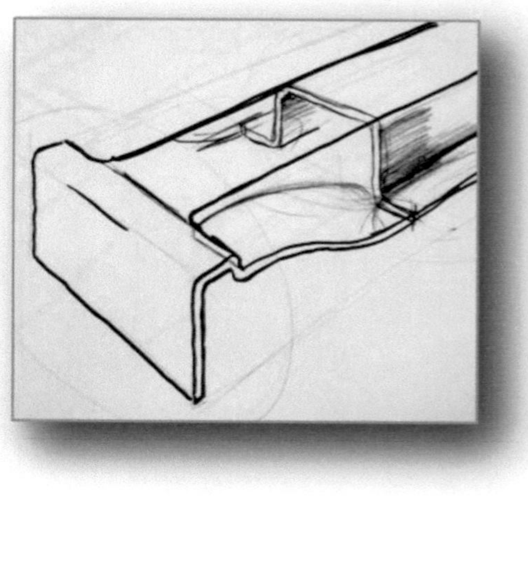

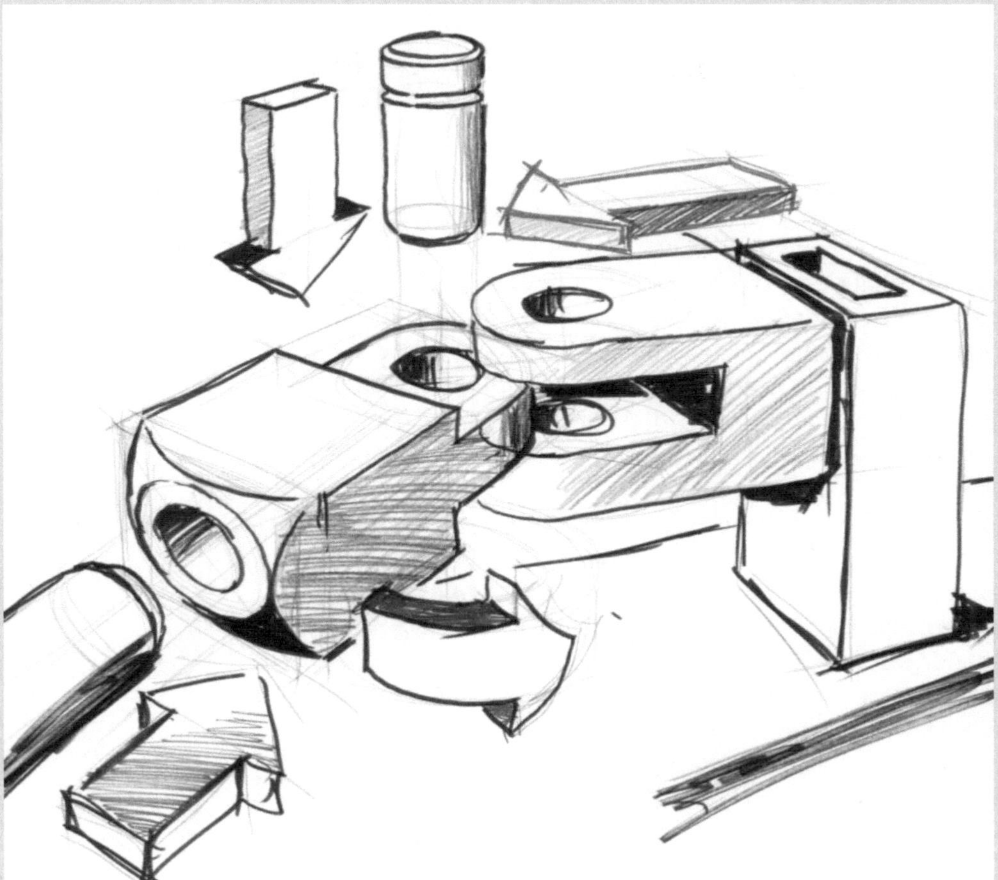

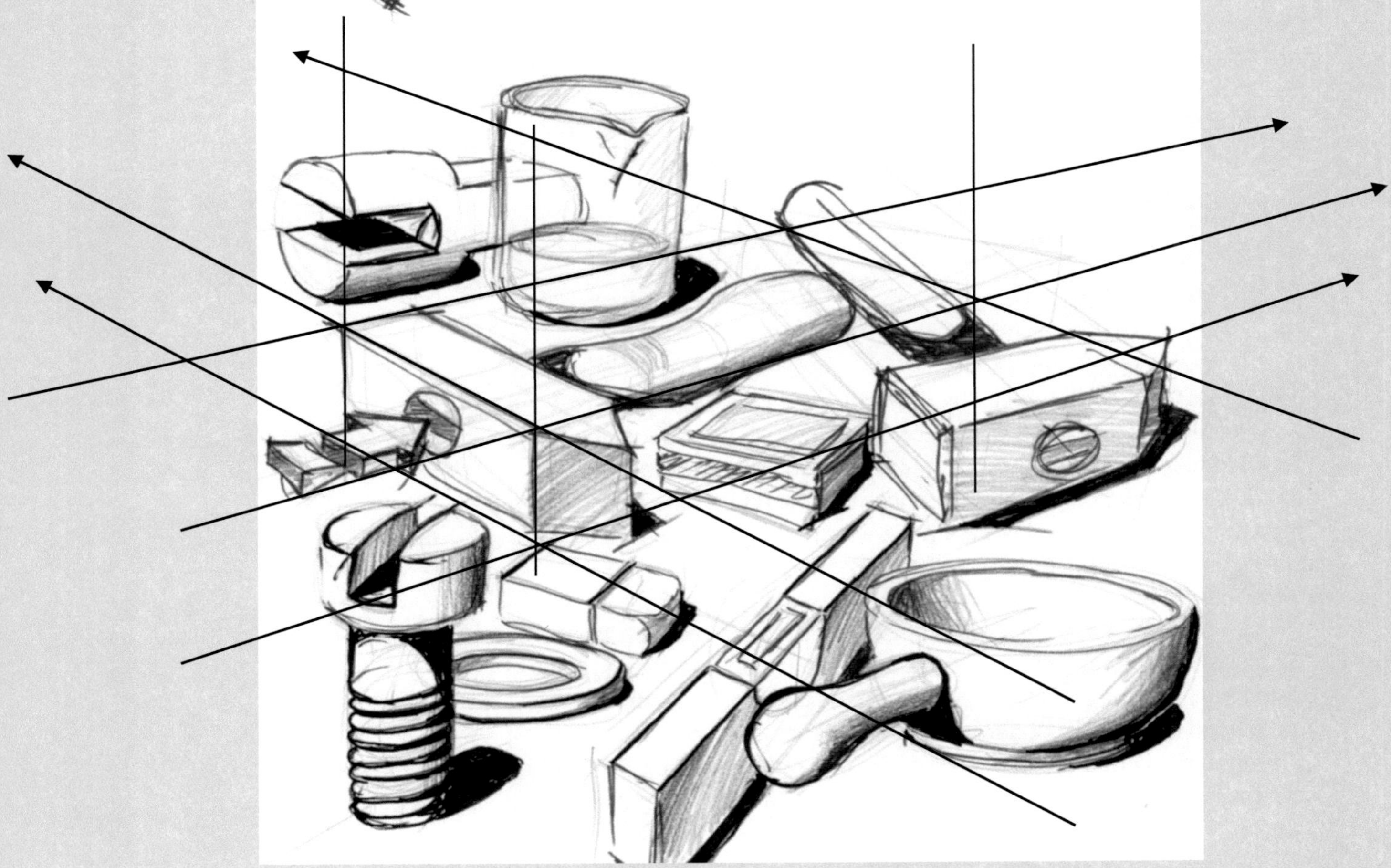

WOMIT FÄNGT MAN AN: MIT DEN FLUCHTPUNKTEN UND DEM HORIZONT - ODER MIT EINER KOMPOSITION?

Sie haben wahrscheinlich bisher damit begonnen, dass Sie, zunächst den Horizont und die Fluchtpunkte skizziert – und damit dann das gewünschte Objekt. Diese Methode ist für den Anfang sicherlich die Beste. Anders ist es, wenn Sie mehr Routine haben und Ihre Ansprüche größer werden, oder wenn Sie etwas skizzieren wollen, das Sie noch gar nicht kennen. Einen Würfel kennt ja jeder. Wenn Sie eine neue Idee haben und diese mit Hilfe einer Skizze weiterentwickeln wollen, kann die umgekehrte Vorgehensweise besser sein.

Sie skizzieren eine Komposition aus mehreren Elementen und „suchen"/entwickeln deren Zuordnung zueinander, indem Sie Strich über und neben und über und neben Strich skizzieren und sie immer dicker werden lassen. Das wird eine etwas wirr, aber sehr kreativ erscheinende Skizze, auf der Sie Ihre „Suche" nach dem richtigen Bild leicht nachvollziehen können. Legen Sie nun ein neues Blatt drüber - Sie erinnern sich: Overlay-Technik - und das Ganze beginnt von vorne.

Sie können bereits innerhalb dieser kompositorischen Arbeit nach den Fluchtlinien suchen – oder Sie machen es anschließend – natürlich ebenfalls wieder mit „suchen" und Drüberlegen (Oberlay).

Oder: Sie machen es sich ganz einfach und kaufen einen Block mit vielen verschiedenen gedruckten Fluchtlinien-Scharen, ähnlich dem Bild oben auf der nächsten Seite (Anselm, G., Rivalan, J., Perspektiv-Zeichnen, Hamburg 1978), legen diese unter Ihr Blatt und haben damit genau die richtige Perspektive. Dumm ist nur, dass man eben diese Blätter im richtigen Augenblick nicht immer parat hat.

ÜBUNG: Skizzieren Sie eine Komposition aus mehreren Elementen, zum Beispiel einer Sitzgruppe aus kubischen Sesseln – wie Sie sich diese vorstellen. Ordnen Sie sie mit Hilfe der Overlay-Technik so lange um, bis sie nach Ihren Vorstellungen

Man nennt das: Komponieren

Suchen Sie nun die Fluchtpunkte und den Horizont und korrigieren Ihre Skizze (mit Overlay !!) entsprechend.

NUN FEHLT NOCH DER HORIZONTAL GEDREHTE, DER GEKIPPTE KUBUS

Die noch fehlende Variante der verschiedenen Anordnungsmöglichkeiten des Kubus im Raum ist der um die waagerechte bzw. horizontale Achse gedrehte, der sogenannte gekippte Kubus, siehe das Bild hier unten. Der lässt sich nun viel leichter darstellen, weil wir den Zylinder bzw. die Rotation kennen. Er beschreibt eine Drehung, man nennt das auch Rotation, um die waagerechte Achse und wird, siehe die beiden Abbildungen auf der überübernächsten Seite, folgendermaßen gefunden:

Das Prinzip ist, wie gehabt: Sie skizzieren immer zunächst die Einzelheiten, die Sie kennen. Sie kennen die Rotationsachse (1) und damit auch die kurze Ellipsenachse, das ist die Rotationsachse, und dazu noch die senkrecht darauf stehende lange Ellipsenachse (2). Sie legen die Drehung so, dass Sie einen der vorhandenen Punkte bei der Drehung auf der Ellipse mitnehmen, zum Beispiel den Punkt (3).

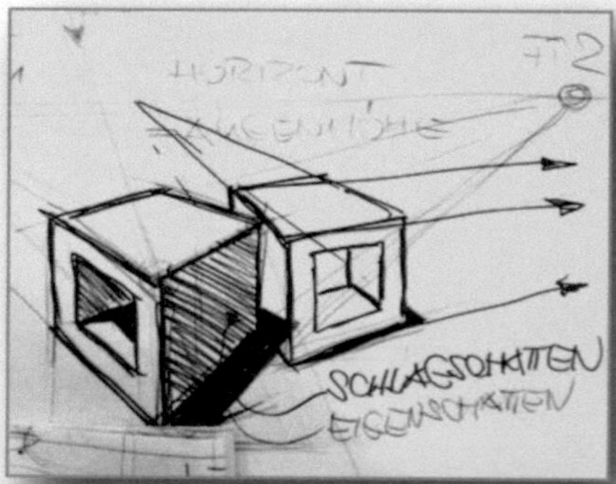

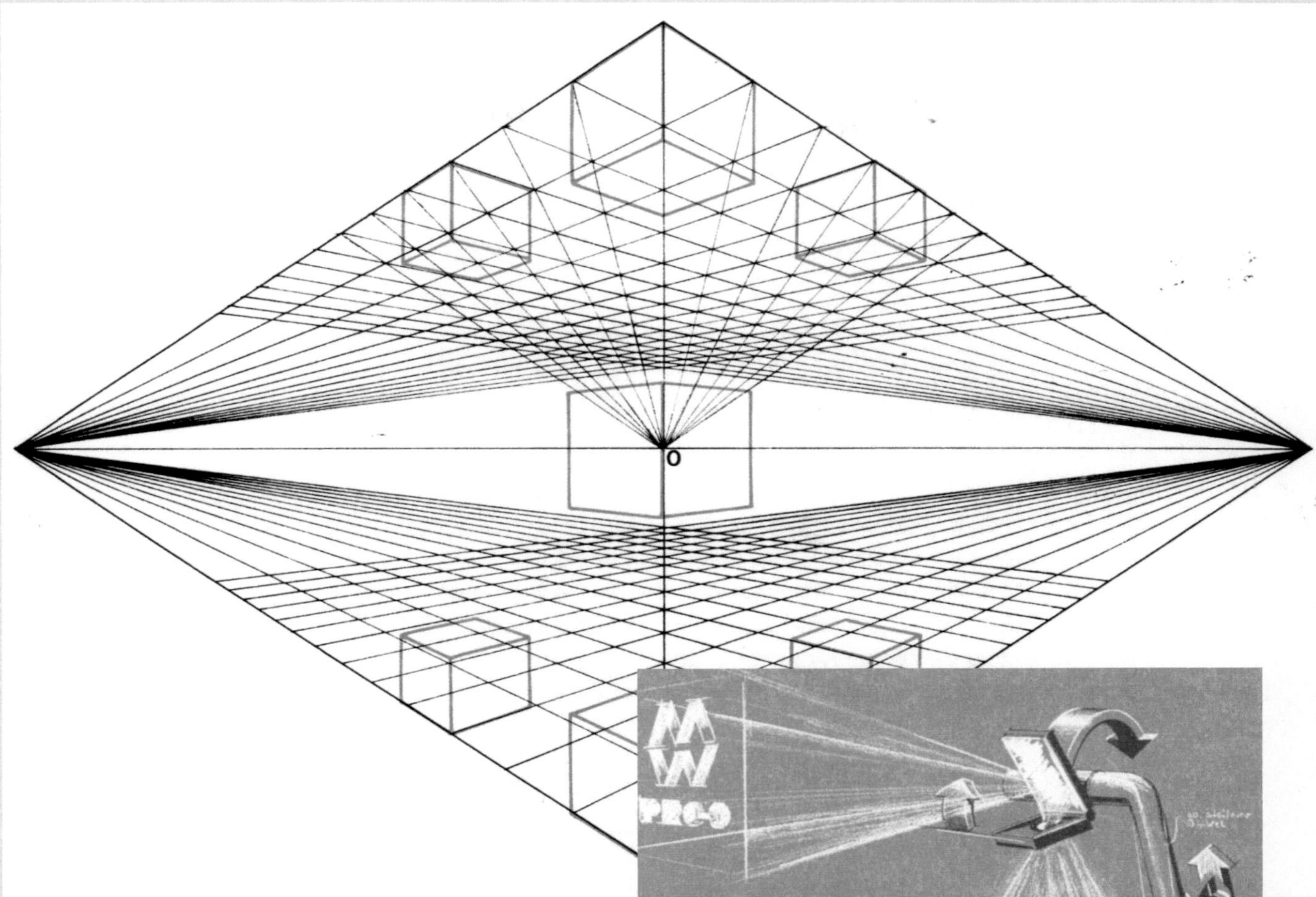
O

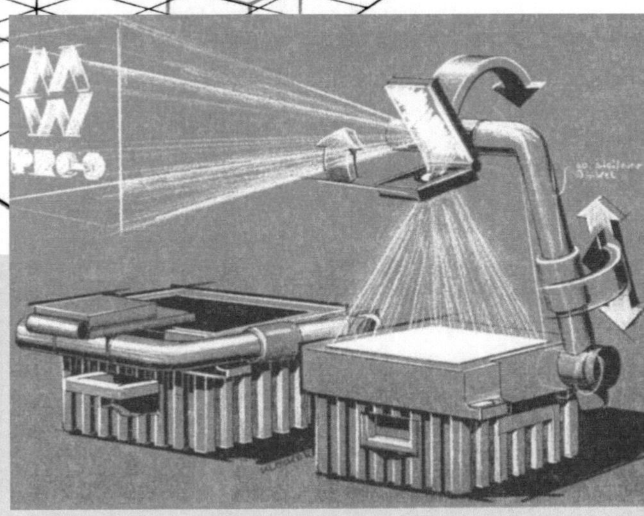

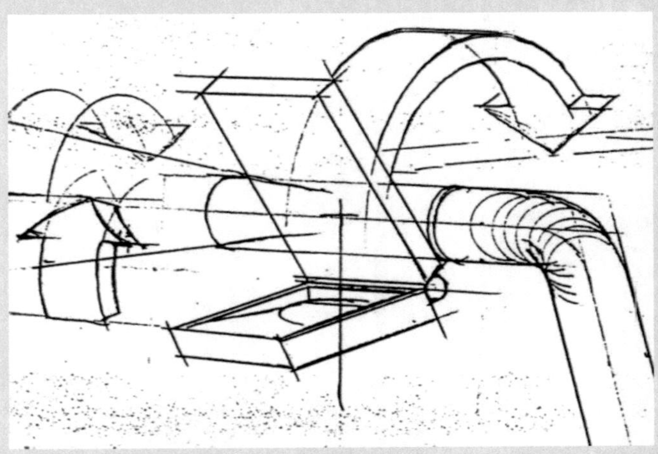

Den können Sie drei Mal spiegeln: ein Mal an der langen Ellipsenachse und zwei Mal an der kurzen Ellipsenachse. Nun haben Sie die beiden Ellipsenachsen und vier Punkte der Ellipse – genug, um die Ellipse zu skizzieren (4). Anschließend suchen Sie an dem von Ihnen gewünschten Punkt auf der Ellipse, das ist der Punkt, bis zu dem Sie den Punkt(3) drehen wollen, die Tangente (5). Sie erinnern sich? Mit dem Stift suchen – eventuell mit Overlay ergänzen. Diese Tangente ist die zweite Kante des gesuchten gedrehten Kubus. Der Rest ist klar.

WENN SIE ETWAS IN DER MITTE ANSETZEN ODER DORT MONTIEREN WOLLEN ....

muss man wissen, wie die Mitte zu finden ist. Die Mitte ist die einfachste Teilung, daher wird sie uns dort auch noch einmal begegnen. Hier geht es darum, die vier Bolzen in der jeweiligen Mitte der zugehörigen Felder zu positionieren. Die Mitte eines Rechtecks erhält man, unabhängig davon, ob regelmäßig oder unregelmäßig, indem man das Diagonalen-Kreuz skizziert. Und in dieser Mitte setzt die Rotationsachse des Bolzes an.

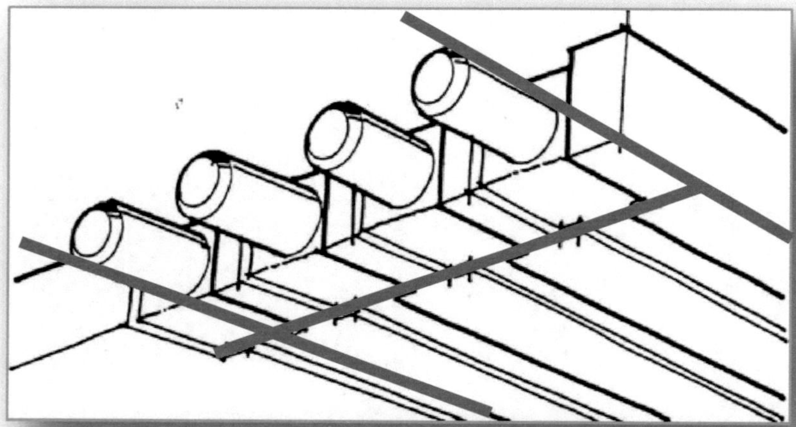

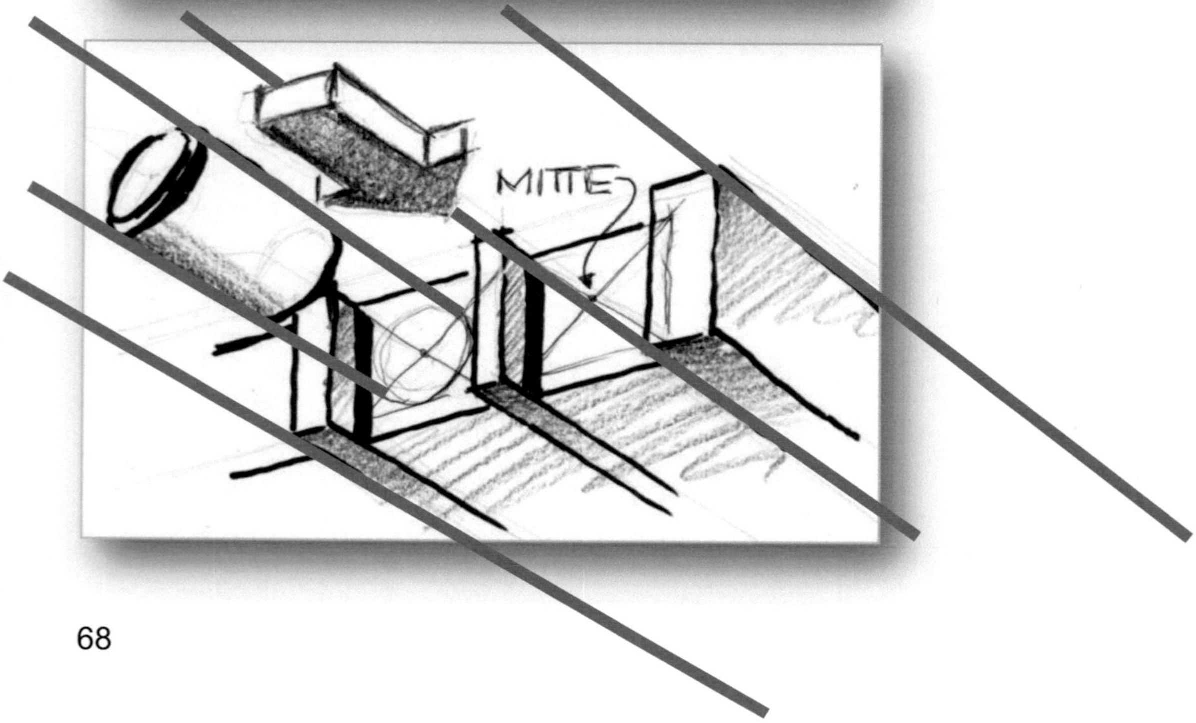

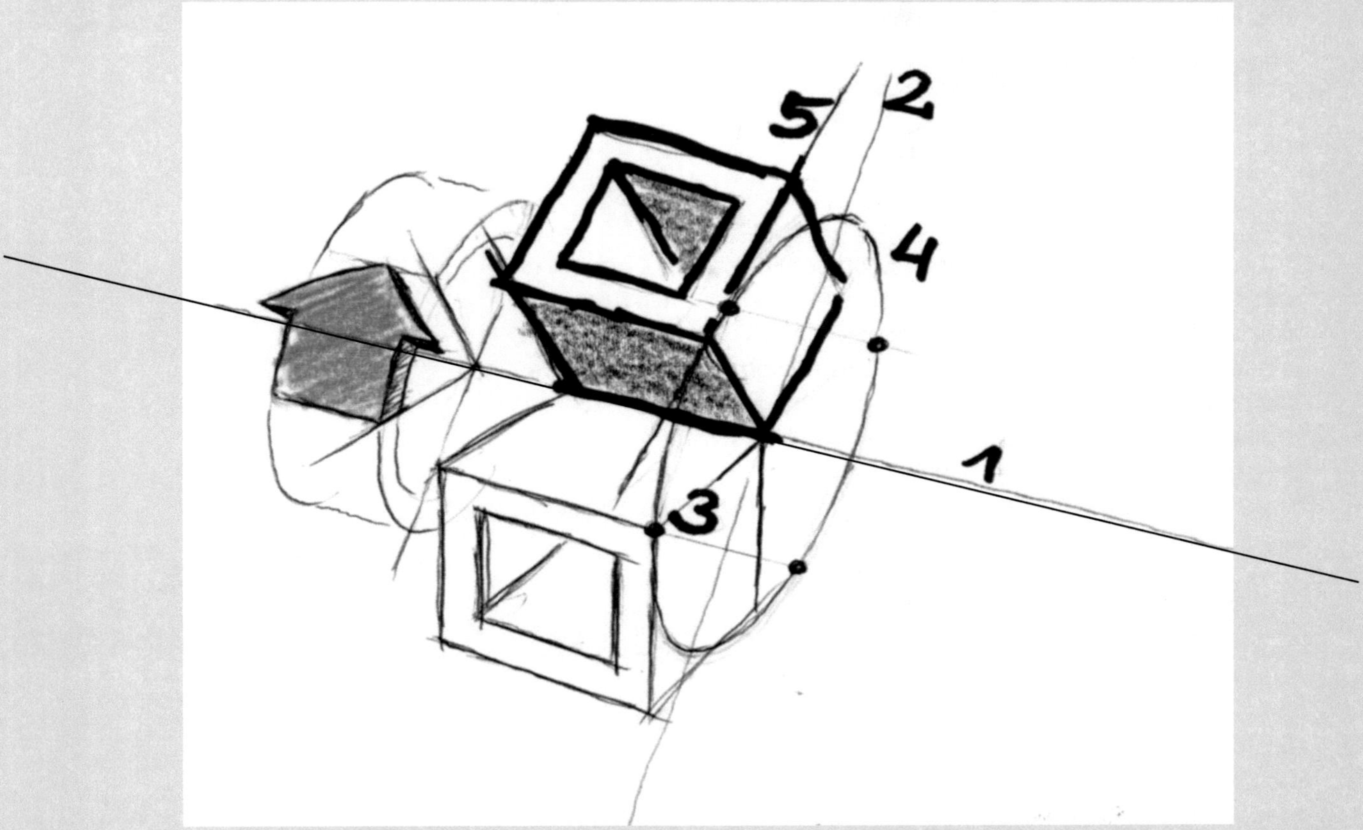
5
2
4
3
1

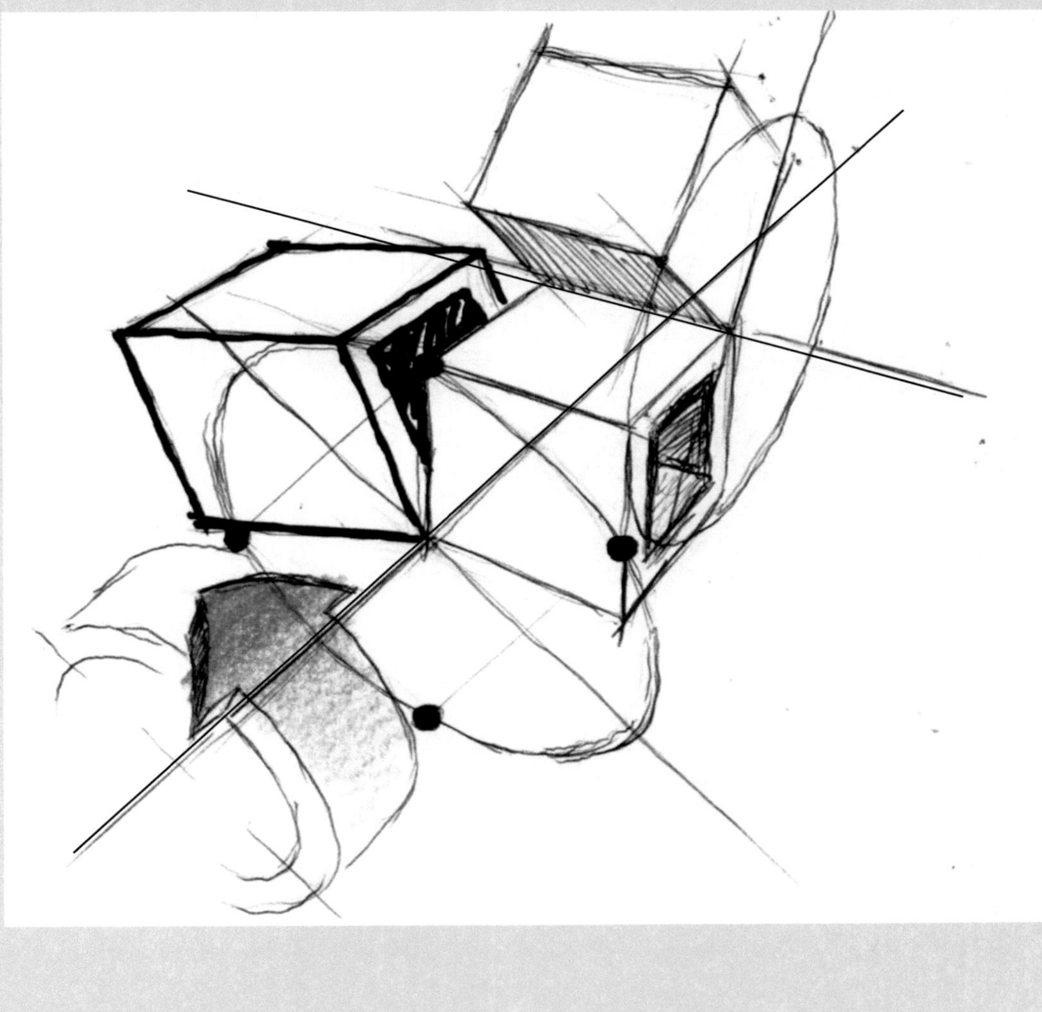

MODUL 15:BOMBIERUNGEN, UNEBENES, FREIFORMFLÄCHEN

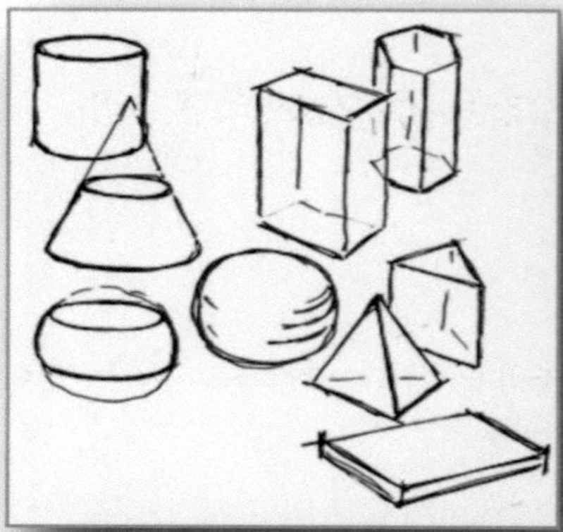

Bei technischen Gegenständen dominieren die Formen, die sich, sowohl in der vorbereitenden Konstruktion als auch der anschließenden Fertigung, eingebürgert haben. Was bedeutet „eingebürgert“? Das Hilfsmittel der Konstruktion ist die technische Zeichnung nach DIN. Darin kommen ausschließlich gerade Linien und Kreise oder Teile von Kreisen, Radien vor. Das wiederum führte zu den, ganz zu Beginn dieses Buches, aufgeführten „Grundformen“, den Kuben, Zylindern und deren Varianten, siehe Bild rechts. Die können wir nun alle skizzieren.

DIE FREIFORMFLÄCHE

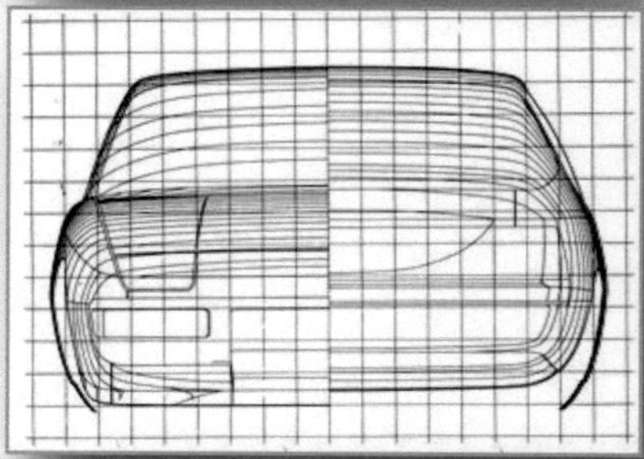

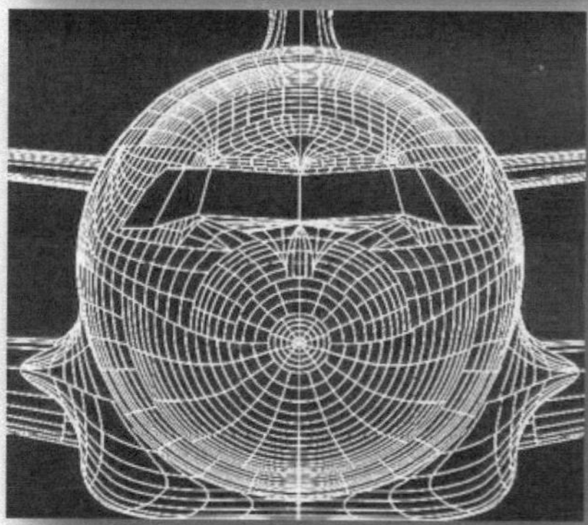

Nun gibt es aber auch Formen technischer Produkte, die von diesen Grundformen abweichen. Das bekannteste Beispiel dafür ist die Karosserie des Autos. Man bezeichnet diese Flächen als Freiformflächen. Sie lassen sich nicht aus geraden Linien und Kreisen zusammensetzen. Man hat dafür eine spezielle, und von der DIN abweichende, Zeichentechnik entwickelt, das sogenannte Straken. Dabei entstehen Schnittscharen um die drei Raumachsen, die unseren drei Fluchtpunkten entsprechen. Sie sind im Bild hier rechts andeutungsweise für ein Auto und, darunter, für ein Flugzeug zu sehen. Es gibt schwierig zu zeichnende (und herzustellende) und weniger schwierig zu zeichnende Freiformflächen. Wenn ich mit einer einfacheren Freiformfläche beginnen möchte, eigentlich ist es die Einfachste, dann ist das . . .

DIE BOMBIERTE FLÄCHE

Sie entsteht aus einer ebenen Fläche, die nach oben oder nach unten, konkav oder konvex, durchgebeult - in der Regel mittels einem Radius oder zwei Radien. Wenn dann zusätzlich die Seitenkanten oder Seitenflächen angestellt werden, könnte diese Form, sie ist auf der nächsten Seite abgebildet, folgendermaßen entstehen:

> ***TIPP:***
> *Beginnen Sie immer, auch bei scheinbar sehr amorphen Formen, mit dem was Sie kennen. Im vorliegenden Fall wissen Sie, dass die Seiten eingezogen werden sollen, also skizzieren Sie das, und dass durch die Bombierung diese Seiten absinken. Alternativ: sie heben die Mitte an.*
>
> *Eine Sicke oder Kante, auch wenn sie real überhaupt nicht existiert, unterstützt und zeigt uns einmal mehr die Rundung.*

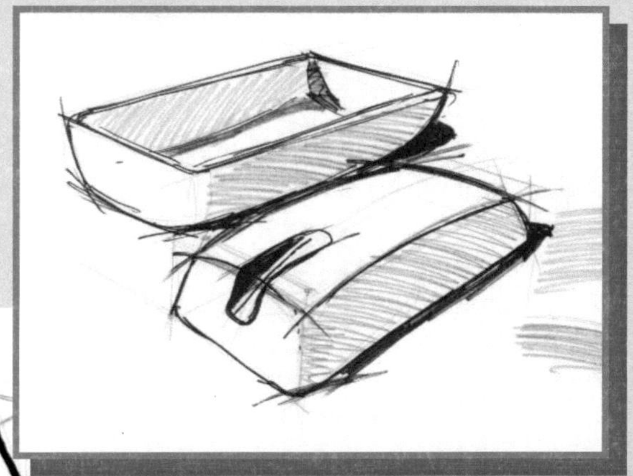

Entwicklungsschritte:

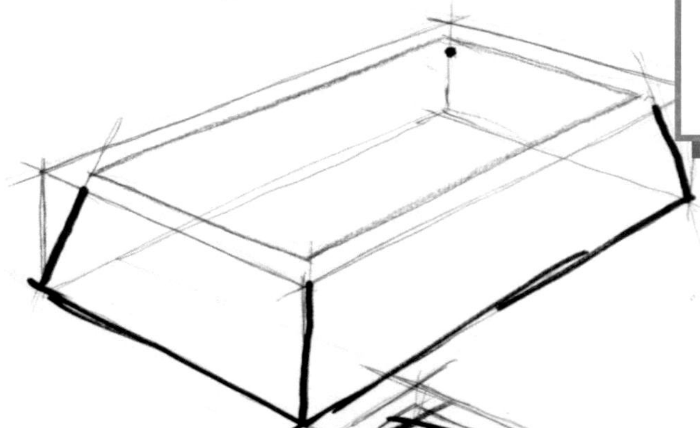

1 Skizziere den umhüllenden Kubus,
2 verkleinere die obere Fläche,
3 stelle die Ecken ein und
4 markiere deren obere Verkürzung.

5 Skizziere die oberen 4 Kanten, die eigentliche Bombierung und
6 ergänze Eigen- und Schlagschatten.

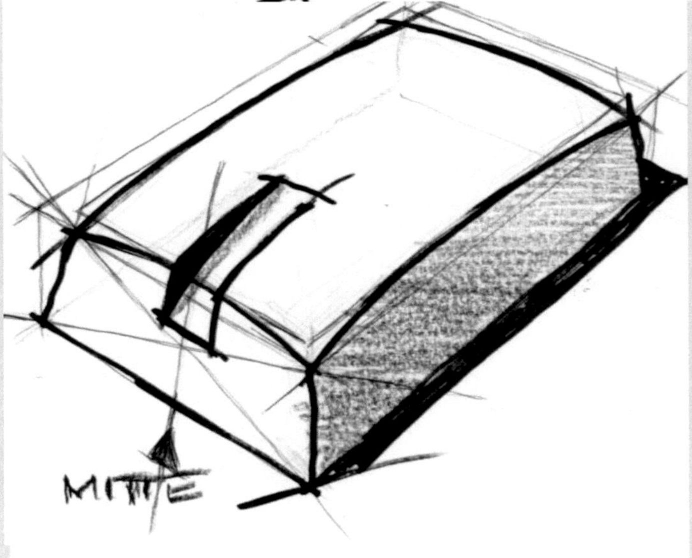

7. Suche die Mitte der vorderen Stirnfläche mit dem Diagonalen-Kreuz
8. und skizziere die Sicke annähernd parallel zu den Außenkanten.

DIE ANGENÄHERTE BOMBIERUNG

Das Skizzieren von echten Freiformflächen, von Fahrzeugen, von Sportgeräten, Mode oder vielleicht sogar von Menschen, bedarf anderer Voraussetzungen, als sie hier gemacht wurden. Die Zeichenmaterialien sind teilweise anders und vielfältiger und die Vorgehensweisen differenzierter. Wenn Sie Solches wollen, muss ich auf andere Literatur, die Sie in einigen Exemplaren im Anhang finden, verweisen.

Wenn es jedoch nicht um Perfektion geht, wenn die Kommunikation und die Information mittels einer Skizze im Vordergrund stehen, und das ist ja der eigentliche Tenor dieses Buches, dann genügt oft eine Reduktion der komplexen Form auf die Elemente, die uns geläufig sind.

Ein Beispiel: Es sollte über eine Anordnung gesprochen werden, die im Auto und im Zusammenhang mit dem Mitteltunnel stand. Nicht nur **am** Auto, auch **im** Auto gibt es viele Freiformflächen. Aber die Einzelheiten und Genauigkeiten des Designs standen nicht im Vordergrund. Der Tunnel wurde wie ein Sattel auf ein Halbrohr reduziert und darauf, mit Suche der höchsten Stelle und Suche des Fluchtpunktes, ein aus kubischen Teilelementen zusammengesetzter Aufbau skizziert. Alle haben verstanden, worum es ging.

ÜBUNG: Skizzieren Sie einige kleine Wannen, wie sie hier gezeigt sind, dann Messergriffe, ein Seifenstück oder Ihren elektrischen Rasierer.

Entfernen Sie sich dabei nicht zu weit vom umhüllenden Kubus. Er bleibt unsere Referenz.

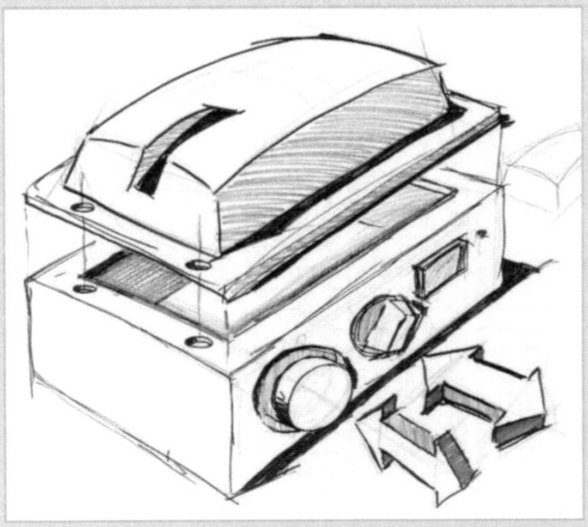
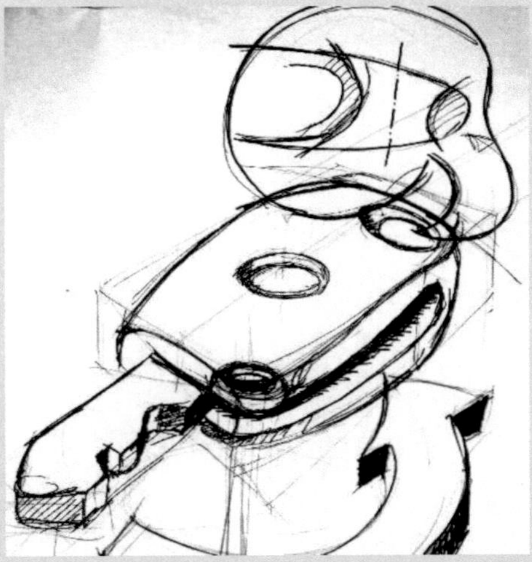
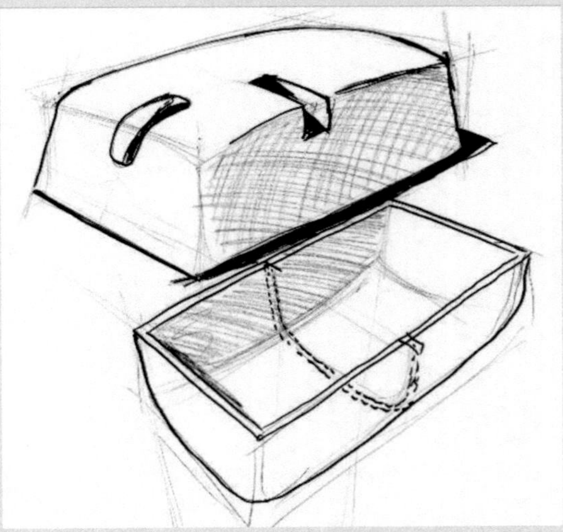

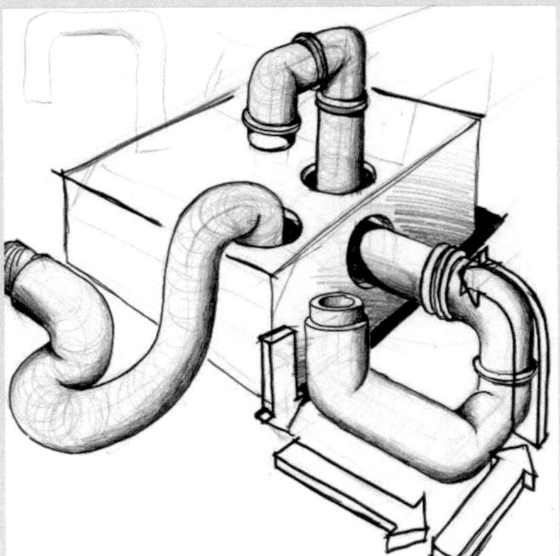
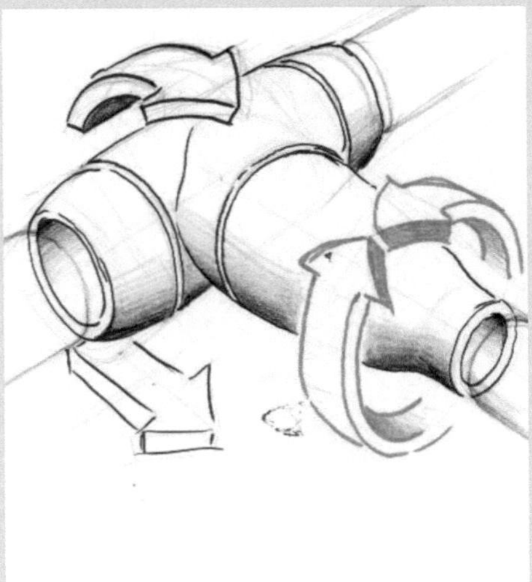

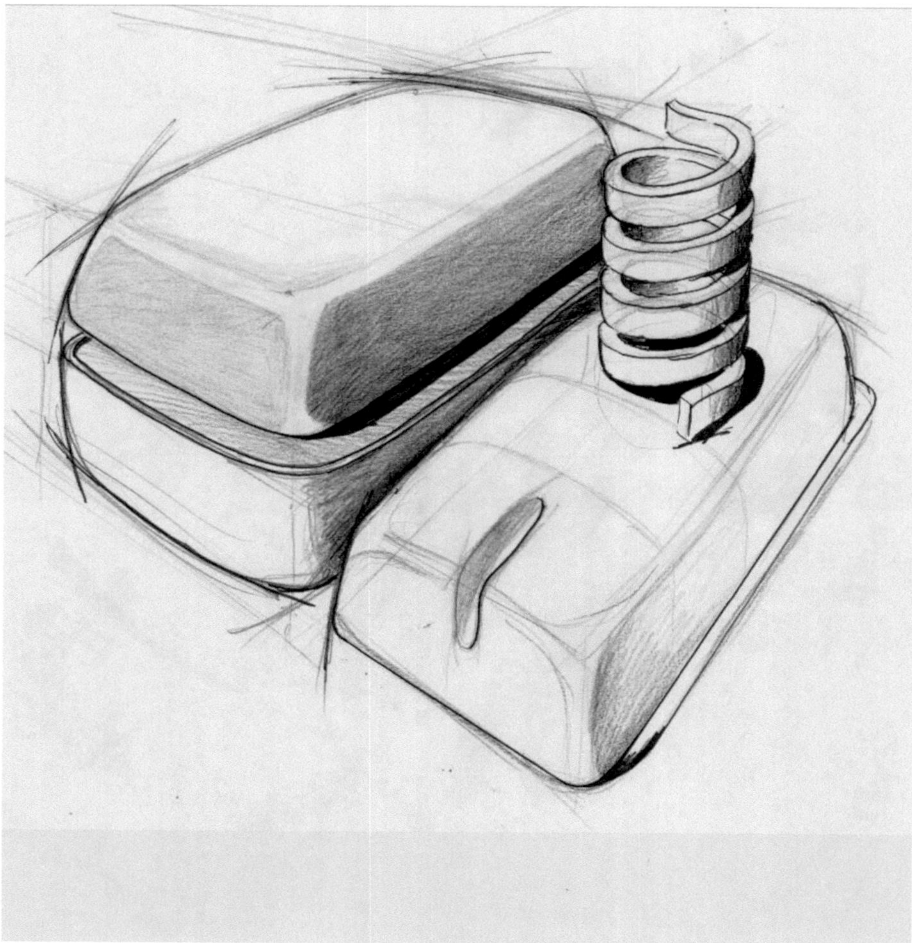

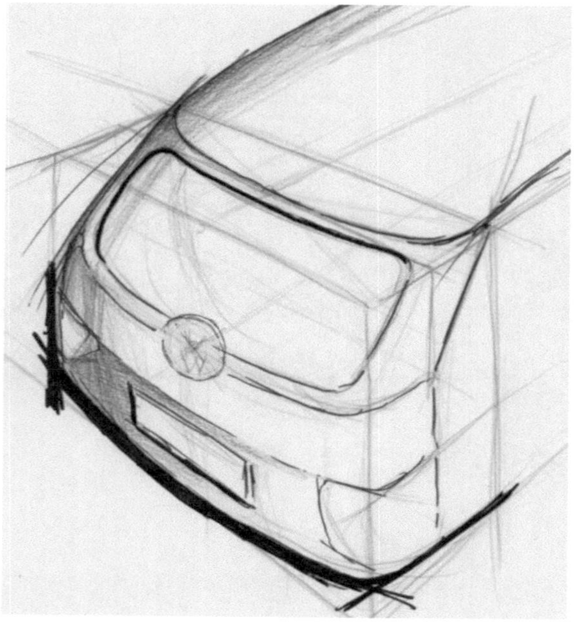

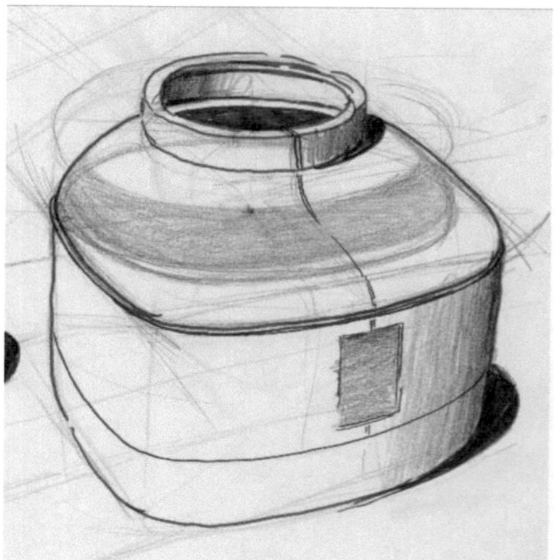

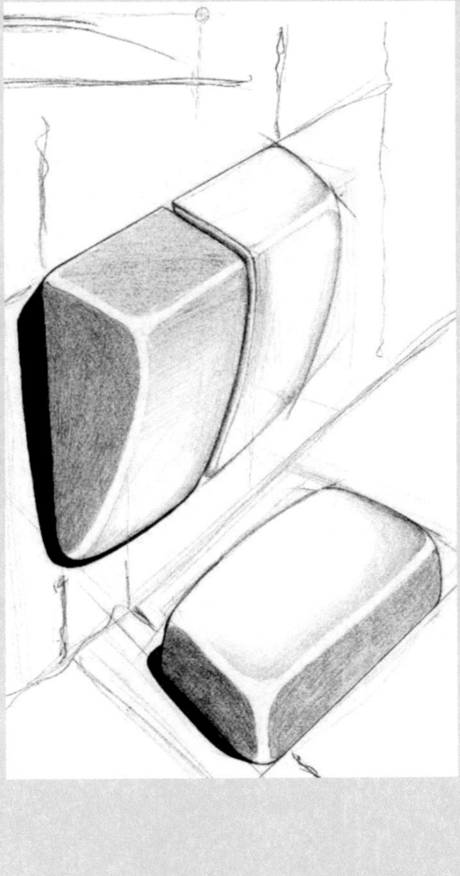

MODUL 16: TEILUNGEN

DIE LINEAREN TEILUNGEN

Die einfachste Teilung liegt vor, wenn man auf einer Senkrechten eine gleichmäßige Teilung haben möchte. Sie ist hier linear, insofern einfach zu realisieren. Siehe A.

Die zweite, nahezu ähnlich einfache Teilung besteht darin, eine rechteckige Fläche, auch eine unregelmäßige, zum Beispiel durch die Perspektive verzerrte rechteckige Fläche, in der Mitte zu teilen. Das geschieht mit dem Diagonalen-Kreuz. Wenn man die so erhaltenen zwei Hälften noch einmal mittig teilt, erhält man vier Teile - wobei alle vier Teile in Wirklichkeit gleich groß sind, in der Perspektive jedoch zur Tiefe hin immer kleiner zu werden scheinen. Das kann man nun immer weiter fortsetzen. Siehe B.

Zwischen zwei sich verjüngenden Fluchtlinien kann man ebenfalls eine lineare Teilung in die Tiefe hinein erzeugen, wenn man immer wieder die erste Diagonale mit deren ersten Neigung ansetzt. Die müssen also parallel bleiben. Siehe C.

Und schließlich der dritte Fall: Man trägt auf einer parallel zum Horizont liegenden Geraden eine lineare Teilung auf, zum Beispiel in mm – und verbindet diese Punkte nun mit einem irgendwo in der Ebene liegenden Punkt. Die Schnittpunkte dieser Linienschaar mit einer Fluchtlinie ergeben die perspektivisch verkürzte Teilung. D.

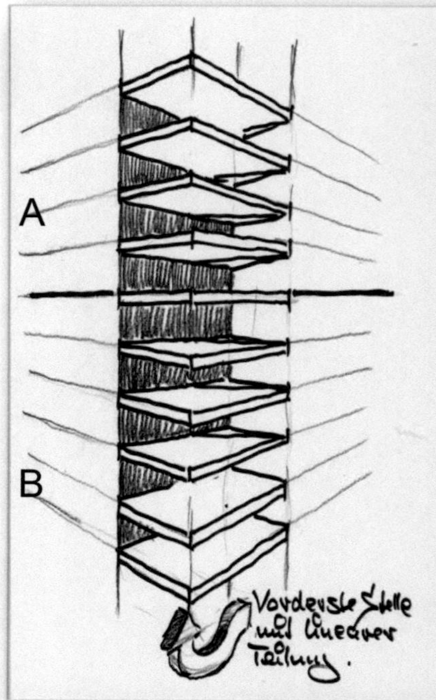

TEILUNGEN AM KREIS

Teilungen an rotationssymmetrischen Gegenständen, zum Beispiel Bohrungen am Flansch, Reifenprofile, Zahnräder, Sechskant am Schraubenkopf usw. werden zunächst in die Bildebene projiziert, sodass sie unverzerrt, und damit recht genau, skizziert werden können. Diese genaue Skizze in projektiver Ansicht wird dann in die perspektivische Verzerrung, im Falle des Kreises in die Ellipse „herübergeholt". Siehe E. Diese Technik ist recht aufwendig. Da es sich bei den genannten Objekten fast immer um Standardobjekte handelt ist es einfacher, sie aus einem vorhandenen CAD-Programm zu holen und als Skizzenvorlage auszudrucken.

Weitere Möglichkeiten, Teilungen herzustellen, insbesondere bei architektonischen Elementen, siehe auch Rotgans, H. Räumliches Zeichnen, S.66f, Christophorus-Verlag Freiburg, 2009.

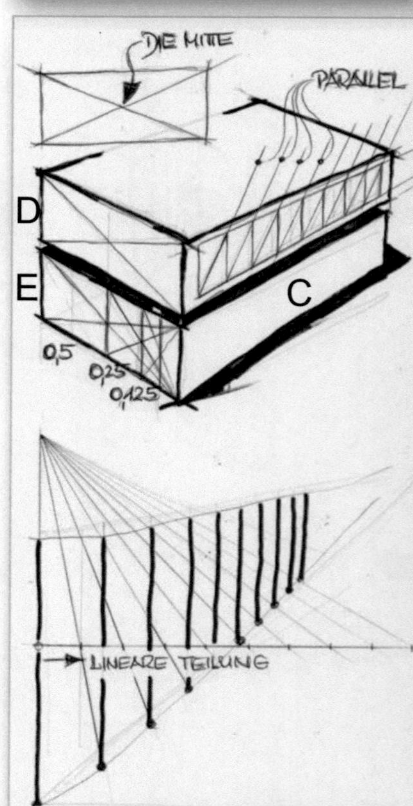

DIE DIAGONALEN
BLEIBEN ERHALTEN
(=PARALLEL)

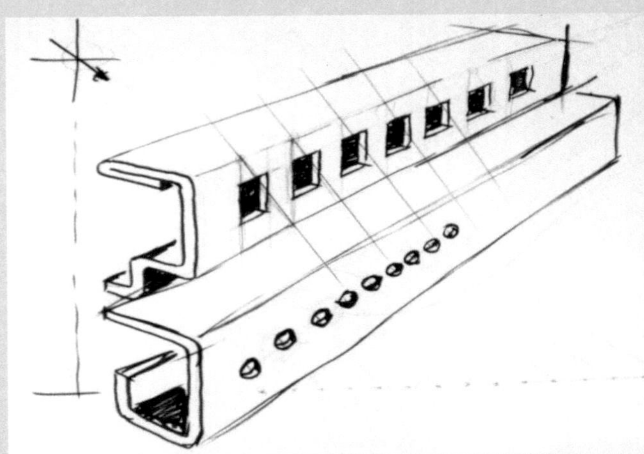

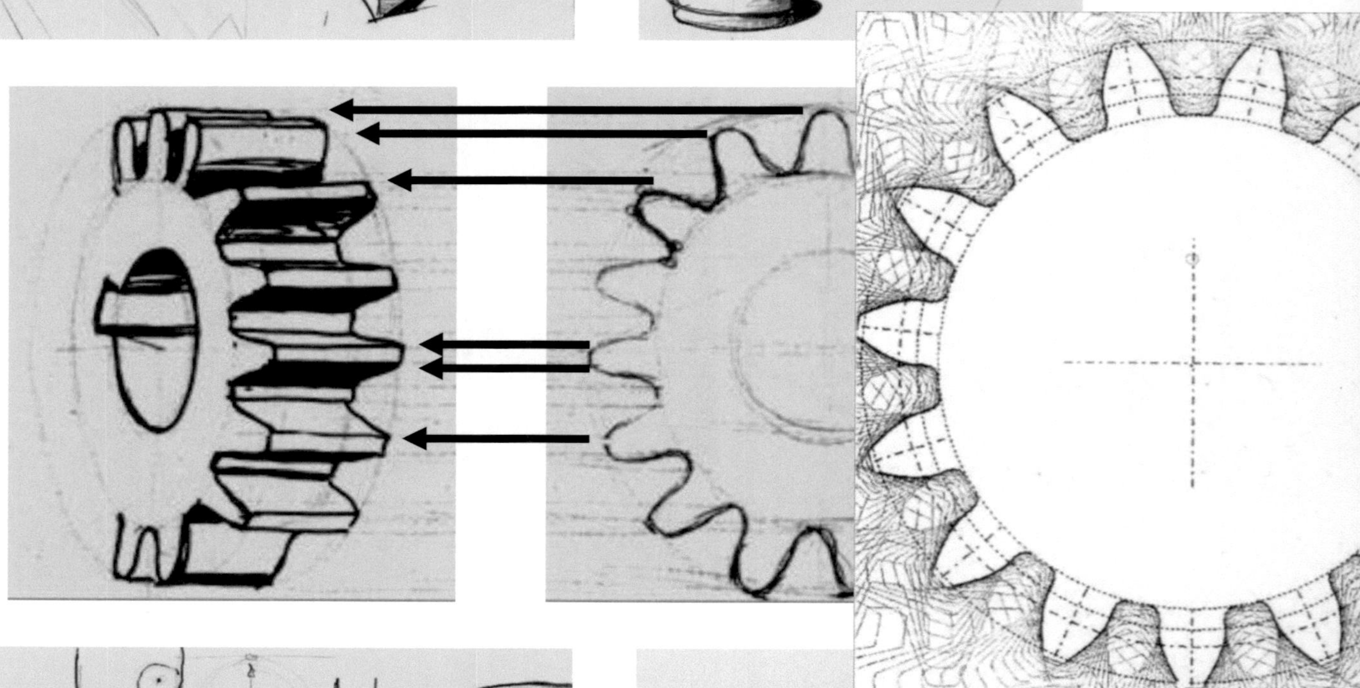

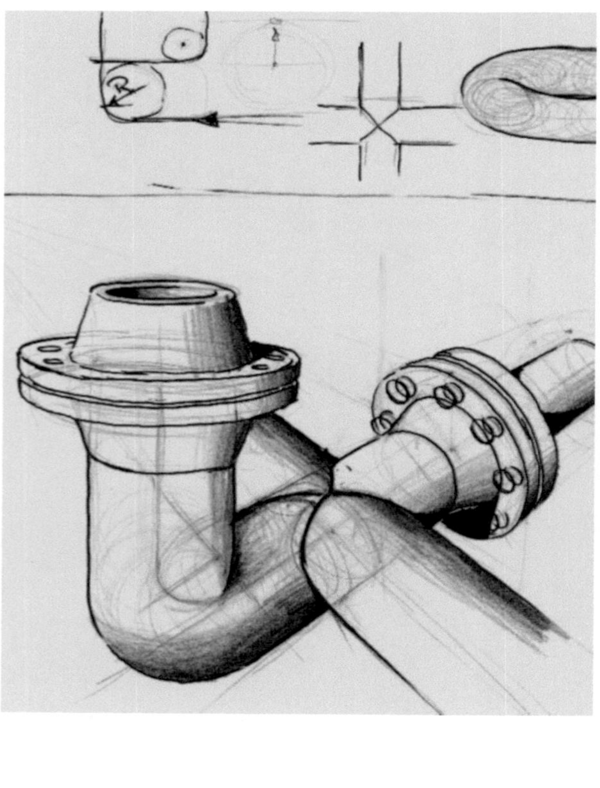

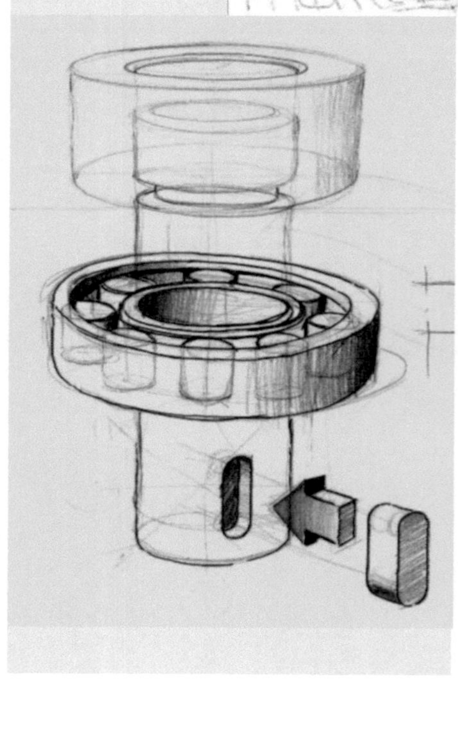

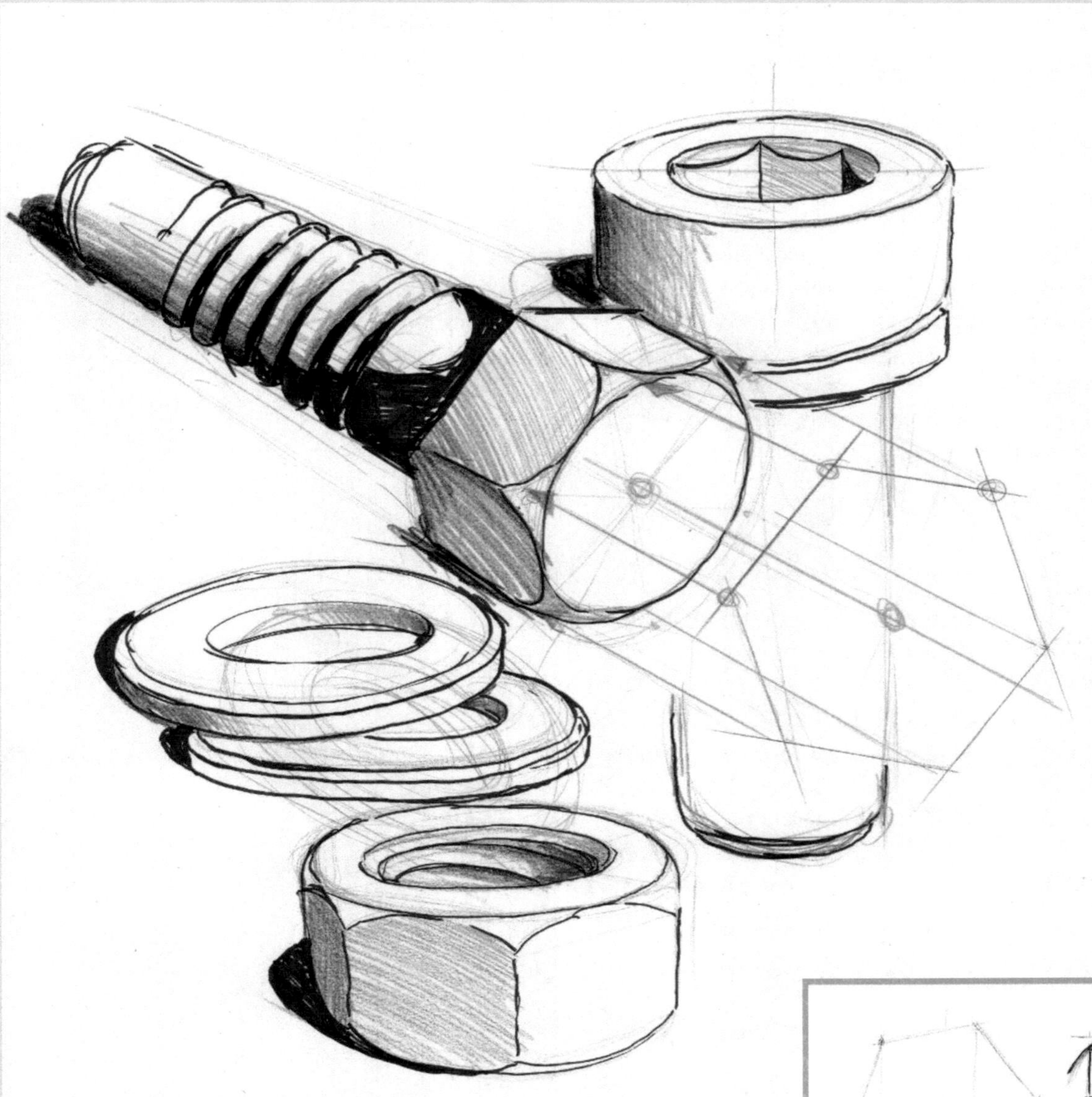

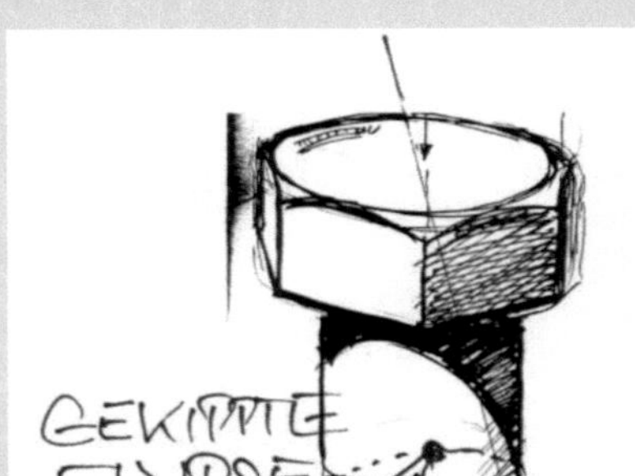
GEKIPPTE
ELLIPSE

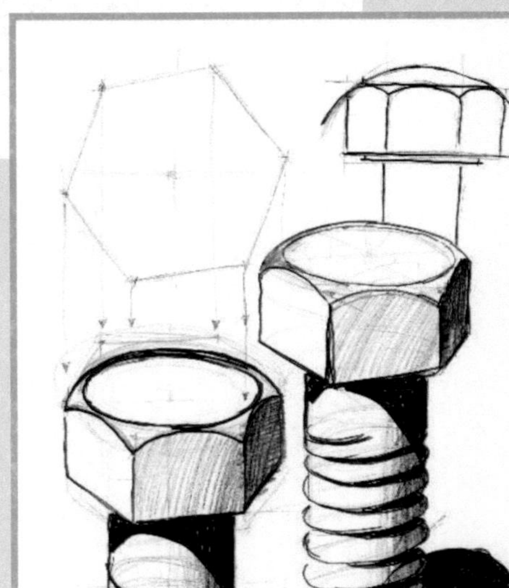

MODUL 17: ERGÄNZUNGEN UND MISCHUNGEN

Skizzieren und Freihandzeichnen sind Fertigkeiten, die nicht nur viel Freude bereiten und mit denen man schöne Dinge erstellen kann, sie können auch, im beruflichen Alltag eingesetzt, das Leben erheblich erleichtern. Eine Skizze ist schnell erstellt, anschaulich und überzeugend – trotzdem kann sie nicht alles. Sie ist kein Allheilmittel. Man sollte nicht dem Irrtum verfallen, alles mit einer Skizze erklären und erledigen zu können.

ERGÄNZENDER TEXT

Manchmal genügt ein dazugeschriebenes Wort, zum Beispiel „Schmierstoff" auf dem Bild rechts oben, oder dem Bild unmittelbar darunter.

Ähnlich verhält es sich mit Oberflächen, Materialien, manchmal auch Querschnitten, Profilen oder einer Schnittdarstellung in projektiver Ansicht wie im Technischen Zeichnen. Das alles kann zusätzliche Information beinhalten und unmittelbar in die Skizze eingebracht werden. Karikaturisten leben davon, dass sie eine zunächst unerklärbare Situation mit einem Wort oder einem Satz auflösen.

DIE KLASSISCHE SPRECHBLASE

Und die Comic-Zeichner haben die Sprechblase erfunden. Sie enthält in unserem Falle keine schlauen Kommentare von Asterix oder Obelix, sondern Einzelheiten in einer anderen Projektion, zum Beispiel einen ganz normalen Schnitt einer technischen Zeichnung.

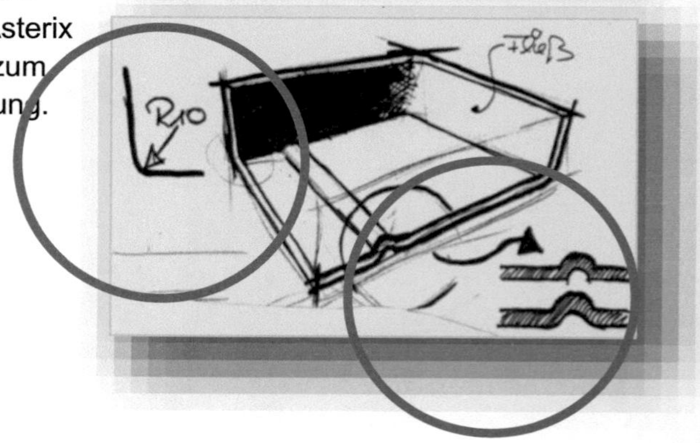

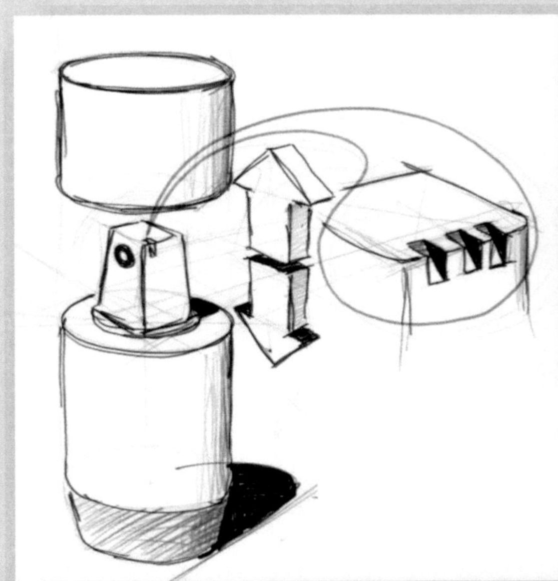

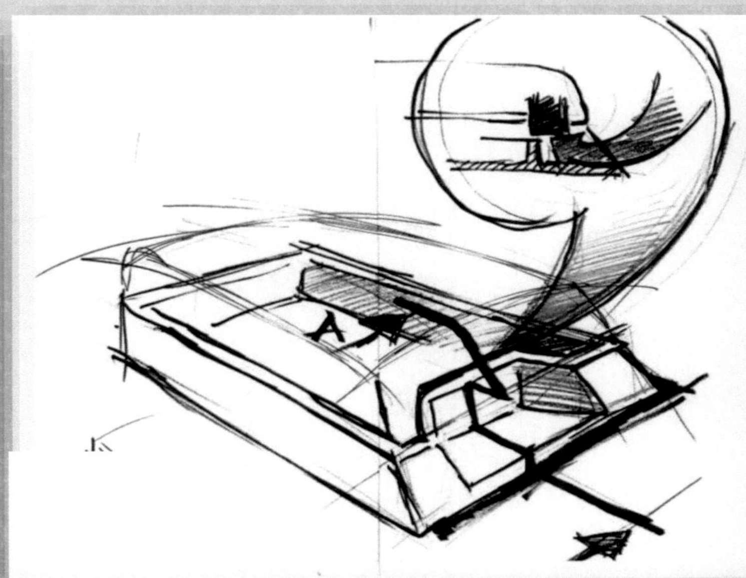
A

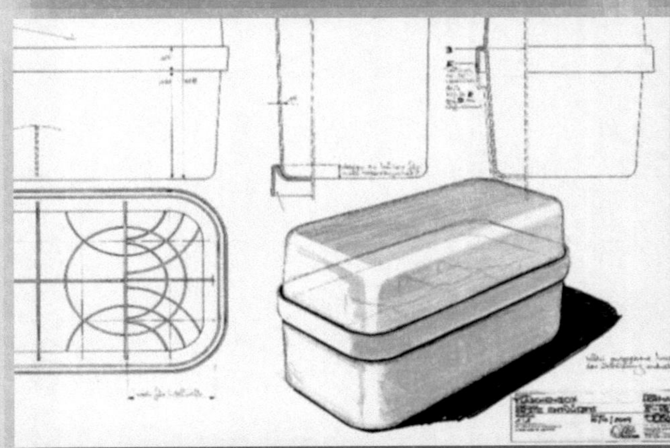

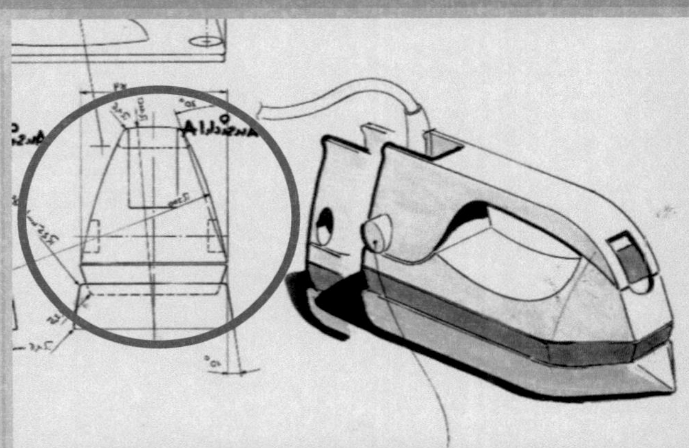

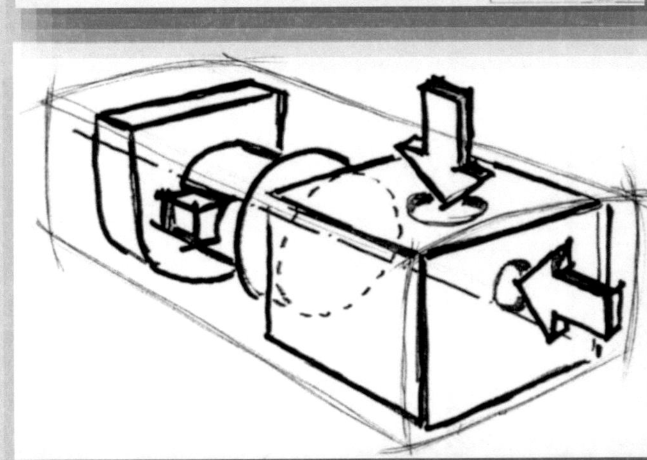

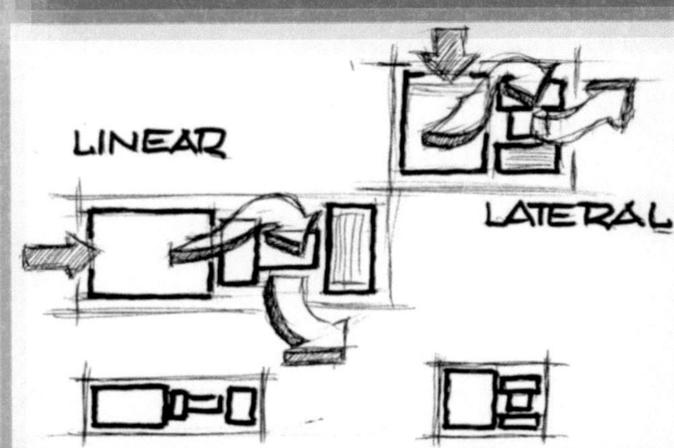
LINEAR
LATERAL

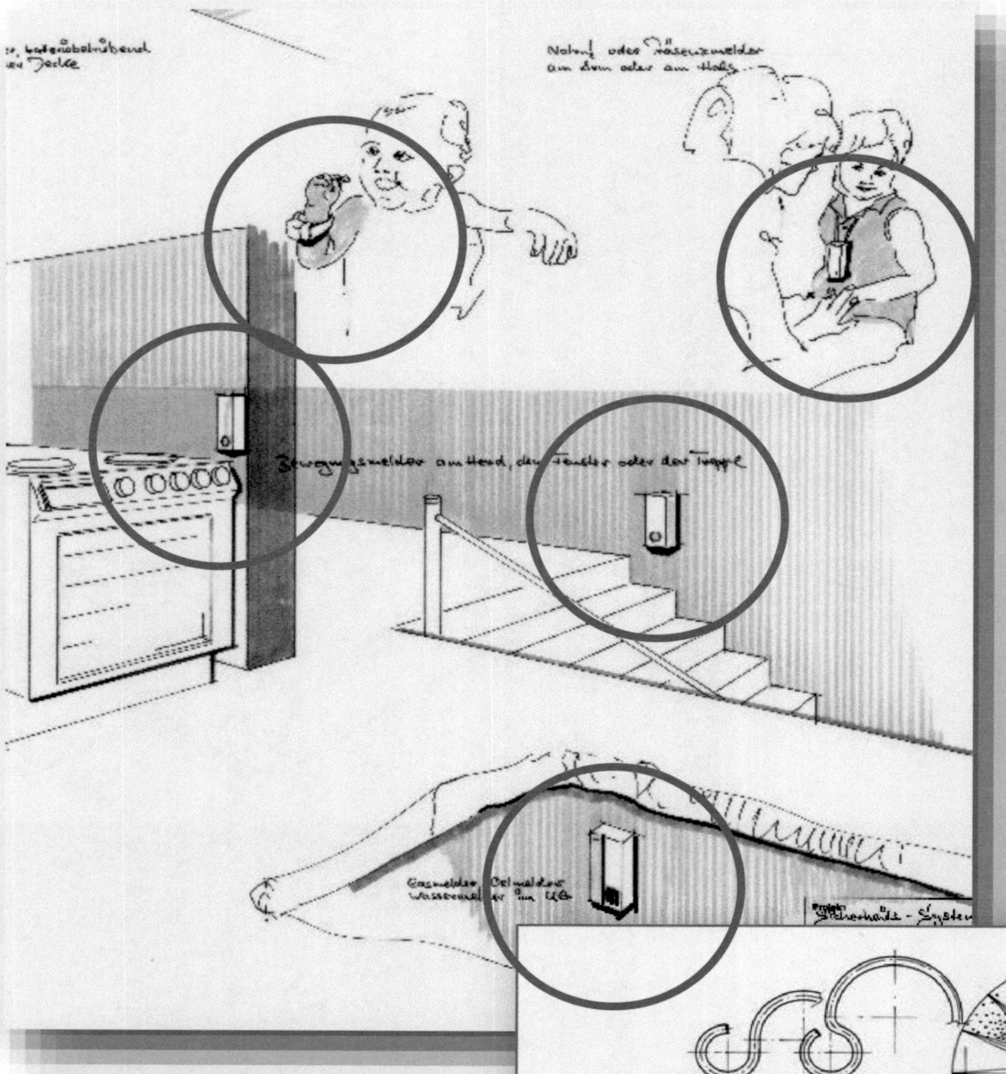

Bewegungsmelder am Herd, den Fenster oder der Treppe

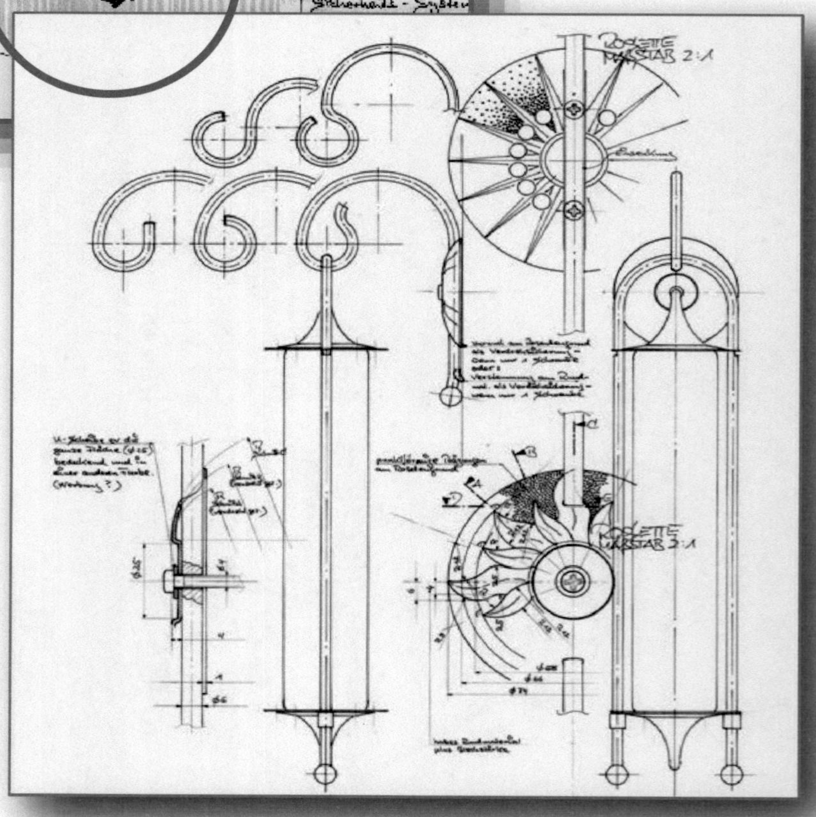

ROSETTE MASSTAB 2:1
ROSETTE MASSTAB 2:1

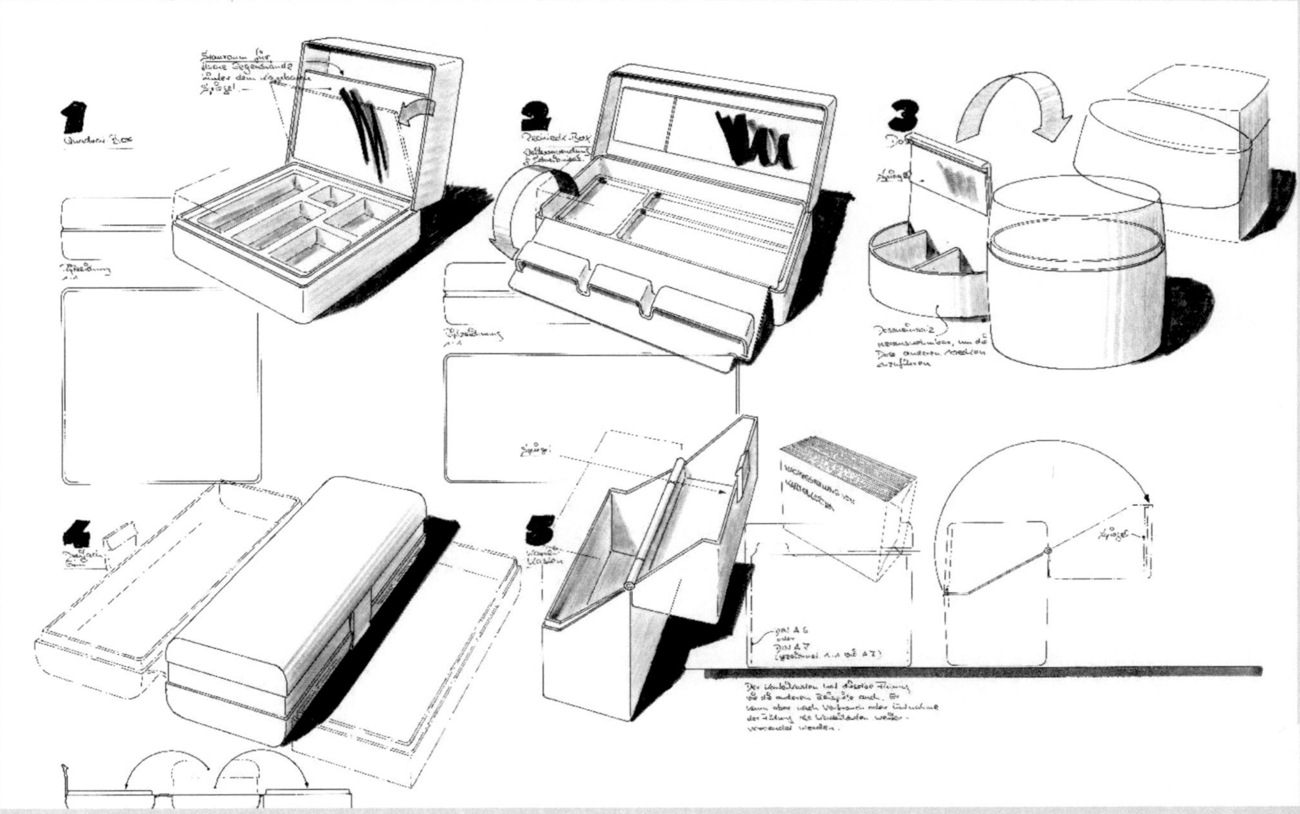
1
2
3
4
5

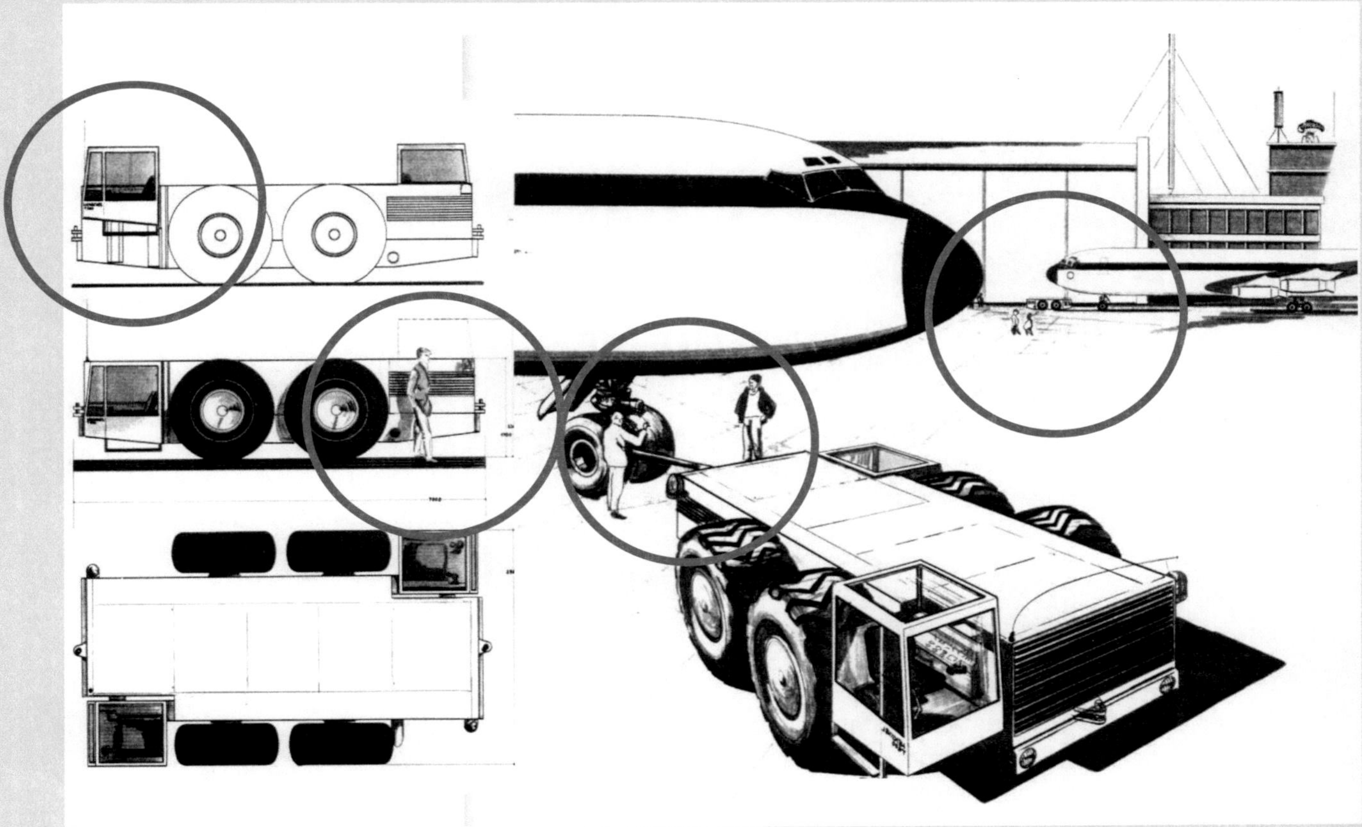

MODUL 18: DIVERSES: DISPLAYS, ROHRE, EXPLOSIONSDARSTELLUNGEN UND ANDERES

In allen genannten Fällen sind mir keine überkommenen Regeln bekannt, nach denen man diese Dinge darstellt. Das bedeutet, dass Ihre Fantasie und Ihre Beobachtungsgabe gefordert sind: wie machen das die Anderen? Habe ich so etwas schon einmal gesehen? Wie sieht so etwas auf einem Foto aus?

In diesem Zusammenhang ist auch meine Empfehlung zu sehen, die ich in Teil 2 unter der Überschrift „Imagothek" gemacht habe. Eine Imagothek ist eine individuelle Vorlagensammlung, die man für sich macht, ganz spezifisch nach eigenen Vorstellungen und Notwendigkeiten.

DAS DISPLAY

Als die Bildschirme noch aus Glas hergestellt und eine gewölbte Vorderfläche hatten, bestand die übliche Darstellung darin, geschwungene Linien darüber zu zeichnen. Das wurde meist verstanden. Den flachen Bildschirm oder das flache Display kann man so nicht mehr erkennen. Eine dafür geeignete Entsprechung hat sich nach meinem Wissen noch nicht etabliert.

ROHRE UND SCHLÄUCHE

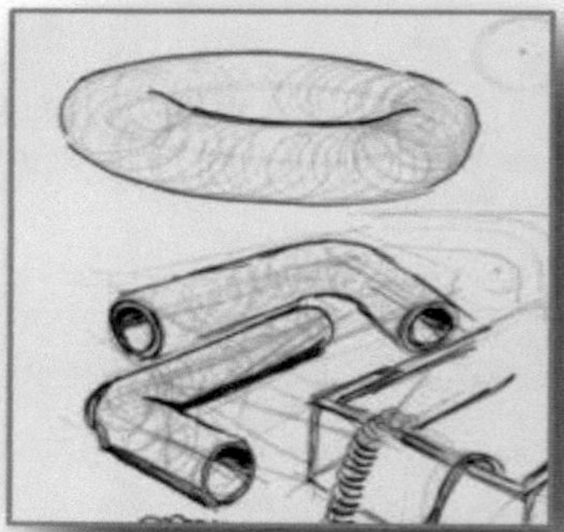

Rohre sind zwar Zylinder. Und Zylinder haben wir schon kennen gelernt. Aber Rohre können auch Krümmer haben, können, als Schlauch gebogen und überhaupt nicht so schön gerade sein, wie unsere Zylinder das waren. Dann skizziert man die Seele des Rohres, also die Mitte, und legt um diese Mitte in der ganzen Länge viele, viele Kugeln. Die Umhüllende dieser Kugeln ergibt dann den Schlauch.

EXPLOSIONS-DARSTELLUNG

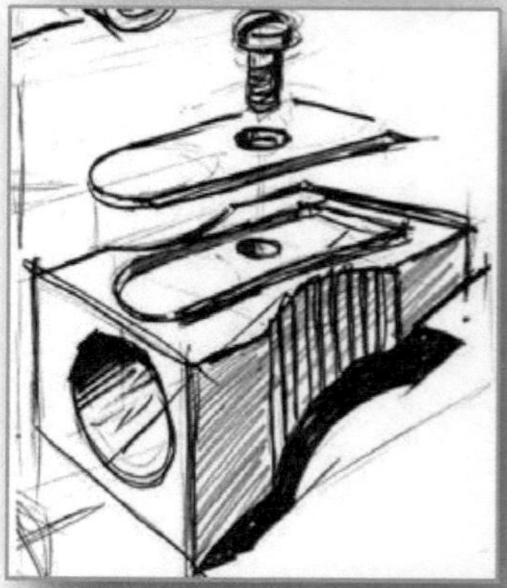

Bei der Explosionsdarstellung geht es nicht um eine reale Explosion mit zerstörerischem Charakter. In dieser Darstellung werden Einzelteile oder Baugruppen auseinandergezogen skizziert, sodass man einerseits erkennen kann, wie sie zusammengehören, was andererseits dann aber so aussieht, als ob das ganze Gebilde wie bei einer Explosion von einem Zentrum aus in die drei Raumrichtungen auseinander fliegen.

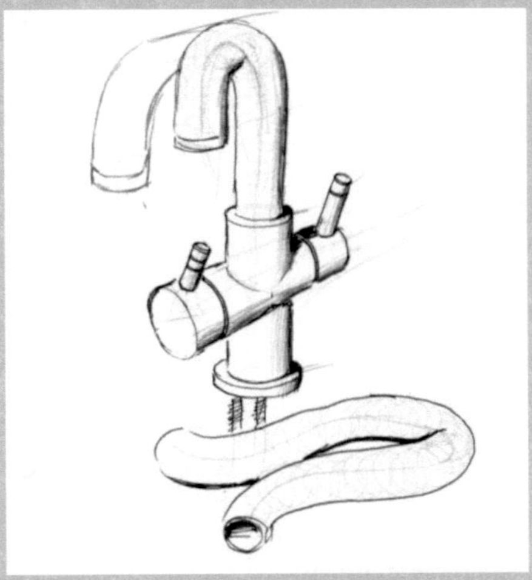

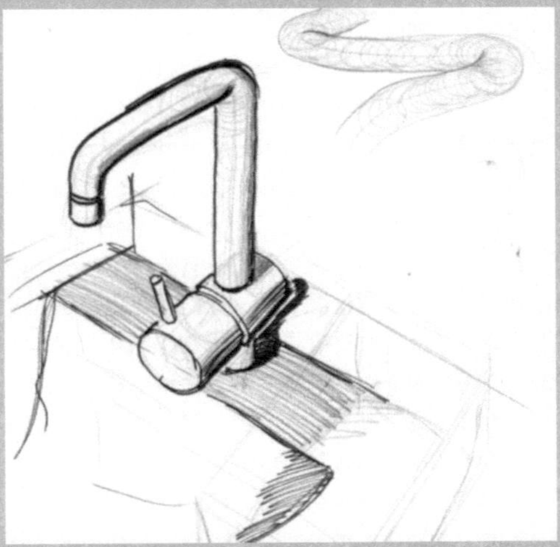

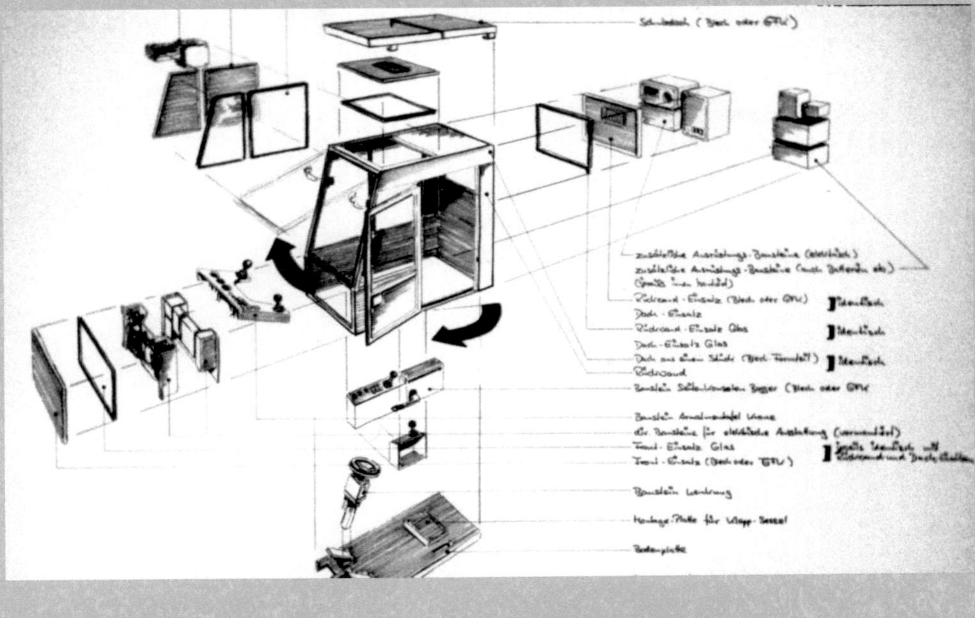
Rückwand - Einsatz Glas
Dach - Einsatz Glas
Rückwand
Front - Einsatz Glas
Baustein Lenkung
Bodenplatte

MODUL 19: BEWEGUNGEN

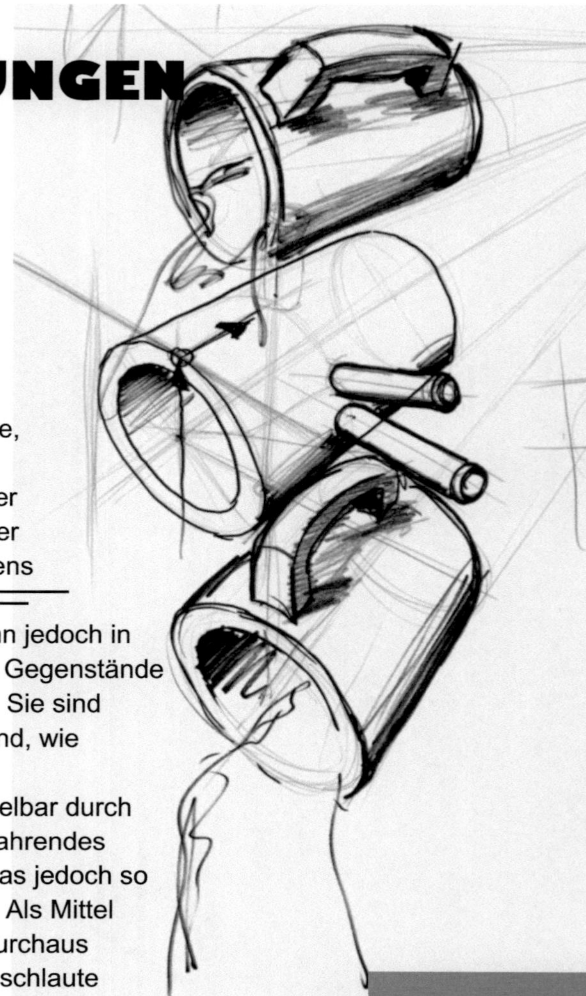

Technische Gegenstände, Maschinen, Apparate, Fahrzeuge, aber auch die Dinge des täglichen Lebens, bewegen sich. Sowohl in in der technischen als auch der wissenschaftlichen Literatur werden Bewegungen in aller Regel durch den kleinen Pfeil des Technischen Zeichnens nach DIN dargestellt:

In Diagrammen mag das ja noch angehen, wenn jedoch in einer Skizze ganz reale und manchmal auch handfeste Gegenstände skizziert werden, passen solch kleine Pfeile nicht mehr. Sie sind nicht angemessen, sind zu klein, zu kümmerlich, sie sind, wie die Fachleute sagen, nicht stringent.

In manchen Fällen kann man Bewegung unmittelbar durch das Objekt darstellen. Ein auslaufender Krug oder ein fahrendes Gespann mag das verdeutlichen. Im „Normalfall" wird das jedoch so nicht gelingen. Dazu ist dann der Pfeil besser geeignet. Als Mittel der Wahl für alle gebräuchlichen Anwendungen ist er durchaus angebracht. Die Zischlinien aus den Comics oder die Zischlaute aus Mickey Mouse und Asterix sind ebenfalls nicht passend. Also konzentrieren wir uns auf die Pfeile. Sie sind auf alle möglichen Wirkungen hin untersucht.

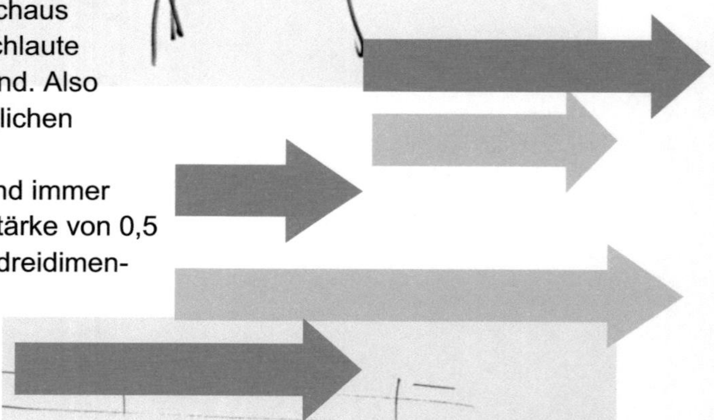

Der Pfeil, der sich dabei bewährt hat, zeitlos ist und immer passt, ist der mit der rechteckigen Spitze und der Schaftstärke von 0,5 der Gesamtbreite. Da wir aber perspektivisch skizzieren, dreidimensional, ist es nur logisch, wenn auch die Pfeile diese Dreidimensionalität mitmachen. Sie haben helle und dunkle Flächen, analog Licht und Schatten, werfen jedoch keine Schlagschatten. Sie müssen immer eindeutig als nicht zum Objekt gehörig erkennbar sein.

Der Pfeil soll Bewegung ausdrücken, lineare, beschleunigte, im Raum veränderte und vieles anderes mehr. Er bietet die Möglichkeiten, diese Dinge anschaulich und ohne weitere Hinweise zu verdeutlichen sodass keine weiteren Erklärungen notwendig sind.

Auf die Bedeutung sowohl der Hand als auch des ganzen Menschen komme ich gleich im nächsten Kapitel noch ausführlicher zu sprechen.

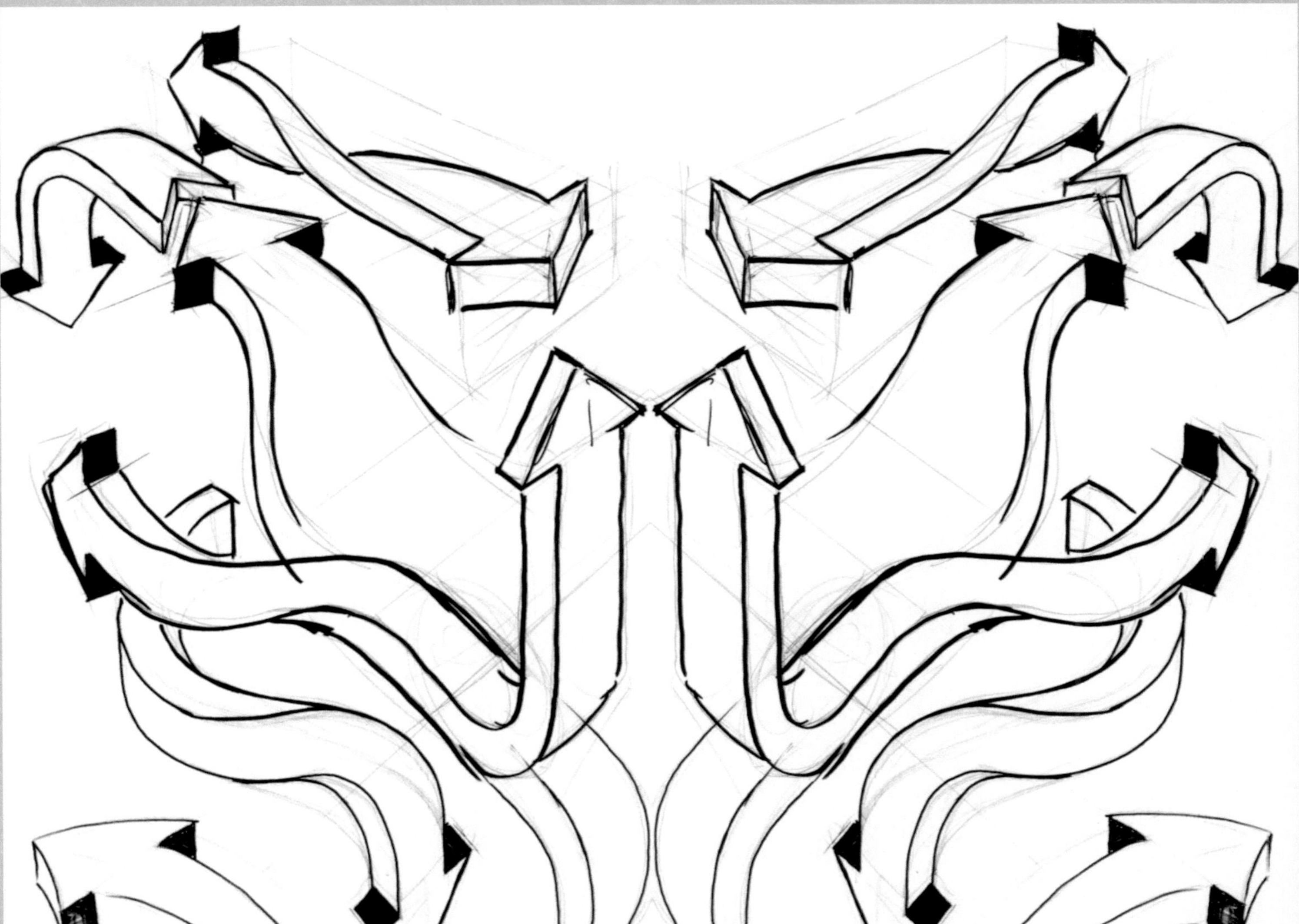

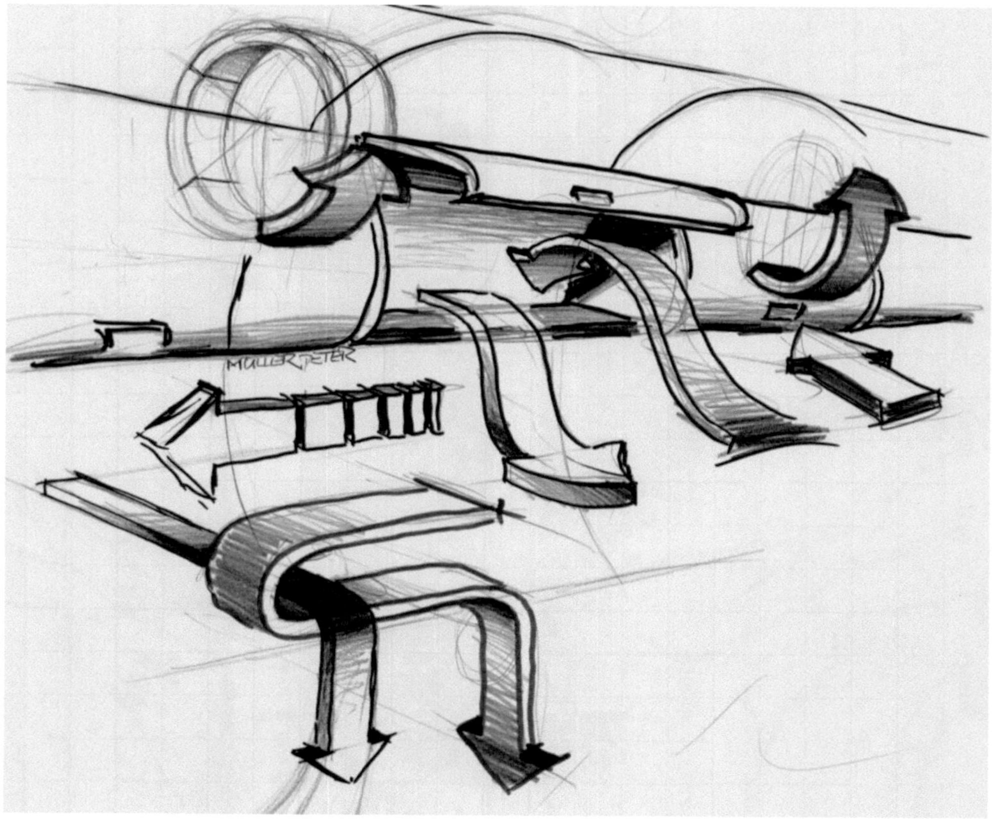
MÜLLER PETER

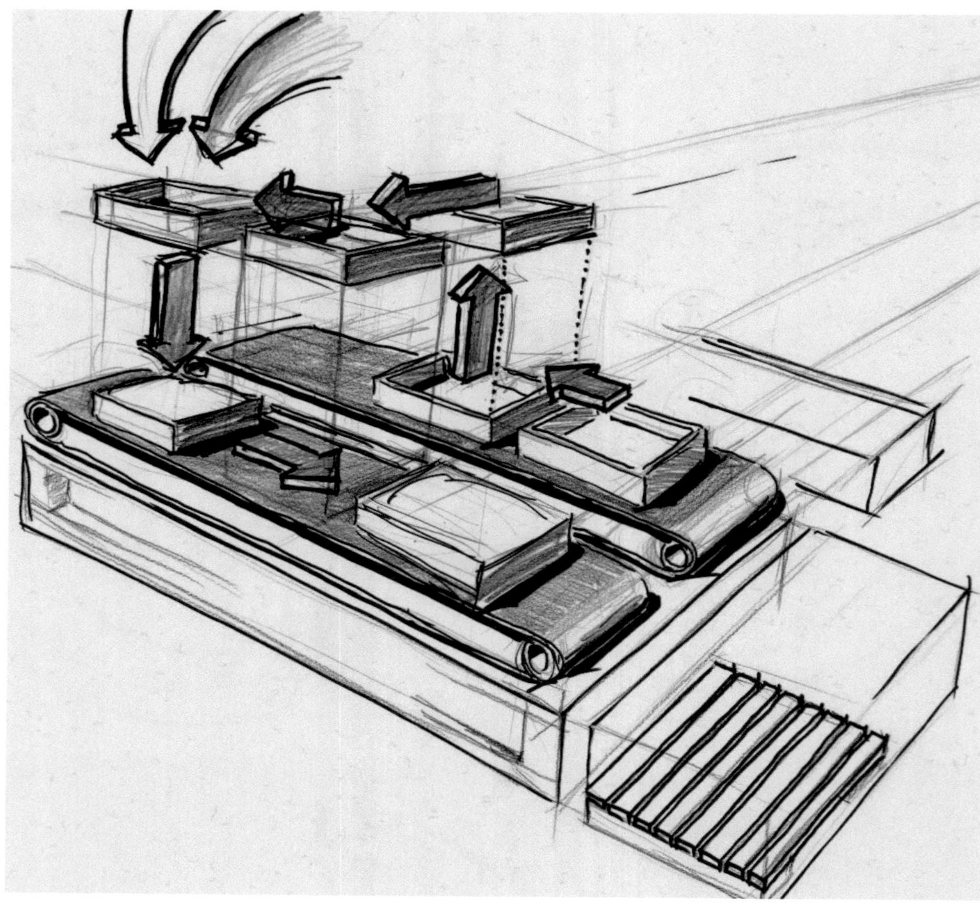

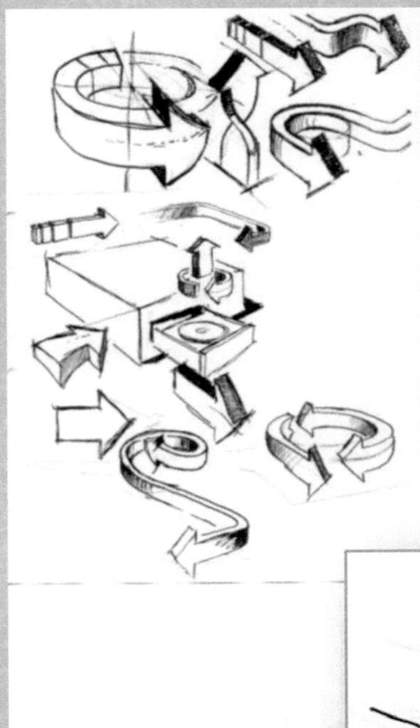

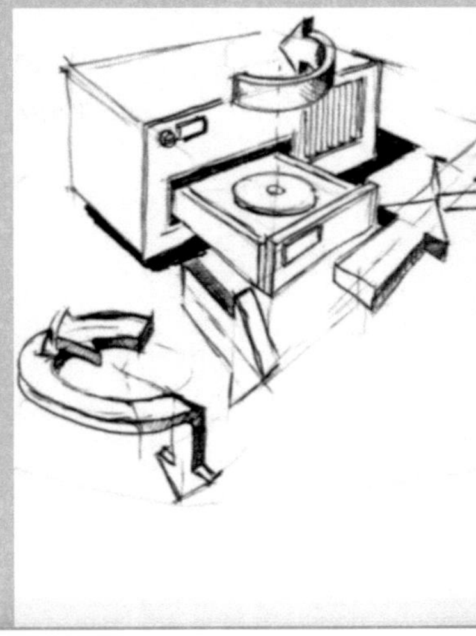

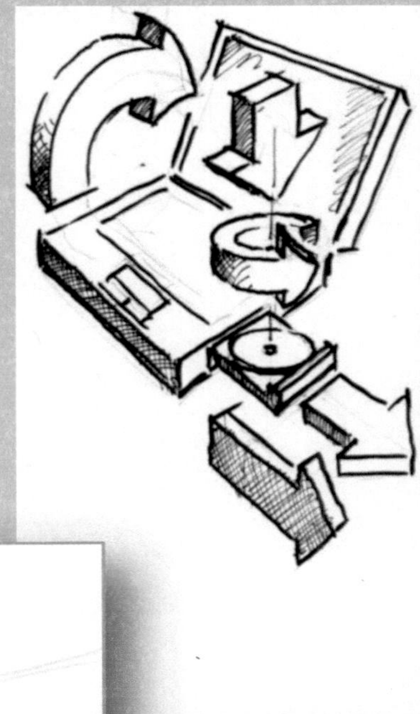

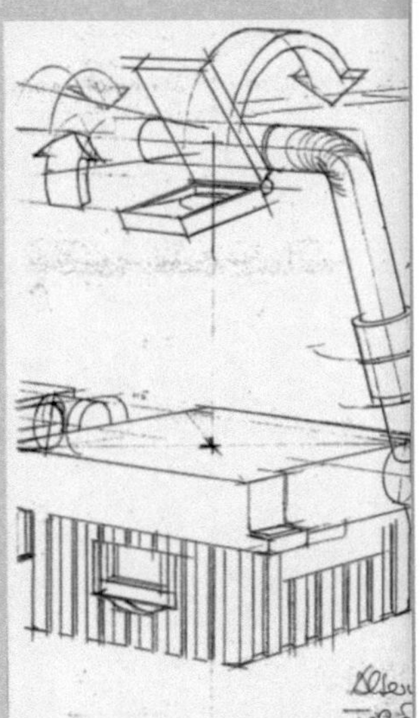

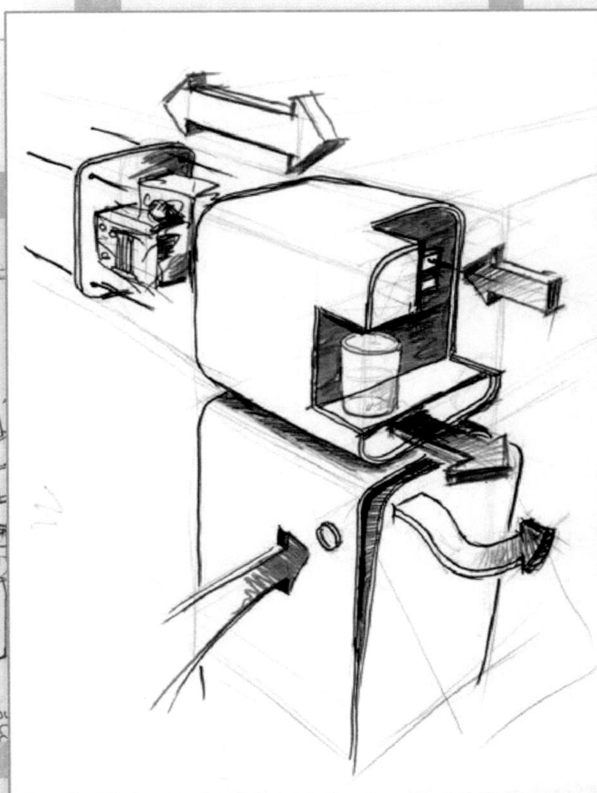

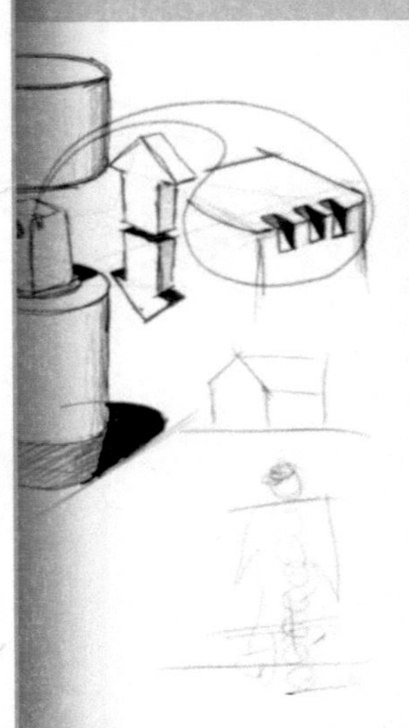

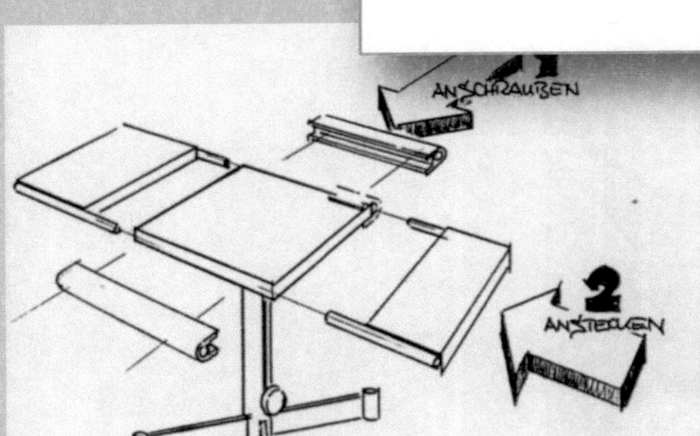
ANSCHRAUBEN
2
ANSTECKEN

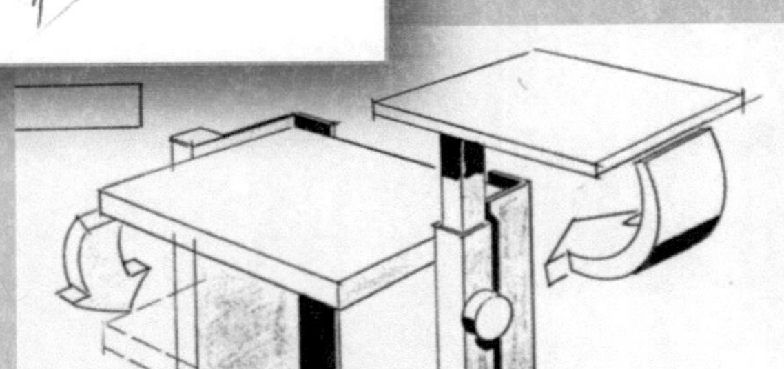

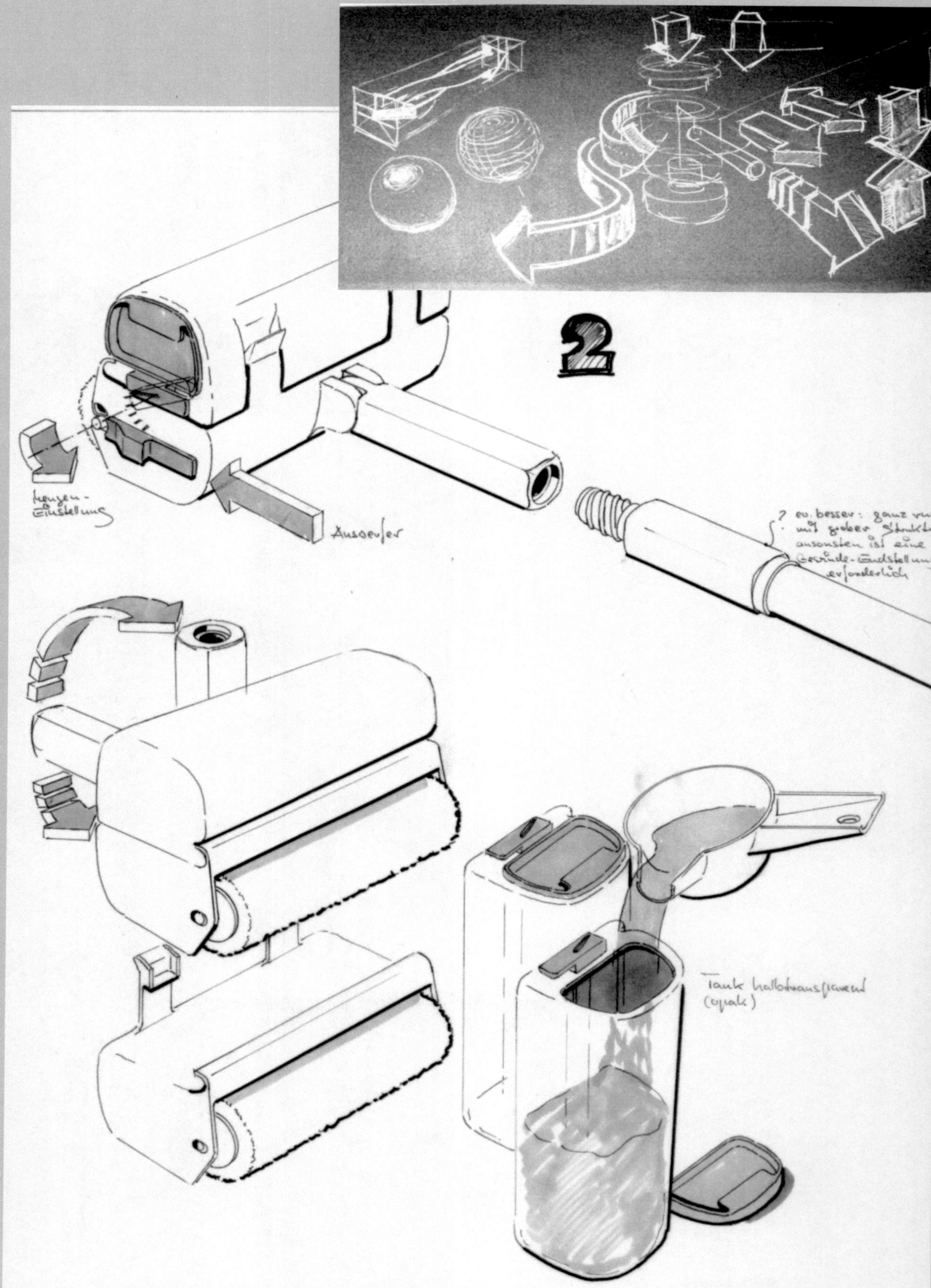
2
Mengen-
Einstellung
Auswerfer
? ev. besser: ganz rund
mit grober Struktur
ansonsten ist eine
Gewinde-Endstellung
erforderlich
Tank halbtransparent
(opak)

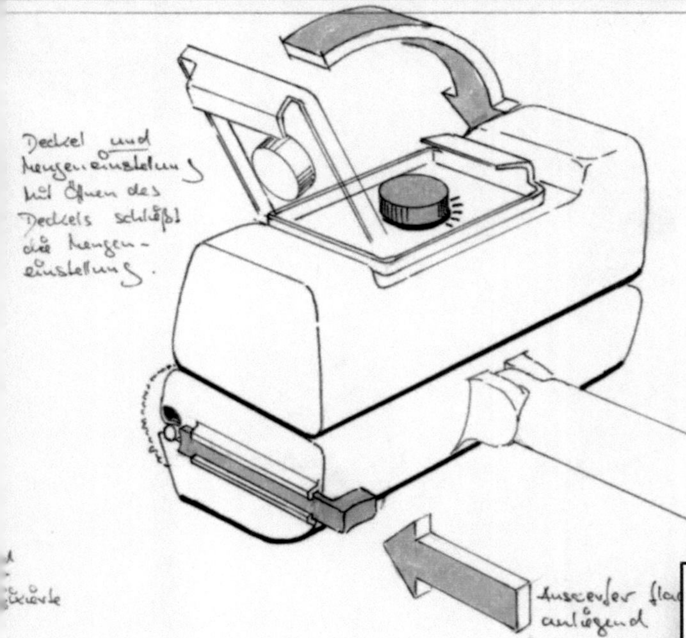

3 Da der Deckelverschluß hierzu nicht ganz einfach ist (muß gegen Federdruck schließen) wurde keine Konstruktion erstellt.

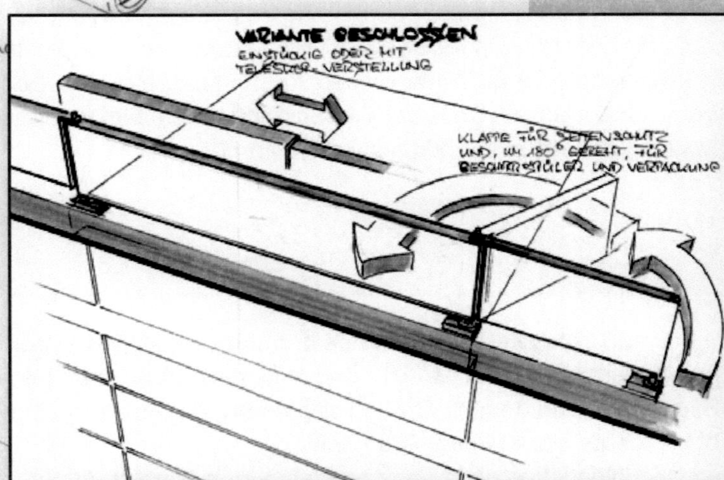

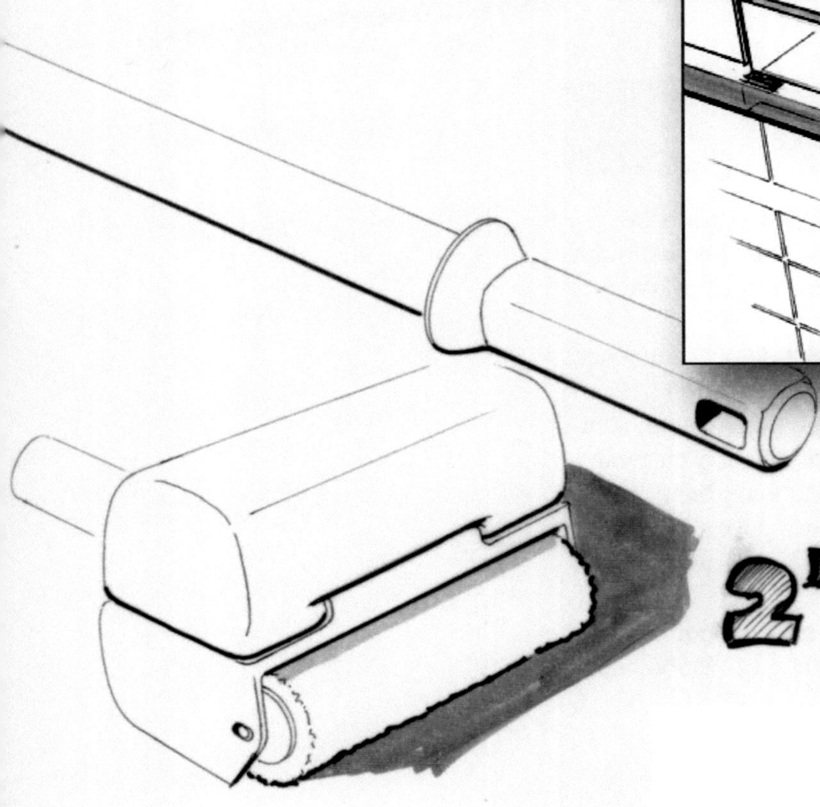

2'

MODUL 20: DER MENSCH - DAS MASS ALLER DINGE

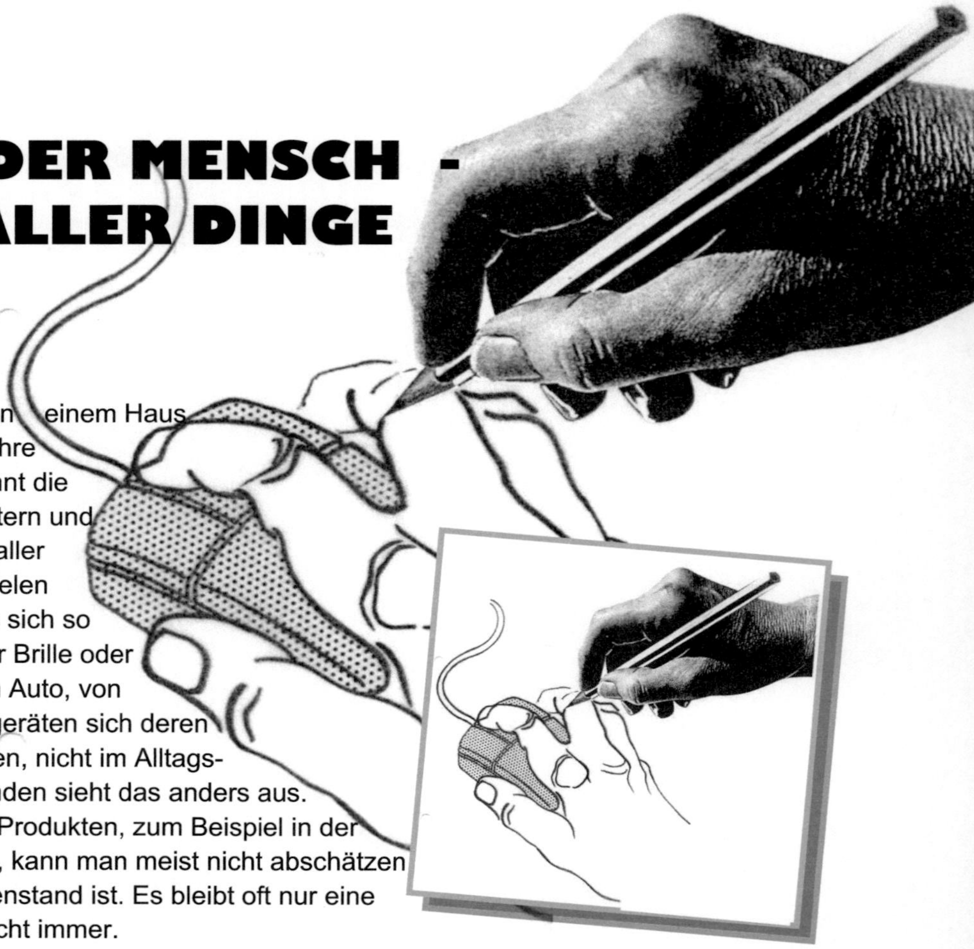

Wenn man eine Skizze von einem Haus vor sich hat, kann man die ungefähre Größe leicht abschätzen. Man kennt die Proportionen von Türen und Fenstern und kann sagen, wie groß das Objekt aller Wahrscheinlichkeit nach ist. Bei vielen anderen Gegenständen verhält es sich so ähnlich: Auf einer Skizze von einer Brille oder einem Teller, einem Schuh, einem Auto, von Kleidungsstücken oder von Sportgeräten sich deren Größen zuordnen. Bei unbekannten, nicht im Alltagsgebrauch befindlichen, Gegenständen sieht das anders aus. Auf einer Skizze von technischen Produkten, zum Beispiel in der Entwicklung oder auf einer Messe, kann man meist nicht abschätzen oder erkennen, wie groß der Gegenstand ist. Es bleibt oft nur eine Maßangabe. Aber die hilft auch nicht immer.

DIE HAND

In solchen Fällen hilft uns der Mensch. Dessen Größe ist jedem vertraut. Wenn es sich um ein kleines Objekt handelt, kann das Bild einer Hand dessen Größe relativieren. Bei meinem Logo ganz oben rechts wurde das so gemacht.

Nun ist es nicht ganz einfach, einen Menschen oder auch nur eine Hand zu skizzieren. Das gehört mit zu den schwierigsten Aufgaben des Zeichnens, die wir kennen. Aber das muss heute nicht mehr so sein. Meine beiden Hände ganz oben sind tatsächlich zwei Mal meine rechte Hand, die ich mit der linken Hand fotografiert, dann auf den Rechner geladen und auf die richtige Größe gebracht, unter mein Zeichenpapier gelegt - Sie erinnern sich: Overlay? - und dann zusammen-gezeichnet / skizziert habe. Fertig.

Oder Sie haben sich in der Zwischenzeit eine Imagothek zugelegt, in der es auch eine Abteilung „Menschen" gibt? Siehe hierzu in Teil 2 das Kapitel Imagothek.

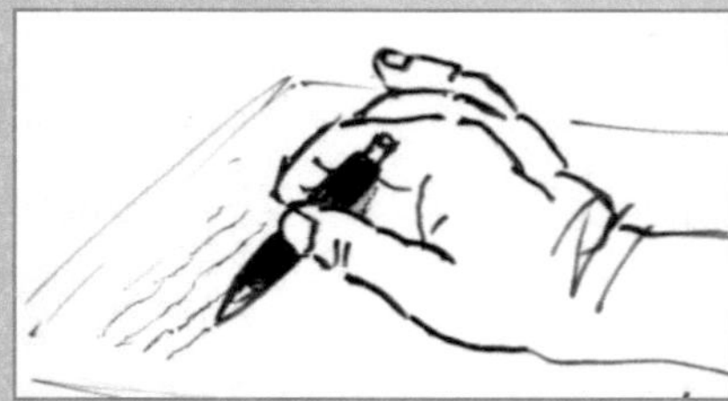

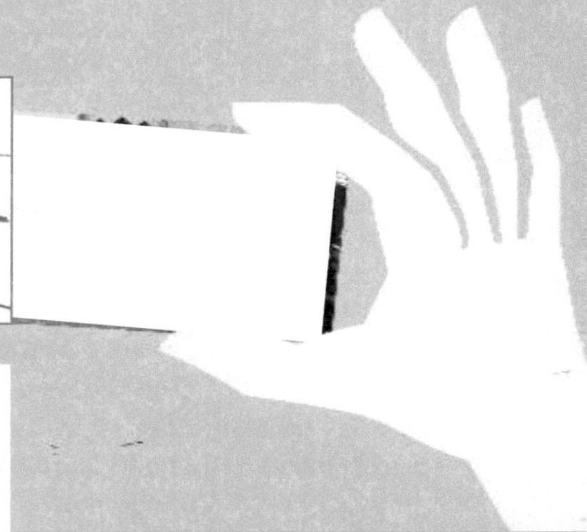

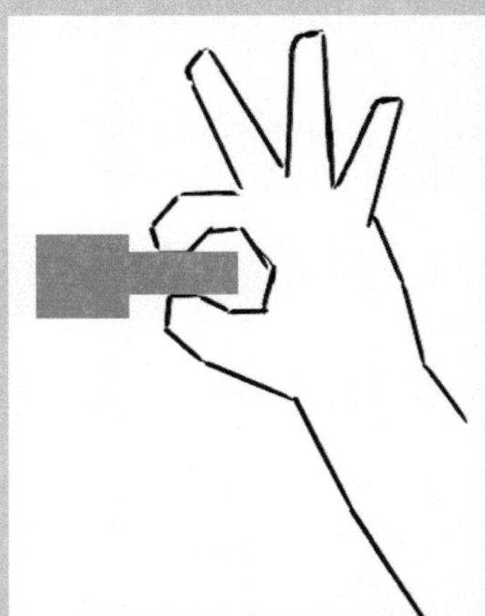

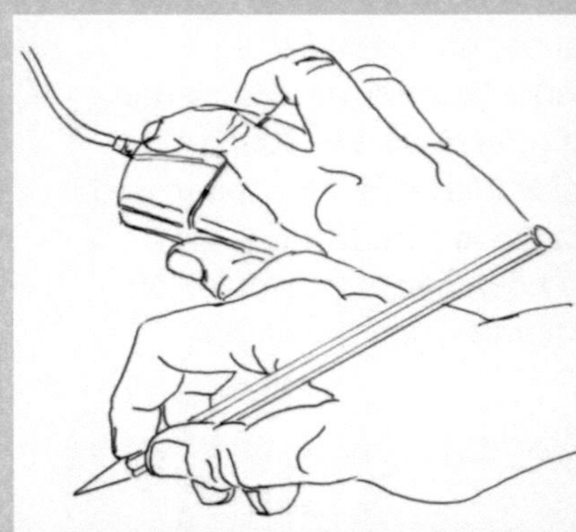

BEDIENUNGSANLEITUNG
MONTAGEANLEITUNG

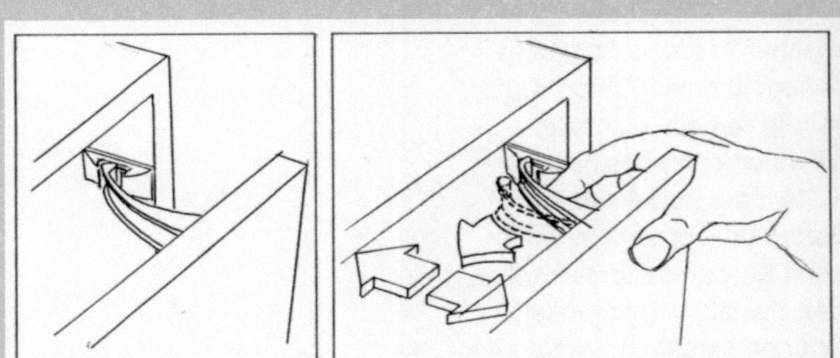

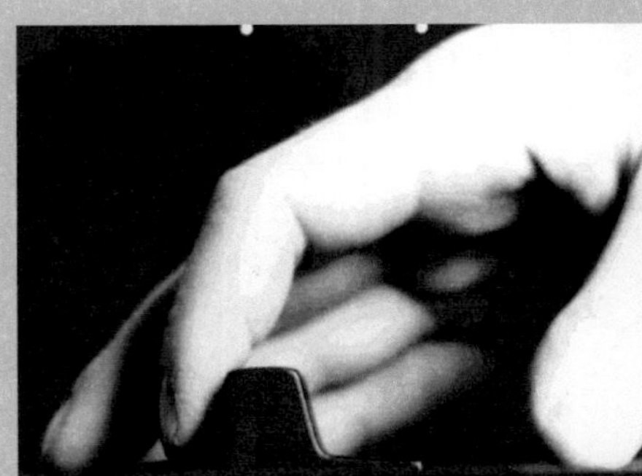

DER MENSCH

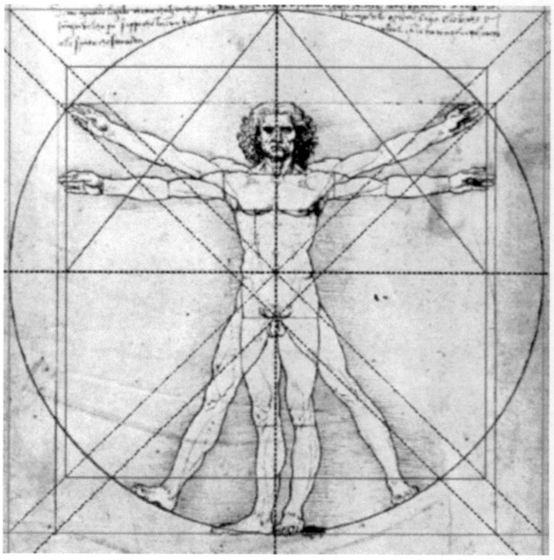

In einer Skizze einen ganzen Menschen naturalistisch darzustellen – nur – um zu zeigen, wie groß das Gerät ist, wird einen befremdlichen Eindruck hinterlassen. Das erwartet man in einer Skizze nicht. Eine Skizze ist etwas Schnelles und Provisorisches, dann passt es nicht, einen perfekten Menschen dazu zu zeichnen. Ausnahme: man hat einen als Vorlage, der immer wiederkehrt. Wir nannten ihn damals Oskar.

Oskar war eine Schablone in den verschiedenen Maßstäben und konnte ganz leicht auf einer Skizze oder Zeichnung abgebildet werden. Und er war immer derselbe. Unsere Kunden kannten ihn schon. Sie sehen ihn auf der nächsten Seite.

Am schönsten sind vereinfachte Skizzen von Menschen, die man schnell selbst herstellt. Aber man muss Sie üben.

Tiere eignen sich nicht. Comics führen zu Irritationen und wenn Sie Manga-Fan sind, würde ich diese zum Zwecke der Größen oder Stimmungs-Information ebenfalls nicht empfehlen. Die Betrachter wechseln dann das Thema – und genau das wollten wir ja nicht.

DER MENSCH UND SEINE MAßE – EIN BEISPIEL

Über der Frage, wie man einen Menschen skizzieren kann und welche Maße und Proportionen er hat, haben sich schon viele Leute den Kopf zerbrochen. Leonardo da Vinci schuf seinen „Uomo vitruviano", seinen virtuvianischen Menschen, das Bild rechts oben, dann Le Corbusier seinen Modulor, das ist ein Proportionsschema, und bei Henry Deyfuss sind sogar mehrere Maßblätter zu finden.

Interessant ist, was sich die beiden beiden Damen Drudi und Paci in ihrem Buch: Zeichnen für Modedesign, S.15f, Amsterdam 2001, ausgedacht haben. Sie Sie schreiben:

„Wie zeichnet man einen Menschen? Nun, dazu gibt es eine ganz wunderbare Vorlage, einen sogenannten Kanon. Unter einem Proportionskanon verstehen wir die Regeln, die mittels mathematischer Gesetze die idealen Proportionen des menschlichen Körpers festlegen und dann in Standardmaßeinheiten einteilen … Schon in der Antike studierten unzählige Wissenschaftler und Künstler den menschlichen Körper und entwickelten ihre eigenen Proportionsregeln, die den damals herrschenden Vorstellungen vom menschlichen Körper entsprachen. Von den vielen verschiedenen Kanons, die im Laufe der Zeit entstanden sind, haben wir den griechischen gewählt, weil wir ihn für den leichtesten und für unsere Zwecke geeignetsten halten. In diesem Proportionskanon gilt der Kopf als Maßeinheit, mit der die anderen Segmente bestimmt werden."

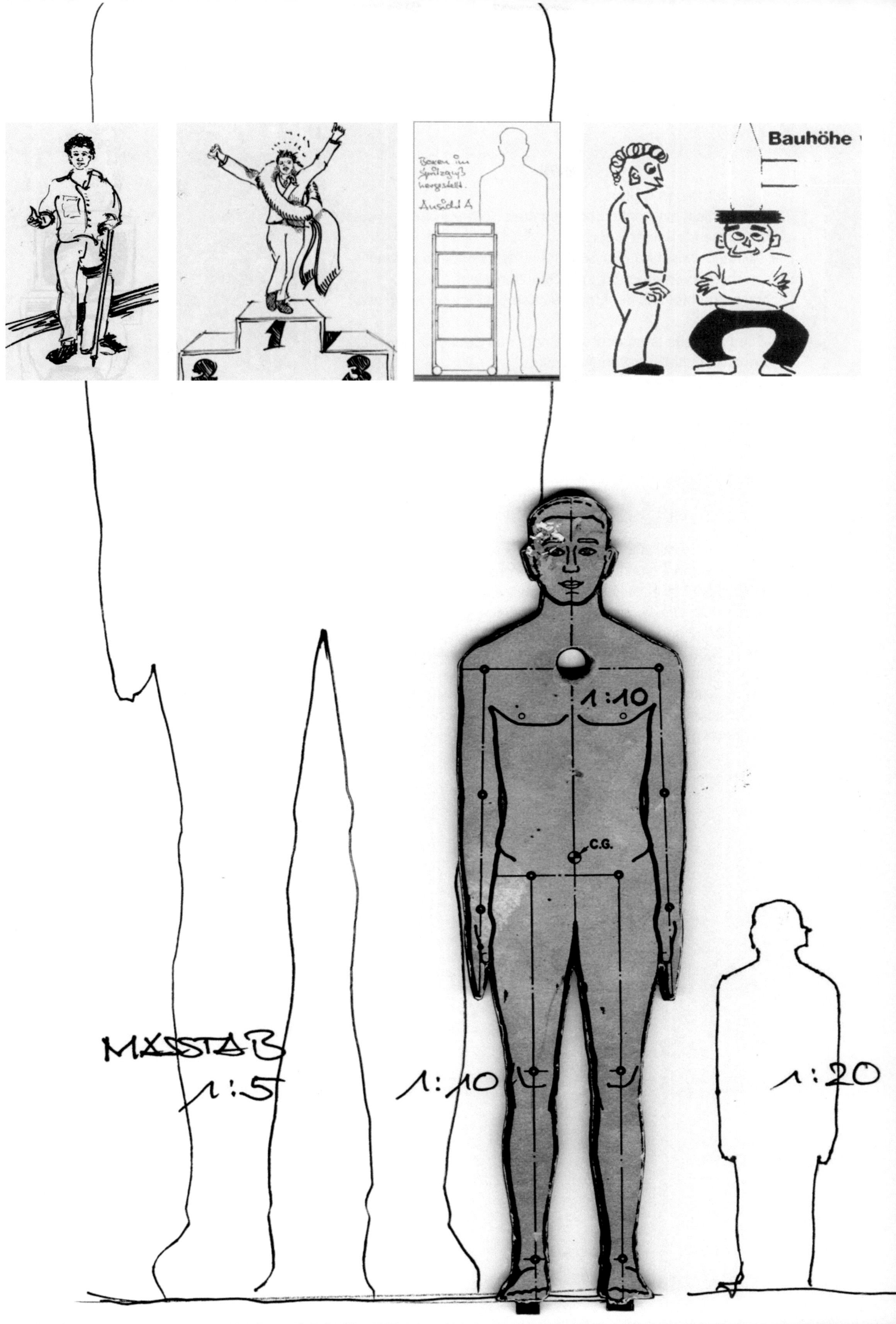

Boxen im Spritzguß hergestellt.
Ansicht A
Bauhöhe
1:10
C.G.
MASSTAB
1:5
1:10
1:20

DER GRIECHISCHE MASS-KANON

Sie schreiben weiter:

„1 Der Kopf misst ein Achtel der gesamten Körpergröße und stellt insofern eine Maßeinheit dar.
2 Der Abstand zwischen den Schläfen entspricht einer halben Schulterbreite vom Hals bis zum Schultergelenk
3 Frontal betrachtet teilt die Medianachse die Figur exakt in zwei Hälften.
4 Die Schulterbreite entspricht der Breite des Beckens, die Taille beträgt zwei Drittel der Schulterbreite.
5 Die Schultern werden über den Oberkörper hinausragend gezeichnet.
6 Der Ellenbogen befindet sich auf Höhe der Taille, das Handgelenk auf Höhe der Schamregion … die Hand reicht bis auf halbe …. “

… UND EIN PRAKTISCHER OSKAR

Die Spezifizierung geht noch etwas weiter. Ich habe sie hier für uns abgebrochen. Nun ist nicht ganz sicher, ob in unserem Skizzenalltag ein Mann vielleicht die bessere Maßeinheit wäre als diese griechische Dame. Ich fand die zugrunde gelegte Systematik bemerkenswert. Für den Standard-Mann hat Peters, H. in seinem Buch Äugel, S.36, Ravensburg 1964, gesorgt. Er liefert uns das einfache Mennecken, er spricht vom Pappkameraden, den wir, ähnlich dem Oskar, in jede Skizze ganz einfach hinein zeichnen können. Gleichzeitig zeigt er uns, dass die Augenhöhe bei ebenem Gelände immer gleich hoch sein muss.

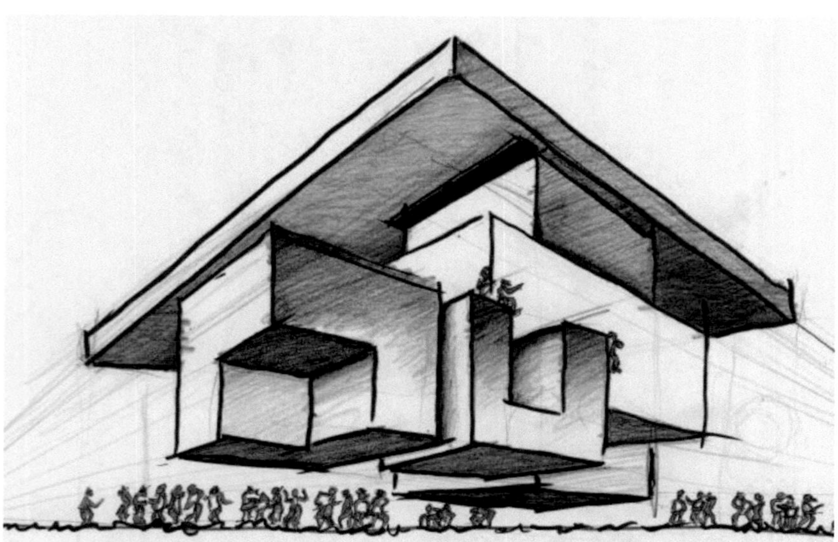

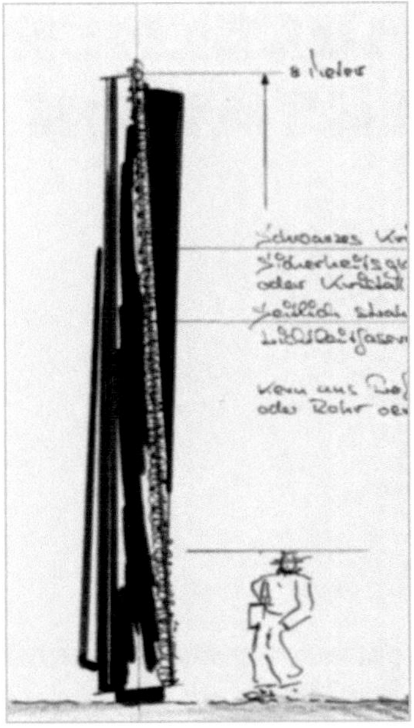

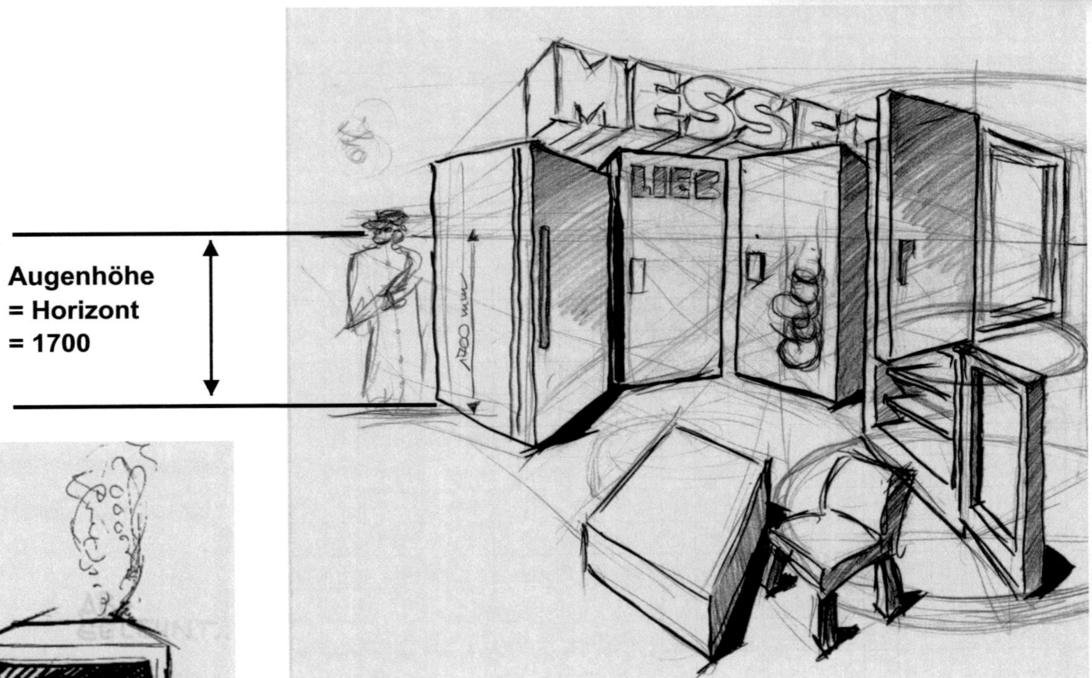
Augenhöhe
= Horizont
= 1700
MESSE

MODUL 21: ES MUSS GUT AUSSEHEN: KOMPOSITION UND PRÄSENTATION

Unter Komposition versteht man sowohl die Anordnung der Elemente des skizzierten Inhaltes als auch der ganzen Skizze und deren Elemente auf dem Blatt – sodass, ganz einfach ausgedrückt, ein Bild entsteht. Ein Bild kann Stimmungen erzeugen, Stimmungen, die wiedergegeben sollen, was der Zeichner erlebt hat, oder Stimmungen, die man beim Betrachter erzeugen möchte. Ein Bild kann Bedeutungen vermitteln. Entsprechend ist das zu Zeigende anzuordnen, dominant oder zurückhaltend. Im Grunde ist eine Komposition die Verteilung von graphischen Elementen nach bestimmten Kriterien auf einer Fläche. Es gibt Versuche, dafür Regeln, oder, besser gesagt: Rezepte zu erstellen.

KOMPOSITION

Frank Wootton beschreibt, wie er zunächst in mehreren kleinen Skizzen nach einer Lösung sucht, ohne näher darauf einzugehen, wie er das gemacht hat. Wootton, F. Wie zeichne ich Autos? S. 51, Göttingen 1957. Krisztian und Schlempp-Ülker „Ideen visualisieren", Schmidt Mainz, 2004, und andere haben das Thema ebenfalls aufgegriffen. Daran kommt offensichtlich niemand vorbei. Aber auch hier überwiegen die Beschreibungen der Einzelheiten ohne genau zu sagen, wie nun genau die Komposition entstanden ist. Dabei wäre durchaus interessant zu erfahren, warum, in einem Beispiel das wichtigste Element an der Bildunterkante gelandet ist, genau in der Mitte oder noch an anderer Stelle angeordnet ist. Wenn man einmal den Versuch macht, es in die Mitte zu rücken, spürt man den Grund. Man spürt, das ist ok, weiß aber weder was noch wie. Auf alle diese Dinge kann und soll auch hier nicht weiter eingegangen werden – nicht weil ich mich drücken möchte. Es könnte ein weiteres, aber auch ein sehr weiteres Thema werden.

PRÄSENTATION

Bei der Präsentation ist in der Regel die Komposition bereits gelaufen. Deshalb spricht man auch bei der Komposition von den inneren und bei der Präsentation von den äußeren Werten. Eine Skizze kann dazu dienen, dass man sich selbst Sicherheit über eine Situation verschaffen möchte. Dabei steht die Gesamtqualität der Skizze, die Frage, wie sieht das ganze Blatt denn aus, eine untergeordnete Rolle.

Wird die Skizze allerdings zur Grundlage eines Meetings – und dann vielleicht sogar Bestandteil eines Protokolls, muss eine Gesamtbetrachtung erfolgen: Wie und wo liegt die Skizze im Blatt, muss etwas abgeschnitten oder das zu kleine Blatt aufgezogen werden? Überlassen Sie das nicht dem Zufall. Es ist auch nicht verwerflich, wenn Sie nachbessern, hier einen Schatten überarbeiten oder dort noch eine Schraube dazu zeichnen. Ihr Name muss erscheinen, idealerweise auch ein Datum, klein zwar, aber beides sollte vorhanden sein. Es gibt immer wieder Neider. Noch einmal: Überlassen Sie nichts dem Zufall. Es gibt den Begriff der Präsentationsästhetik. Das ist zwar nun eine Etage höher, deshalb möchte ich auch nicht näher darauf eingehen, und betrifft die Frage nach dem Rahmen, der Beschilderung, dem Umfeld und dergleichen, wenn zum Beispiel eine Ausstellung geplant wird. Aber es zeigt die Bedeutsamkeit und Eigenständigkeit eben dieses Drumherums.

BESCHRIFTUNG

Wenn Ihre Skizze eine technische Neuigkeit betrifft, dann sollten Sie dem Kind auch einen Namen geben. Üblicherweise tragen Projekte eine Projektbezeichnung. Wenn das - noch - nicht der Fall ist, dann machen Sie das im Zusammenhang mit Ihrer Skizze. Es sollte eine eingängige Bezeichnung sein - und eine, die auch nicht den geringsten Anschein zu einer negativen Assoziation hat. Schreiben Sie diese Bezeichnung auf Ihre Skizze, aber nicht irgendwie und auch nicht kümmerlich und bescheiden, sondern klar und eindeutig und, ganz wesentlich, vom Charakter der Schrift zur Skizze oder, noch besser: zum Objekt passend. Viele Beispiele findet man bei Holder, E. „Design Darstellungstechniken“, Bauverlag Wiesbaden 1987.

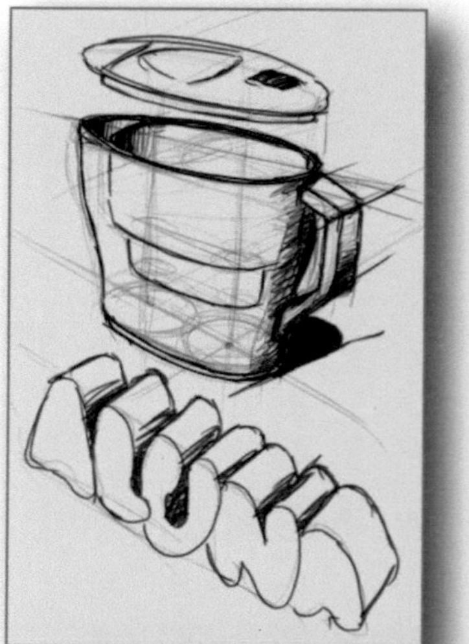

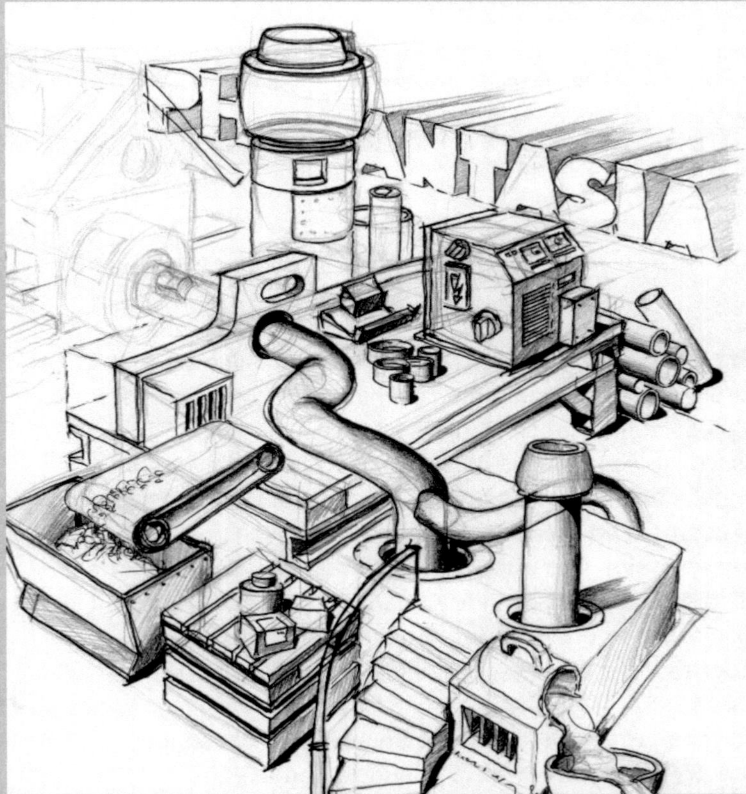
PHANTASIA

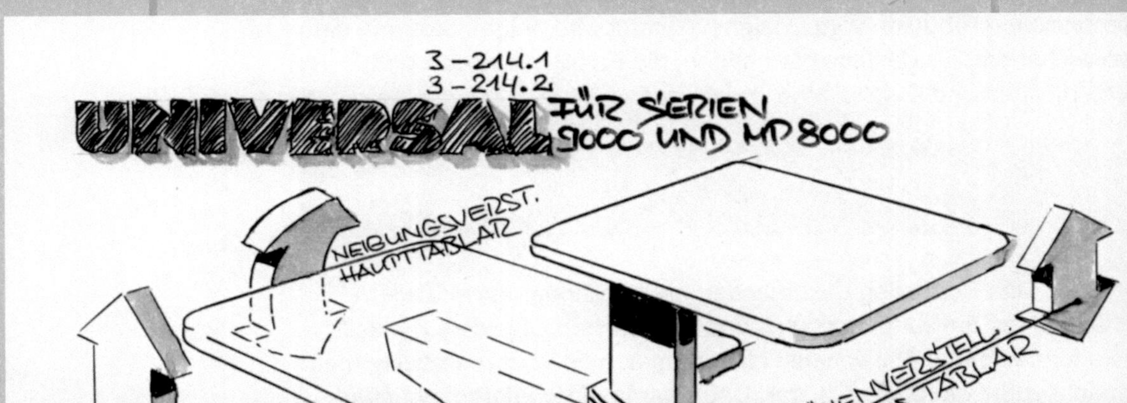
3-214.1
3-214.2
UNIVERSAL
FÜR SERIEN 9000 UND MP 8000
NEIBUNGSVERST. HAUPTTABLAR

SX110

MODUL 22: AUSBLICK: RENDERING, ILLUSTRATION UND ... ?

Eine Skizze ist etwas Schnelles, Vorläufiges, das zu etwas Besserem hinführen, diesem vorausgehen soll, etwas Provisorisches – meistens. Das muss aber nicht so sein. Es ist schon oft genug geschehen, dass sie zur Hauptsache erklärt wurde. Dafür gibt es gute Gründe. Das Schnelle beinhaltet das Spontane, das Natürlichere, das Lebendige. Die Ausarbeitung unterliegt anderen Prämissen.

Wenn nun aber eine Ausarbeitung stattfinden soll, das Projekt weiter gehen soll, die Skizze das Ziel vor Augen geführt hat, kann es sehr unterschiedlich weiter gehen. In der Kunst kann es bei der Skizze bleiben oder es kann zu einem Gemälde, einer Zeichnung oder Skulptur führen.

Bei technischen Produkten erstellt man weitere Skizzen, in einem methodischen Ablauf werden viele Lösungsalternativen erwartet. Das bedeutet weitere Skizzen. Ähnlich verhält es sich bei einigen Kreativitätstechniken. Siehe hierzu Teil 2. Wenn der Erfolg der technischen Produkte vom Design bestimmt wird, folgen Skizzen, die einen höheren Perfektionsgrad haben, die Farbe mitbringen und Oberflächen und Details. Man spricht dann vom . . .

...RENDERING

Das Rendering dokumentiert als Abbildung den aktuellen Stand eines Entwurfsprozesses von technischen Objekten. Es stellt alle formalen und funktionalen Neuerungen möglichst realistisch, man spricht vom Fotorealismus, dar. Dabei wird peinlich darauf geachtet, dass dieser anzustrebende Realismus nicht unterlaufen wird. Mit der Renderingtechnik kann man auch unmögliche und völlig absurde Dinge so darstellen und rüberbringen, dass sie glaubhaft wirken. Insider sprechen deshalb auch von Beschissbildchen. Unrealistisch im engeren Sinne sind in der Regel Renderings, wie sie in der Auto-Industrie und in der Mode verwendet werden. Die Fahrzeuge haben dann große Räder und ähneln Flugzeugen. Der Horizont bzw. die dort dargestellte Augenhöhe liegt sehr tief. Das ist die sogenannte Froschperspektive. Da wird dann von packender Perspektive und dramatischem Licht schwadroniert. Siehe hierzu auch das entsprechende Kapitel in Teil 2 dieses Buches. Das Bild hier wurde von Studierenden nachempfunden.

HENSCHEL
KS - HS 12

In der Mode ist es ähnlich, auch dort dominiert die Froschperspektive. Ein Model hat scheinbar längere Beine, wenn es mit den Augen eines Frosches, der, klein wie er ist, auch noch auf dem Boden sitzt, betrachtet wird. Und lange Beine, das ist, unter den Profis, ein inoffizielles Schönheitsideal.

ILLUSTRATION

Eine Illustration soll etwas Vorhandenes illustrieren, zeigen, erklären, veranschaulichen. Sie kommt also nach einer Entwicklung, nach einem Abschluss, wenn alles gelaufen ist. Aber sie setzt dieselben Mittel und Methoden der Skizze ein, insofern sind sich Illustration, Skizze und Skribble ähnlich.

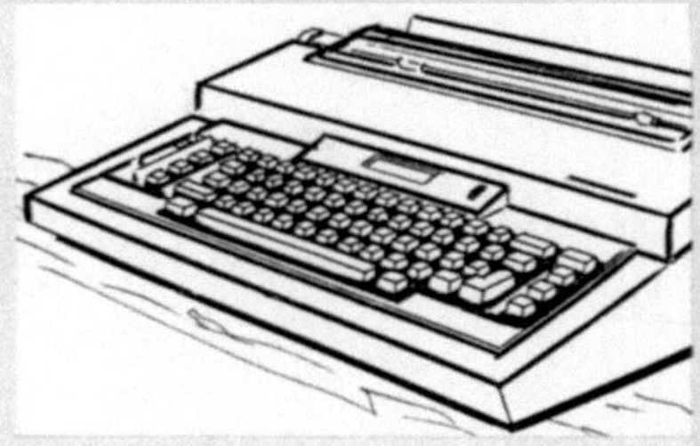
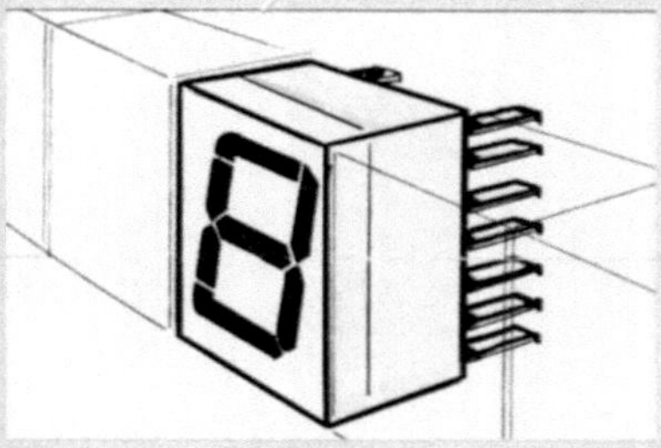
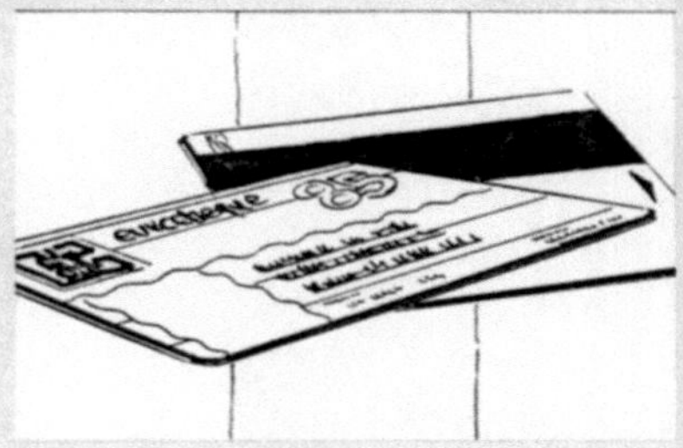

NS 32032
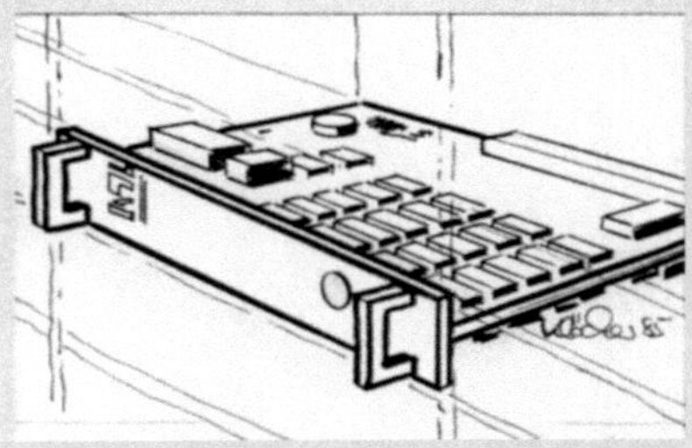

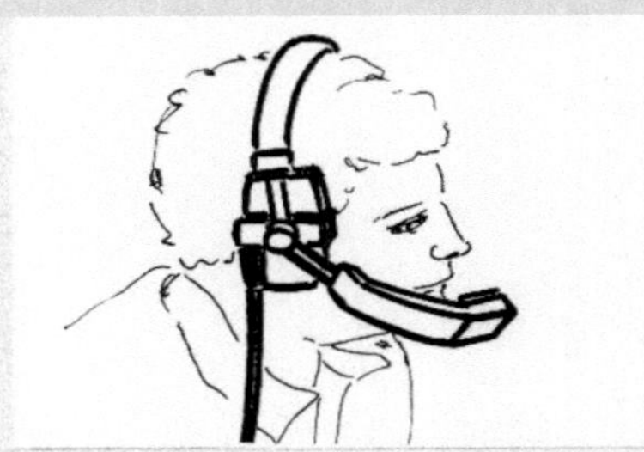
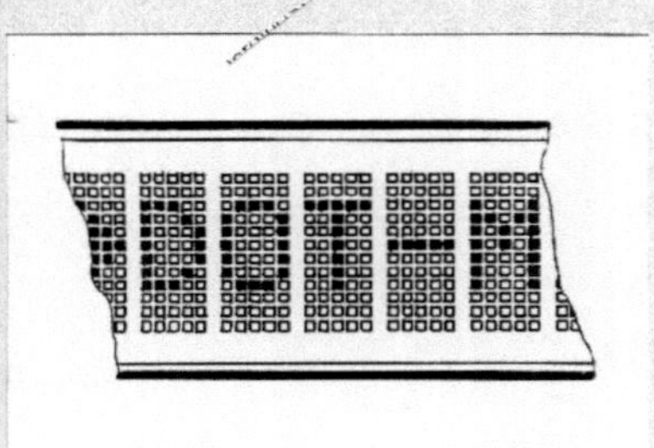
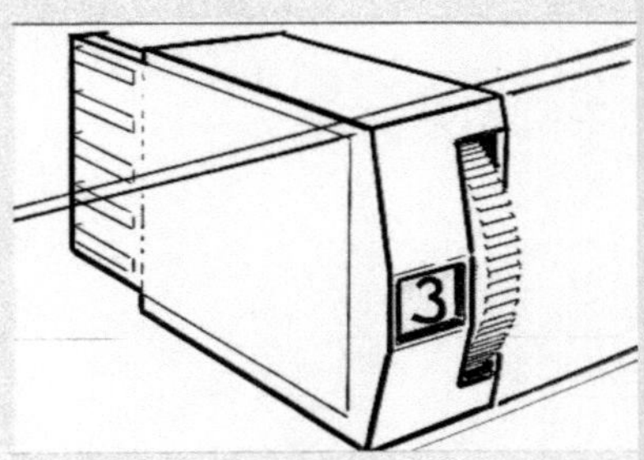
3
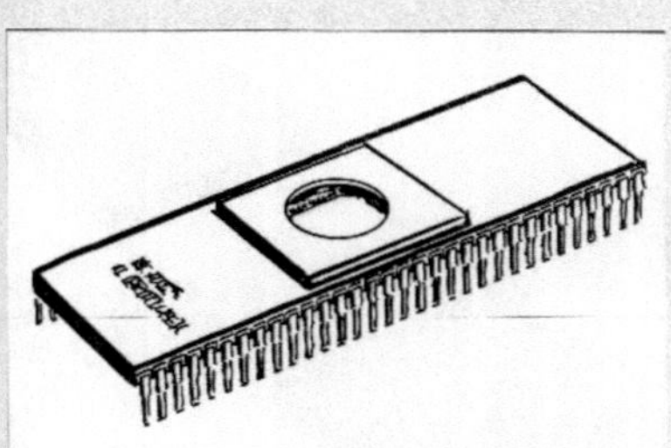
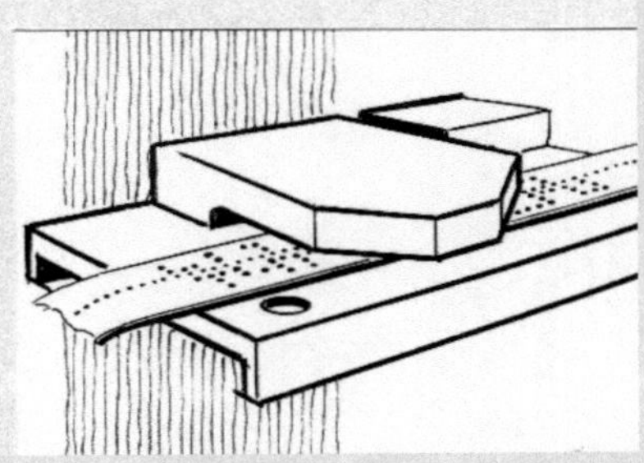

TEIL 2: HINTERGRÜNDIGES – UND DAS WARUM

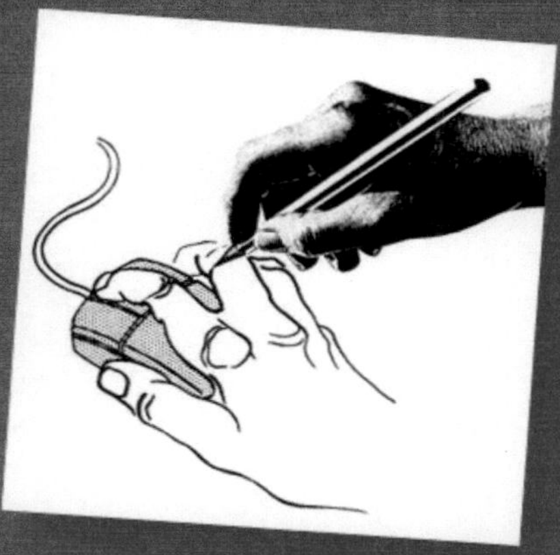

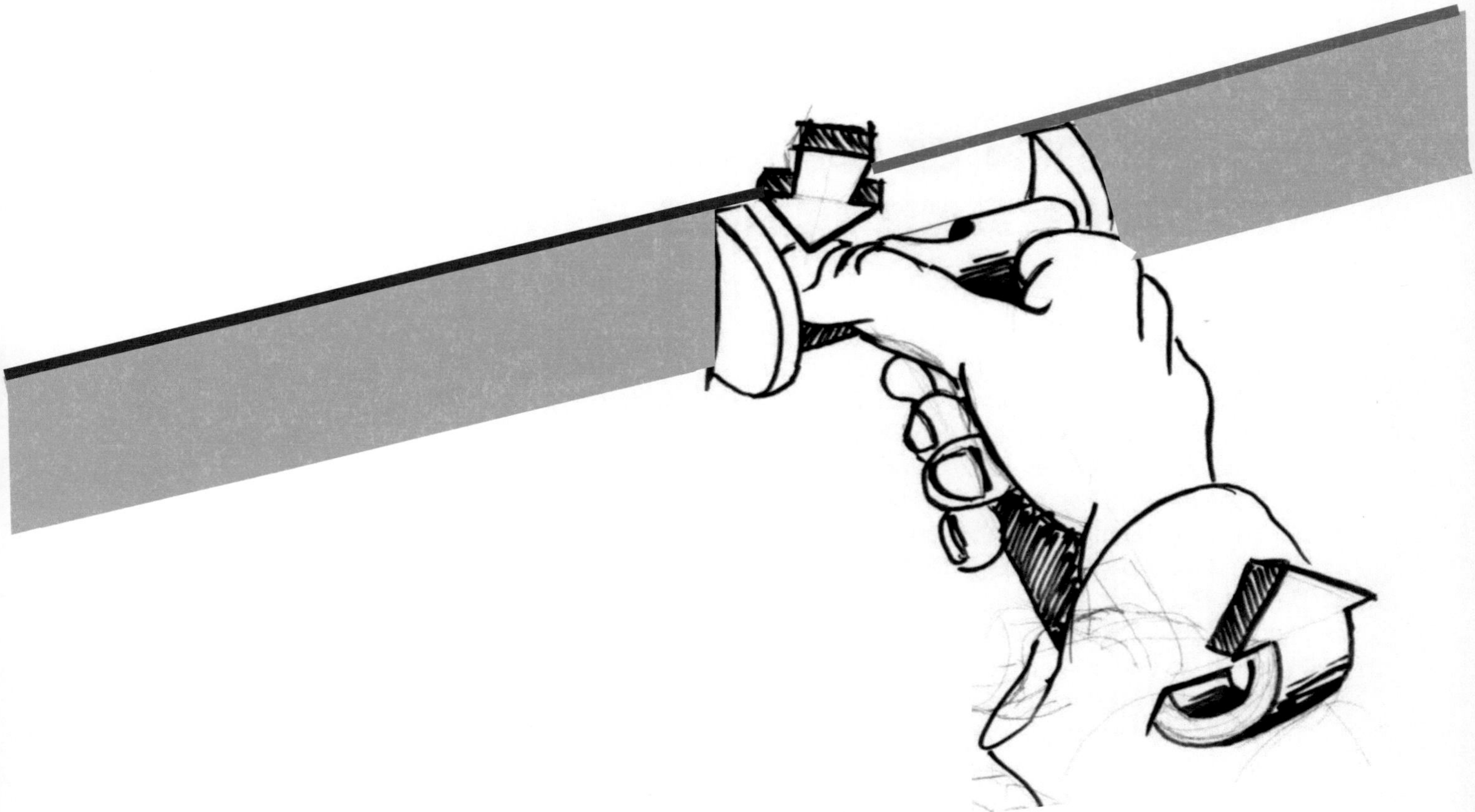

FRAGE 1: **WENN ES DOCH SO EINFACH IST, WARUM KANN ICH ES NICHT?**

Weil Sie es, einfach ausgedrückt, nie bis zu Ende gelernt haben. Als Kind waren Sie richtig neugierig, haben alles angefasst und untersucht und darüber geredet und es abgebildet, und Sie haben es gezeichnet. Sie haben es mit den Händen in den Sand oder den Straßendreck gebaut, später mit Lego oder Playmobil nachgestellt, und wenn Sie gut behütet waren, mit Fingerfarben und Kinderstiften dargestellt. Sie haben es deshalb abgebildet, gezeichnet, weil Ihr Denkapparat, das Gehirn, fast nur in Bildern arbeiten kann. Das ist seit Urzeiten so und bis heute geblieben. Wir denken in Bildern.

Dann kam das neunte Lebensjahr. Betty Edwards hat nachgewiesen, Edwards, B.: Garantiert zeichnen lernen, Reinbeck 1985, dass diese, uns allen gegebene, Fähigkeit des Abbildens ab etwa dem neunten Lebensjahr nicht mehr weiter entwickelt wird. In der Schule wird stattdessen von da an das Denken und das Rationale, das Mathematische und das Physikalische, das Logische und das Methodische, das linear Abfolgende, zum Beispiel mit der Playstation und später auf dem Notebook, trainiert – und zwar bis zum Ende, bis über das Abitur hinaus zum Hochschulabschluss und bei allen danach folgenden Seminaren.

Selbst wenn Sie es hätten anders haben wollen: Ihre Lehrer konnten Ihnen nichts Anderes bieten. Sie konnten und können es bis heute nicht - mehr. Ein Dekan meinte einmal, dass er auch ohne skizzieren und zeichnen zu können, Karriere gemacht hätte. Also was soll's? Er ist für die Lehrpläne zuständig – und damit kommt es einfach nicht mehr vor.

DIE ANLAGE ZUM SKIZZIEREN HAT JEDER.

Das geht aber noch weiter. Wir wissen heute, dass unser Gehirn in verschiedene Areale gegliedert ist, manche sogar strikt getrennt voneinander, rechts und links zum Beispiel. Das Vertrackte ist, dass das Skizzieren in einem anderen Areal lokalisiert ist, im Rechtshirn, als alle die schönen Sachen, die Sie in der Ausbildung und im Studium erfahren haben. Die sind links beheimatet. Also nicht nur das verordnete Desinteresse am zeichnerischen Tun, am Gestalten jedweder Art hindert Sie, Ihre natürliche, als kindlich abqualifizierte Fähigkeit weiter zu entwickeln, sondern auch die nicht genutzten Hirnareale, die Steuerungszentren für Ihr Geschick und Ihr Tun, sind verkümmert und halten Sie davon ab, hier aktiv zu werden.

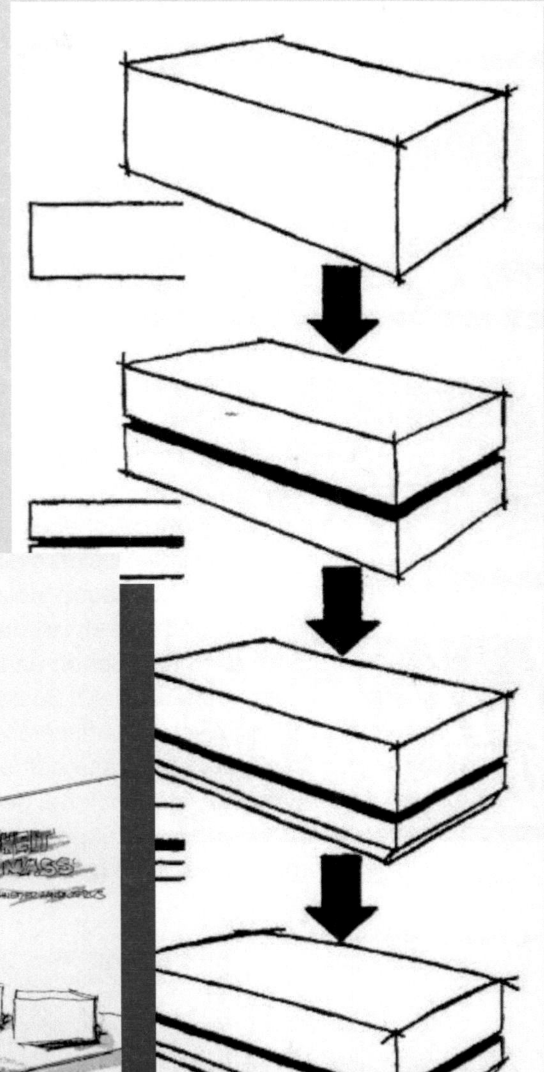

GRUNDFARBE
WEISS
SCHRIFT : BUNT
DIE MASSSCHNEIDER
DIE
DAME
DER
HERR
SCHÖNHEIT
NACH MASS
7 GLEICHE
FIGUREN
24/08/2007, ZEICHNG. 75

Sie meinen, Sie könnten das sowieso nicht, Sie hätten keine Veranlagung dafür und schon immer zwei linke Hände gehabt?. Seien Sie versichert: Die Anlage ist zwar verkümmert – aber immer noch da. Das hat also nichts, so gut wie nichts mit Veranlagung zu tun.

Wenn wir an dieser Stelle über Begabung sprechen wollen, dass Sie auch noch Begabung bräuchten, um Skizzieren lernen zu können, und eben die hätten Sie nicht, zumindest nicht für dieses Metier, dann möchte ich Sie auf die folgenden Seiten verweisen, wo etwas über die Schnittstelle zur Kunst steht. Skizzieren ist wie das Erlernen von Buchstaben und Zahlen und dem anschließenden Zusammenfügen zu Worten, Sätzen und ganzen Texten. Das kann jeder.

Unsere Mitmenschen in den asiatischen Ländern sind da in einer etwas besseren Lage. Die müssen, anders als wir, die wir mit nur 26 Buchstaben unseres Alphabets in einem Schuljahr fertig sind, tausend oder, wenn sie interessiert sind, mehrere tausend Schriftzeichnen lernen. Das dauert viele Jahre und trainiert nicht nur den Umgang mit Stift und Pinsel, mit dem Stift alleine schafft man das gar nicht, sondern auch das Sehen und das Gespür für Form, und das trainiert ganz besonders die dafür zuständigen Gehirnareale. Das Bild hier rechts sind japanische Schriftzeichen, während die Dame unten chinesische Schrift auf eine Vase aufträgt.

Nicht umsonst finden wir bei den sogenannten Kreativen und bei den Entwerfern von Fahrzeugen, überall dort, wo viel skizziert und entworfen werden muss, viele asiatische Landsleute.

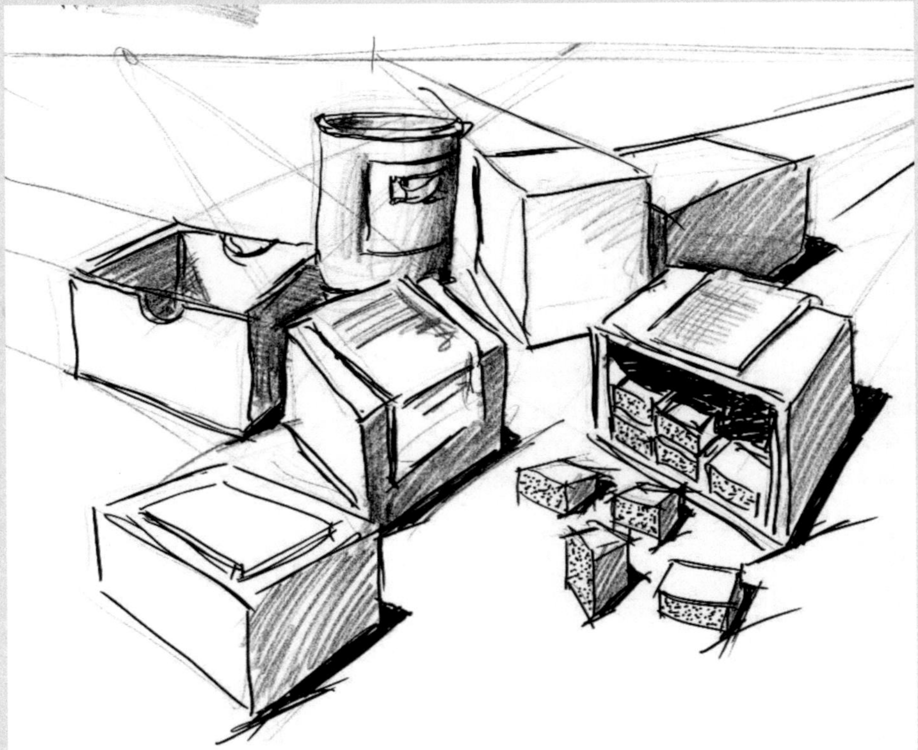

FRAGE 2: **WAS MUSS ICH – MENTAL – MITBRINGEN?**

Als Kind wollten Sie die Welt erkunden. So haben Sie sprechen gelernt. Dann haben Sie gezeichnet und schließlich das Schreiben gelernt. Das ging alles noch fast von alleine, spielerisch. Als sich dann ihr Verstand zuschaltete, begannen Sie zu werten und auszuwählen. Und etwa ab dem neunten Lebensjahr konzentrierte sich Ihre (Aus)-Bildung darauf, dass Sie (nach)denken und die Dinge verstehen. Das Zeichnen und Skizzieren, die Kommunikation über die Medien Stift, Farbe, Papier Holz oder andere Werkstoffe, Dinge, die man in die Hand nehmen kann, das Musische, lag nicht mehr in Ihrem Interesse. Auch das Gestalterische haben Sie abgewählt. Warum? Nun es war so.

Hätten Sie das Skizzieren und Zeichnen und Gestalterische Ihrer natürlichen Veranlagung entsprechend (die hat jeder), nicht abgewählt, wären Sie schon als Kind dabei geblieben, bräuchten Sie heute dieses Buch nicht zu lesen. Ja, so ist das, Sie könnten heute super skizzieren.

JEDES KIND KÖNNTE SKIZZIERN UND ZEICHNEN

Aber vielleicht haben Sie Kinder oder sind an der Erziehung von Kindern und Jugendlichen interessiert, dann denken Sie daran, dass es leicht ist, diesen Ihre eigene heutige Mühe mit dem Nachholen zu ersparen. Lassen Sie sie weiter zeichnen.

IHR MOTIV?

Da Sie dieses Buches aber nun doch lesen könnte man daraus schließen, Dass Sie etwas vom Vergessenen nachholen und es wiedererwecken wollen. Herzlichen Glückwunsch – und das Aber gleich hinterher: Sie müssen dran bleiben. In der Zeit etwa zwischen Ihrem neunten Lebensjahr und heute ist die Anlage dazu nicht nur verschüttet gegangen, sondern Sie lernen heute auch nicht mehr so leicht wie damals als Kind. Also ganz wichtig: Dran bleiben.

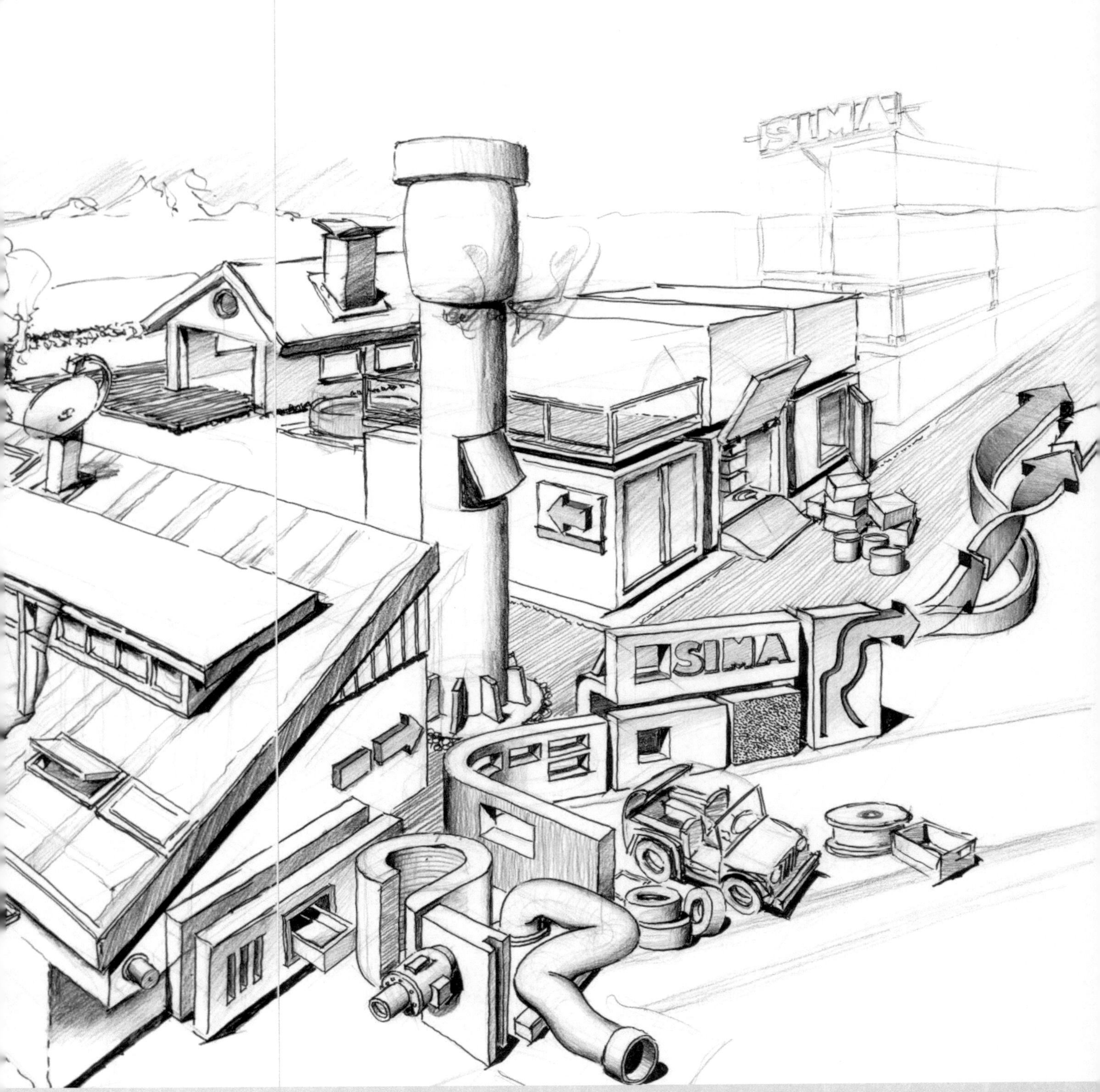
SIMA
SIMA

Das Lernen ist etwas mühsamer geworden, Sie haben es gerade schon gelesen. Aber es geht. Bleiben Sie dran. Es geht.

Es geht wirklich.

Es wird ein wenig schwieriger, eben mühsamer, ich sagte es bereits, aber wenn Sie die ersten Erfolge erleben, wenn Sie sehen, was Sie immer noch können, wird's schon leichter und einfacher. Es geht auch deshalb leichter, weil Sie sich in den letzten Jahren oder Jahrzehnten ausgeprägt im Durchhalten geübt haben, im Dranbleiben und im Konsequentsein.

BLEIBEN SIE DRAN

Wenn Sie wollen, das ist das Mentale an diesen Voraussetzungen, wenn Sie es wirklich wollen, so ganz von innen heraus, nicht nur weil es vielleicht der Karriere nützt, das tut es auf jeden Fall, und sinnvoll ist, oder der Chef es gemeint hat, sondern wenn Sie es selbst wollen, gefühlsmäßig wollen, dann klappt es.

Warum ich mir da so sicher bin? Nun, Sie haben mit einem weitaus schwierigeren Thema bereits bewiesen, dass Sie es können. - wenn Sie wollen. Sie wollten lernen, Auto zu fahren. Die Komplexität und das Multitasking des Autofahrens sind um einige Grade höher als die des Skizzierens. Auto fahren zu lernen ist schwieriger, als skizzieren zu lernen. Dort müssen Sie mehrere Dinge gleichzeitig tun, lenken, Blinker betätigen, nach vorne und nach hinten blicken, die Verkehrsregeln erinnern und beachten, Gas geben und bremsen usw. und das alles nicht irgend wie, sondern sehr konzentriert und in peinlich aufeinander abgestimmten Aktionen. Jeder Fehler kann tödlich sein. Und weil Sie das lernen wollten, innerlich und tatsächlich lernen wollten, ist es Ihnen auch gelungen. Selbstsuggestion nennt man das, erfolgreiche Selbstsuggestion.

Also, wie war das mit dem Skizzieren?

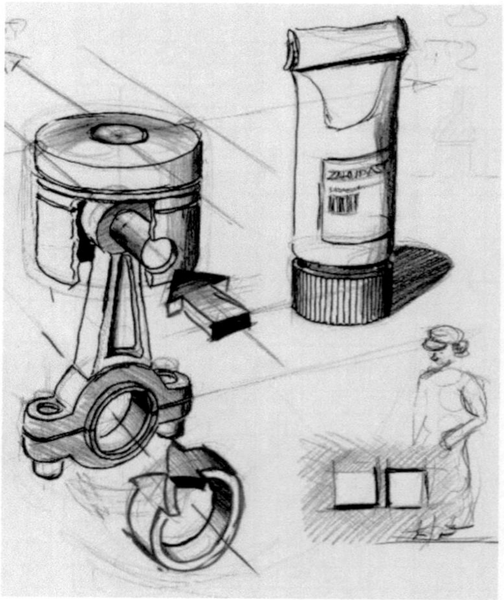

SIE WAREN MOTIVIERT, AUTOFAHREN LERNEN ZU WOLLEN.

AUTOFAHREN IST KOMPLEXER UND SCHWIERIGER ALS SKIZZIEREN. ALSO GEHT SKIZZIEREN ALLEMAL

Ich frage meine Studierenden immer wieder, ganz besonders natürlich die, die die Seminare für Erwachsene besuchen, schließlich kosten die viel Geld, was sie denn so antreibt, in reiferen Jahren Skizzieren und Freihandzeichnen lernen zu wollen. Bei den Antworten gibt es nicht viele Unterschiede. Das Vermitteln wollen, das leichtere und einfachere Reden, das Überzeugen von Mitarbeitern, des Chefs oder der Kunden.

In einem Fall war es der Zwang und der Druck des Marktes. Einer der Hauptkunden des Unternehmens, deren Mitarbeiter Skizzieren und Freihandzeichnen lernen wollten, hatte in einer Mitteilung kund getan, dass in Zukunft bei Meetings, die zu technischen, sowie das Design und das Marketing betreffenden Themen angesetzt sind, nur noch Teilnehmer erwünscht seien, die Skizzieren könnten. Das war eine große Überraschung.

Die Begründung: Eine Besprechung, in der die Sachverhalte von der Mehrzahl der Teilnehmer unmittelbar visualisiert werden können, am Flipchart, dem Whiteboard, auf der herkömmlichen Tafel oder an einem anderen Medium, würden nur etwa zwanzig bis dreißig Prozent der Zeit einer üblichen Besprechung dauern. Das wäre, bei einer Meeting-Dichte von annähernd 1,3 des mittleren Führungspersonals, eine enorme Rationalisierung. Aber nicht nur das: Die Qualität und Aussagesicherheit von so entstandenen und damit illustrierten Protokollen wäre ungleich höher gegenüber verbalen Beschreibungen.

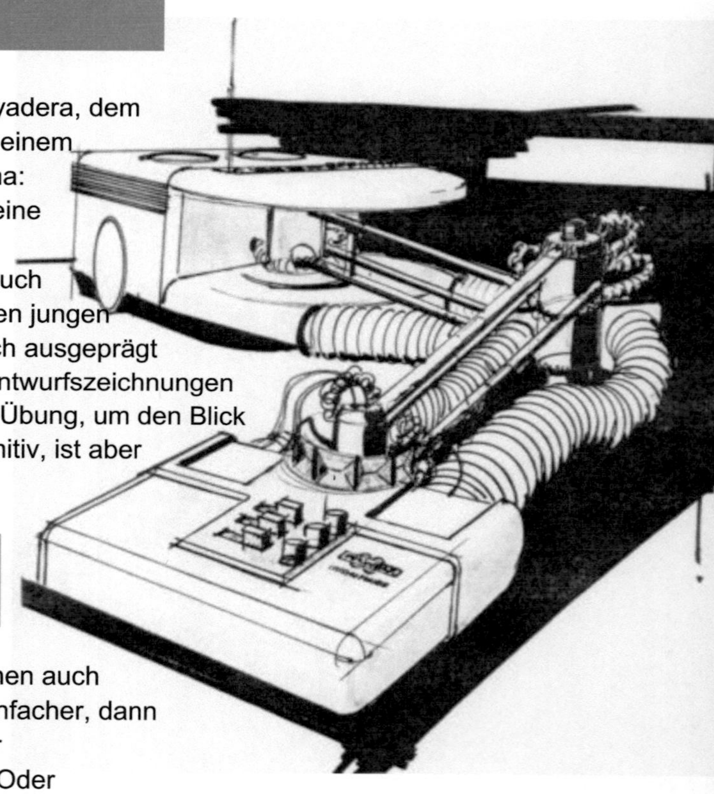

Ein Originalzitat des Verordnenden Kazuhiko Miyadera, dem Executive Vice President von Toyota Motor Europe, aus einem Interview zu einem in dieselbe Richtung gehenden Thema: „Ich gebe Ihnen folgendes Beispiel: Ein Maler benötigt seine Hände, um zu malen. Auch Toyota braucht wieder mehr Ingenieure mit Hands-on-Mentalität – also Händen, die auch mit dem Verstand verlinkt sind. Diese Mentalität ist bei den jungen Ingenieuren, die mit CAD groß geworden sind, kaum noch ausgeprägt Deshalb halten wir unsere Jungingenieure jetzt an, die Entwurfszeichnungen wieder auf Papier zu machen. Das ist eine sehr wichtige Übung, um den Blick für das konstruktive Teil zu schärfen. Das klingt sehr primitiv, ist aber entscheidend für die Produktqualität."

NOCH EIN MOTIV?

Sie wollen überhaupt nicht in ein Meeting, brauchen auch niemanden zu überzeugen? Dann ist alles ja noch viel einfacher, dann sind Sie längst motiviert. Sie benötigen nur noch ein paar Anregungen, Tipps und Hilfen, um besser zu skizzieren. Oder vielleicht können Sie das auch schon und suchen ein paar Anregungen oder wollen noch ein paar Grundlagen kennen lernen. Das sind die schönsten Voraussetzungen, die ich mir vorstellen kann.

Dann sehe ich Ihr Motiv in der Freude am Sehen und am Machen, am Umsetzen und Skizzieren und Zeichnen aus purer Lust. Dann sind Motive, wie auf der vorangegangenen und den drei nächsten Seiten, vielleicht eher nach Ihren Vorstellungen. Das würde mich freuen, ist es zwar nicht das Schönste, was es gibt, kommt dem aber nahe, würde allerdings den Rahmen dieses Buches sprengen.

LIONS
INTERNATIONAL

In den beiden vorangegangenen Kapiteln ist von Voraussetzungen die Rede, von mentalen und von materialen Voraussetzungen. Das hörte sich so an, als ob es ohne die nicht geht. Nun, so krass ist es nicht. Ich würde allerdings den Begriff Voraussetzungen gerne gegen den der Tipps tauschen. Es gibt Tipps, weitere Tipps, die manchmal ganz praktisch sind und einem die Arbeit erleichtern. Sie standen zwar nicht am Anfang des Buches, sie sind da hinein verstreut und stehen meistens an einer Stelle, an der es gerade sinnvoll ist, über einen solchen Tipp zu reden.

Dieses Buch ist wie ein Seminar zu demselben Thema aufgebaut. Die Module sind nichts anderes als Schritte. Sie machen einen Schritt nach dem anderen, lernen dabei und verstehen dabei,

- wie ein Bild aufgebaut ist, nach welchen Regeln,
- und wie man diesen Aufbau selbständig durchführen, wie Sie selbst skizzieren und entwerfen und zeichnen können. Und wie in der Technik oder im Bauwesen mehrere Module zusammengefügt ein Ganzes ergeben, entstehen auch hier eine Skizze und schließlich ein Bild. Ein Modul ist . . .

... DAS ÜBEN.

Was in diesem Buch nicht zu finden ist, an keiner Stelle, ist ein Wunder- oder Zaubermittel dafür, dass Ihnen die Übungen erspart bleiben könnten. Sie müssen üben. Meinen Studierenden erzähle ich die Worte meines eigenen Zeichenlehrers im Gymnasium immer und immer wieder. Er sagte:

„Zeichnen Sie, zeichnen Sie, zeichnen Sie, zeichnen Sie .... immer und überall, überall, wo sich eine Gelegenheit gibt, bei Besprechungen, am Biertisch, in der Pause bei der Arbeit oder beim Wandern. Machen Sie die Wanderpausen einfach etwas länger – und bringen anstelle eines normalen Fotos die Skizze eines Baumes, des Wegzeigers oder der Brotzeit Ihres Nachbarn mit nach Hause. Aber skizzieren Sie, skizzieren Sie, immer und überall." Willy Baumeister, einer der großen Künstler unserer Zeit, soll einmal gesagt haben: Fleiß rentiert sich.

FLEISS RENTIERT SICH

In Besprechungen, neuere Begriffe sind: Meetings oder Konferenzen, kann man entweder die Initiative ergreifen und das zu Besprechende am Flipchart visualisieren, dann geht das schneller, viel schneller, darüber habe ich weiter vorne bereits geschrieben, Stichwort Toyota. Oder man vertreibt sich die Langeweile, in dem man für sich skizziert und visualisiert, vielleicht auch karikiert.

Manchmal wird es als unhöflich empfunden, wenn man in Besprechungen statt zu zuhören, skizziert. Insbesondere Vorgesetzte, die zu langen Monologen neigen, befürchten, man würde Ihre Worte nicht würdigen, ihnen nicht richtig zuhören.

Hier und auf der nächsten Seite sind einige von vielen Skizzen die, wie beschrieben, entstanden sind.

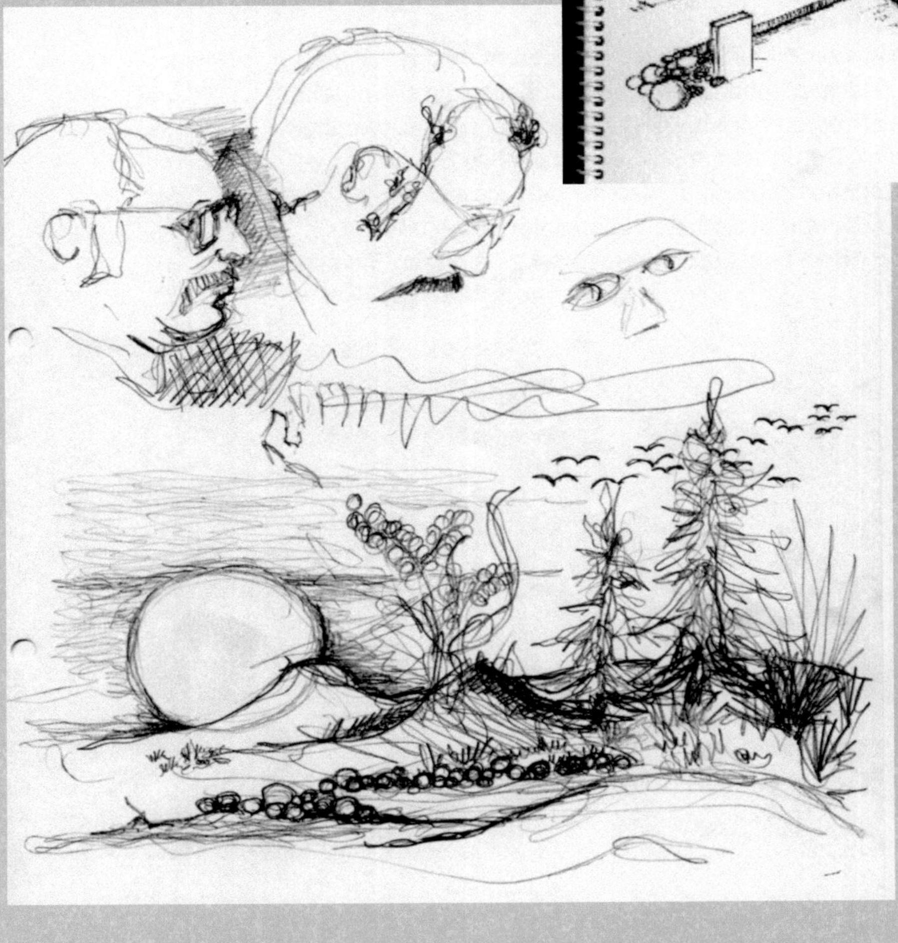

Zeigen Sie denen dieses Buch oder erzählen Sie die Geschichte von Toyota, oder die von Napoleon, der mehrere Dinge gleichzeitig machen konnte, von Studenten – vielleicht hat er ja auch einmal studiert und kann sich noch erinnern – die zuhören und gleichzeitig mitschreiben müssen. Geben Sie ihm ein kleines Referat über Multitasking, wie diese uralte Fähigkeit neuerdings heißt. Am überzeugendsten ist das Argument, dass Sie versuchen, die von ihm angesprochenen Sachverhalte sofort zu visualisieren.

Eine Skizze oder Zeichnung ist überzeugender als alles sonst. Der Grund dafür liegt in der Dominanz unserer Augen. Toulouse Lautrec war ein verarmter Adliger mit einem verkrüppelten Körper, er hatte zu kurze Beine. Aber er konnte skizzieren und zeichnen und malen und machte das immer und überall, wo er sich gerade aufhielt. Da er arm war, ging er, um eine warme Stube zu haben, ins Bordell und hat die dortigen Damen skizziert. Das machte allen Beteiligten großen Spaß, deshalb durfte er immer wieder kommen. Heute hängen seine, teilweise auf Packpapier gemalten, Skizzen und Gemälde im vornehmsten Museum der Welt, im Pariser Louvre.

Wenn Ihnen immer noch nichts eingefallen ist, wo, wann und wie Sie das Skizzieren üben können, kaufen Sie sich einen Schreibunterlagen-Block für den Schreibtisch, der ist etwa DIN A2 groß, und beginnen Sie, statt beim Telefonieren immer nur Kringel darauf zu kritzeln, zunächst Würfel, dann Kühlschränke und schließlich Ihre ganze Umgebung zu skizzieren. So wird auch das blödeste Telefongespräch sinnvoll.

Neuerdings werden für Meetings, bei denen es um technische, oder designerische oder organisatorische Problem geht, Besprechungs-Illustratoren angeheuert. Die skizzieren das, worüber gerade geredet wird. Daran erkennen Sie, wie wichtig Skizzen in manchen Häusern genommen wird. Also melden Sie sich – statt diesen Illustrator teuer von außerhalb einzukaufen. Eine bessere Übungsstunde und einen besseren Imagezugewinn können Sie sonst kaum schaffen.

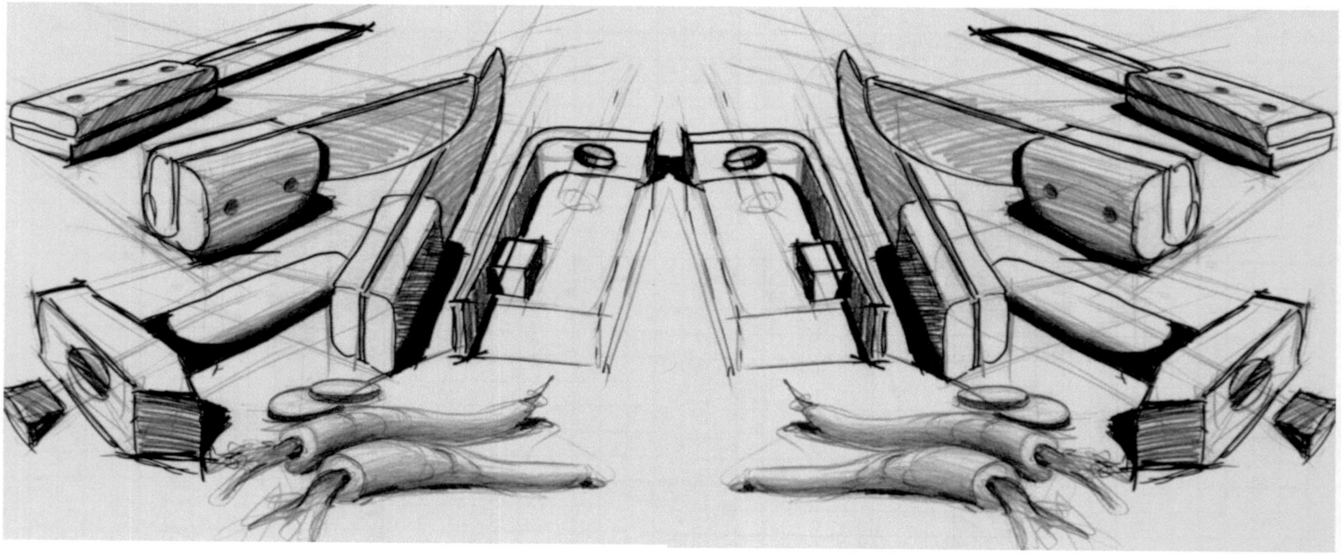

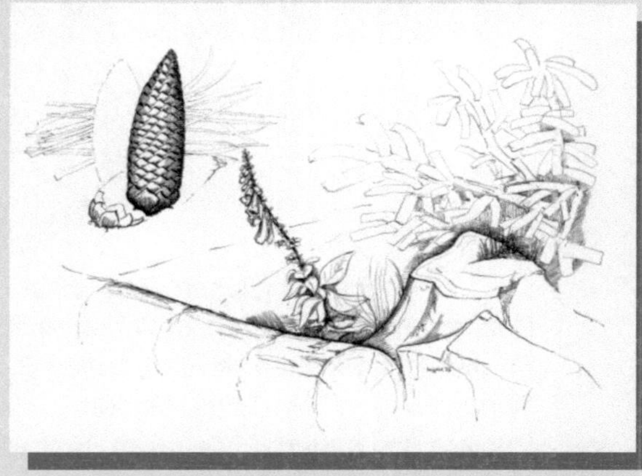

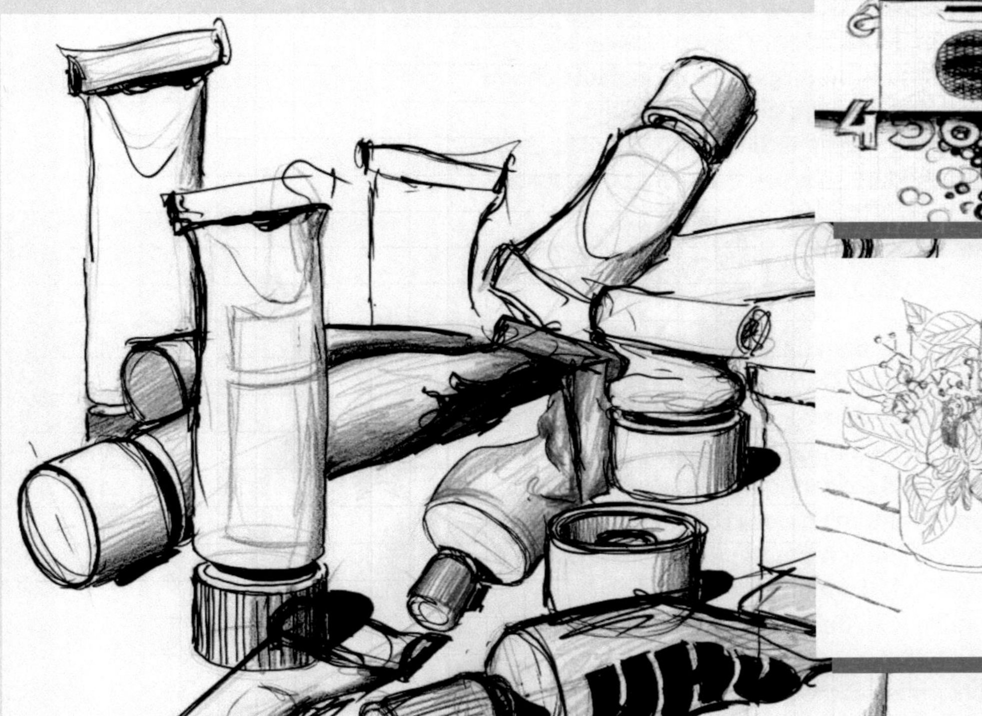
UHU

FRAGE 3: **WAS MUSS ICH AN MATERIAL MITBRINGEN?**

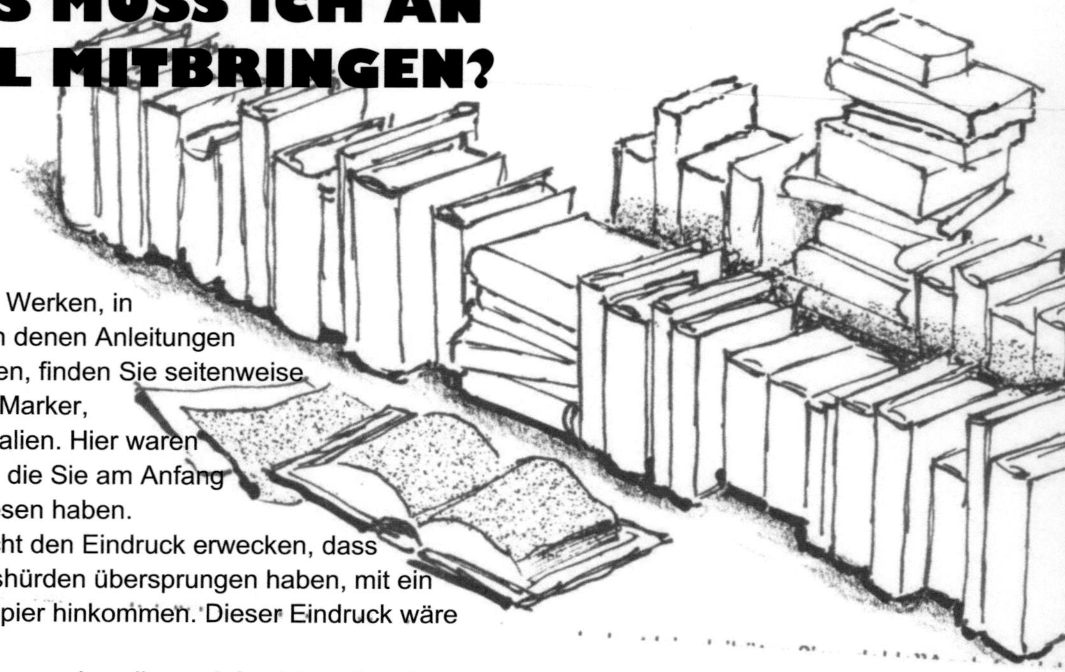

In vielen ähnlichen Werken, in Büchern und Seminaren, in denen Anleitungen für das Tun gegeben werden, finden Sie seitenweise Abhandlungen über Stifte, Marker, Papiere und andere Materialien. Hier waren es zwei Seiten, die beiden, die Sie am Anfang dieses Buches bereits gelesen haben.

Ich möchte nun nicht den Eindruck erwecken, dass Sie, wenn Sie Ihre Anfangshürden übersprungen haben, mit ein paar Stiften und Druckerpapier hinkommen. Dieser Eindruck wäre falsch.

Sie werden dann anspruchsvoll – und das ist auch gut so.

Und Sie werden entdecken, was es auf diesem Gebiet alles für wunderschöne Sachen gibt, Materialien, Dinge, Werkzeuge, Papiere, Farben und jede Menge Anregungen, eine unglaubliche Fülle, auf die wir heute zugreifen können, die Sie zu neuen Anwendungen und zu neuen Ideen animieren. Einige Wenige zeige ich Ihnen hier anschließend. Andere müssen Sie selbst entdecken.

DIE KATALOGE

In früheren Jahren konnte man seine Materialien in entsprechenden Geschäften kaufen. Das ging auch in kleineren Städten. Die sind aber so ziemlich alle verschwunden. Lediglich in den großen Universitätsstädten sind noch Ladengeschäfte zu finden, in denen man fürs Skizzieren und Zeichnen fündig wird. Aber nun gibt es Versender, große Unternehmen mit dicken Katalogen, in denen kein Wunsch mehr offen bleibt. Im Anhang habe ich, unter dem Stichwort Quellen, die aufgeführt, die mir bekannt sind.

Und wenn ich schreibe ...in denen kein Wunsch mehr offen bleibt, gibt es doch eine Ausnahme, einer bleibt dann immer noch offen. Skizzieren und Zeichnen ist, Sie werden das bald merken, nicht nur ein Handwerk, nicht nur ein Mittel zum Zweck, nicht nur etwas, mit und über das ich mit meinen Kollegen, meinem Chef, meinem Nachbarn, Kunden gut kommunizieren kann. Es hat auch etwas Sinnliches. Verschiedene Papiere anzufassen ist einfach schön, ich mag es, und ich mag mir die Materialien nicht nur in einer Katalog-Abbildung ansehen, ich möchte die Dinge fühlen und spüren und anfassen und vielleicht auch hören und riechen und ich möchte sie in ihrer ganzen Fülle sehen.

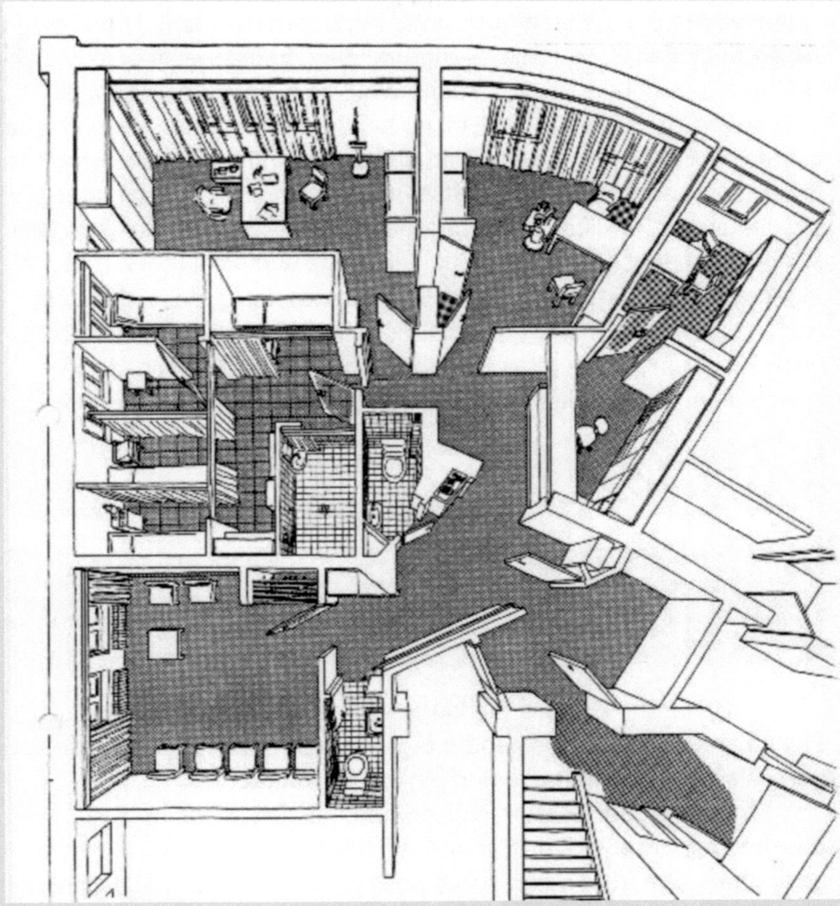

Die Bilder, die Sie mit den Materialien machen, werden zunächst Sie und danach auch andere Menschen sehen. Und die sehen auch das Papier, die Textur und die Oberfläche, die Unterschiede in den Farben, selbst Weiß ist nicht gleich Weiß, die sehen die Unterschiede, die Striche hinterlassen können, eine Fläche, eine Komposition, eine Farbe und so weiter. Und für die Menschen, denen tausend Seiten eines Kataloges immer noch zu wenig sind, für die gibt es auch wieder Ladengeschäfte, in die man hineingehen und sich alles ansehen kann. Die sind allerdings nun nicht mehr in den Innenstädten zu finden. Sie sind so groß, fast riesig, dass sie nur in den Industriearealen der großen Städte oder dort zu finden sind, wo noch Platz ist. Wo Sie diese Geschäfte finden und deren genaue Anschriften, steht in den genannten Katalogen.

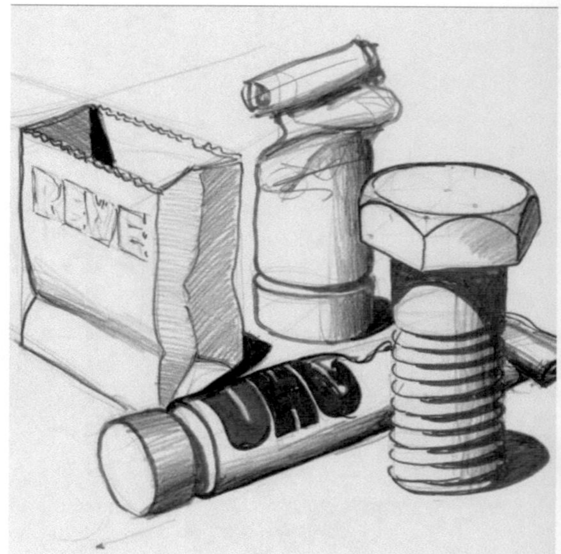

NOCH ANDERE MATERIALIEN

EIN GROSSES, LANGES LINEAL UND ELLIPSENSCHABLONEN

Besorgen Sie sich ein langes Lineal, damit sie Ihre Fluchtpunkte weiter auseinander legen können. Auch Christo benutzt noch als Profi Fluchtpunkte und ein langes Lineal.

Das mit den Ellipsenschablonen, das ich im ersten Teil beschrieben habe, sollten Sie sich noch einmal überlegen. Sie sind zwar teuer, aber durch den enormen Zeit- und Perfektionsgewinn, der Sie damit haben, ganz schnell amortisiert. Vielleicht sollten Sie sich sogar überlegen, einen Satz mit größeren Schablonen noch dazu zu nehmen. Sie erinnern sich: In den USA sind sie billiger und bei ebay hat man manchmal Glück.

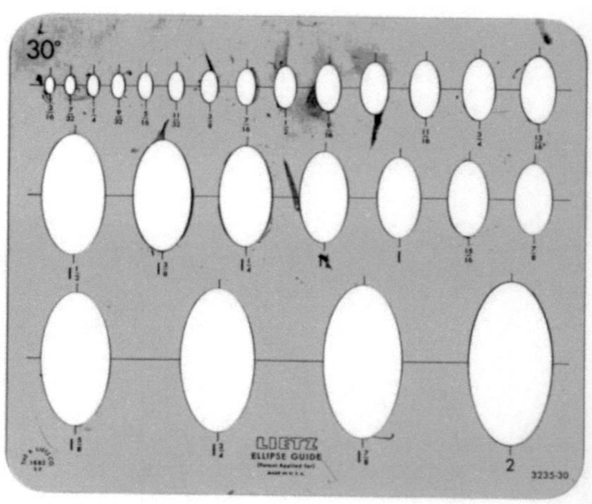

ZIRKEL, TRANSPARENTROLLE, GRAUE MARKER, SCHERE, KLEBER UND ABDECKFOLIE

Einen Zirkel haben Sie wahrscheinlich. Und wenn Ihnen das mit dem Druckerpapier nicht gut genug ist, überlegen Sie sich, ob Sie nicht einmal eine Rolle Transparentpapier ausprobieren. Die dafür erhältlichen Rollen sind dreißig bis zweiunddreißig cm lang und damit fast genau A4-hoch. Man reißt immer wieder an einer Lineal-Kante ab, sodass das Entwerfen mit Overlay fast rasend schnell geht.

Die Grauwerte für Eigen- und Schlagschatten, das gepfätzte Schattieren mit dem schwarzen Farbstift, das alles geht mit grauen Markern besser und schneller. Es gibt sie in zehn verschiedenen Grauwerten, von denen vielleicht vier oder sechs schon genügen. Aber achten Sie darauf: es sollte „permanent“ aufgedruckt sein, sonst schmieren sie ganz unangenehm.

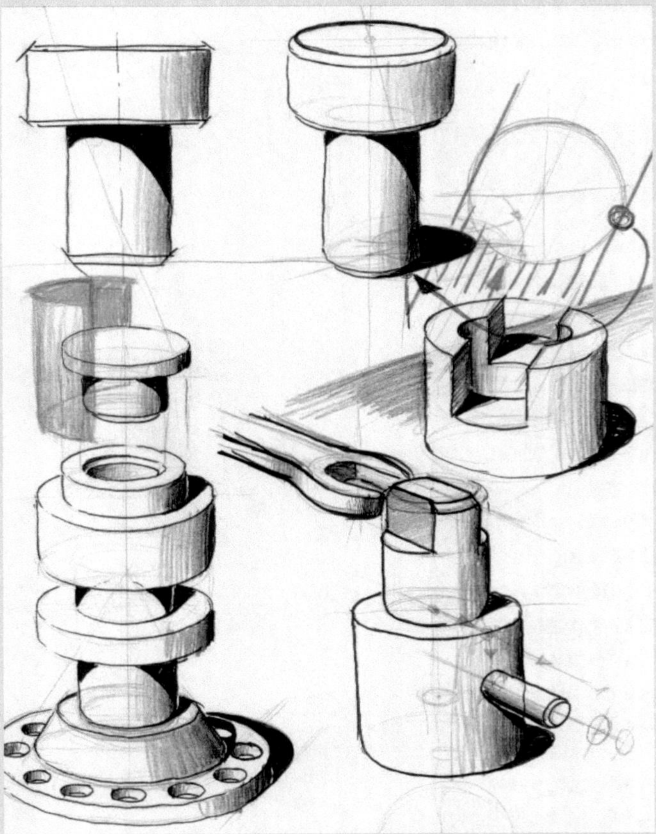

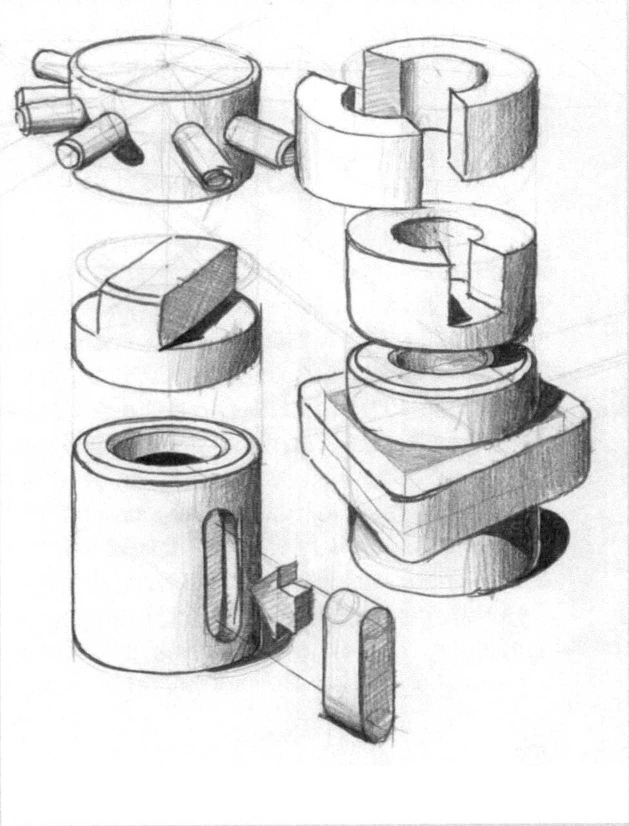

Wenn eine schon etwas weiter fortgeschrittene Arbeit geändert werden muss, vielleicht ist ein Fehler drin oder das Projekt wurde grundsätzlich geändert, oder Sie wollen in einer Prospektabbildung oder einem CAD-Ausdruck etwas zeigen, dann empfiehlt sich die sogenannte Montage. Sie machen aus zwei oder drei oder noch mehr Blätter ein neues. Dazu benötigen Sie eine Schere, Klebstoff und vielleicht noch Abdeckfolie.

Vieles von dem, was Sie nun vorhaben, haben andere bereits hinter sich. Und haben daraus sogar noch etwas gemacht: ein Buch, kein nützliches Buch, davon habe ich bereits einige erwähnt, sondern ein schönes Buch, eben zum Thema.

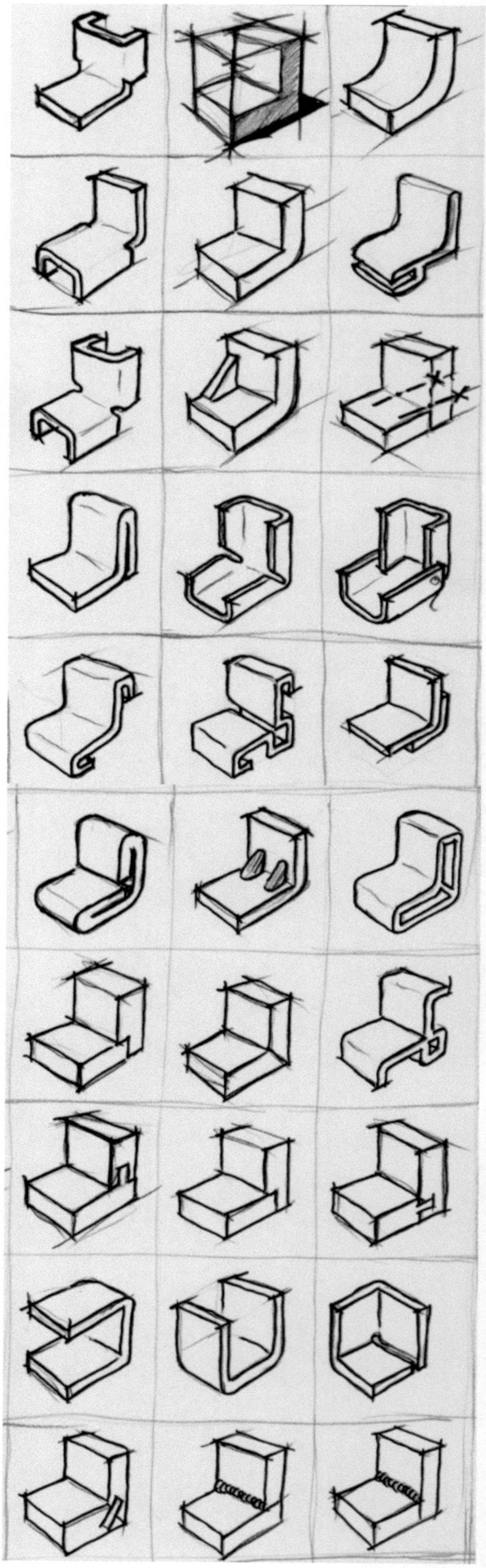

EIN PAAR SCHÖNE BÜCHER:

Zum Beispiel das von einem meiner ehemaligen Studierenden, von Eberhard Holder: Design-Darstellungstechniken. Ein paar Seiten weiter vorne habe ich es bereits zitiert. Der Finne Carl Larson hat mehrere Bücher mit wunderschönen Skizzen seiner Familie und seines Heimes gemacht, Larson, C. Fünfzig Gemälde, Königstein 1976, S23. Der Amerikaner Rockwell N., Pictures oft the American People, New York 2000, S.86, 170, nächste Seite oben, hat dasselbe, aber dann doch wiederum ganz anders, seiner amerikanischen Heimat gemacht, und Hans Georg Rauch hat (nur) mit Strichen, mit sehr vielen Strichen, seine Umgebung festgehalten: Zeitzeichen, München 1983, S. 131. Und schließlich muss ich noch den Haitzinger erwähnen, Horst Haizinger, der mit seinen Karikaturen fast jeden Tag meine Zeitungslektüre aufheitert und bereichert. Ich könnte noch weitere Bücher aufführen, aber dabei soll es nun bleiben.

DANN WAR DA NOCH ETWAS

Lassen Sie es ruhig angehen. Wir befinden uns im betrieblichen Alltag oft in einem nichtkreativen Umfeld, es ist mit Schaltern gespickt, die wir zu betätigen haben. Wir müssen tun und machen und mit einer visuellen Überhäufung und mit Dingen klar kommen, die nicht dazu angetan sind, mit Stift und Papier eine neue Welt zu erschaffen. Auch keine kleine neue Welt. Das bedarf der Konzentration und der Ruhe. Man braucht ein bisschen Zeit und Muße, wenn man ausprobieren möchte, wie das mit der Skizze in meinem ganz besonderen Falle denn nun geht. Wenn Sie mehr darüber wissen möchten, gib es dazu ein schönes Buch: Franck, F.: The Zen of Seeing, New York 1973.

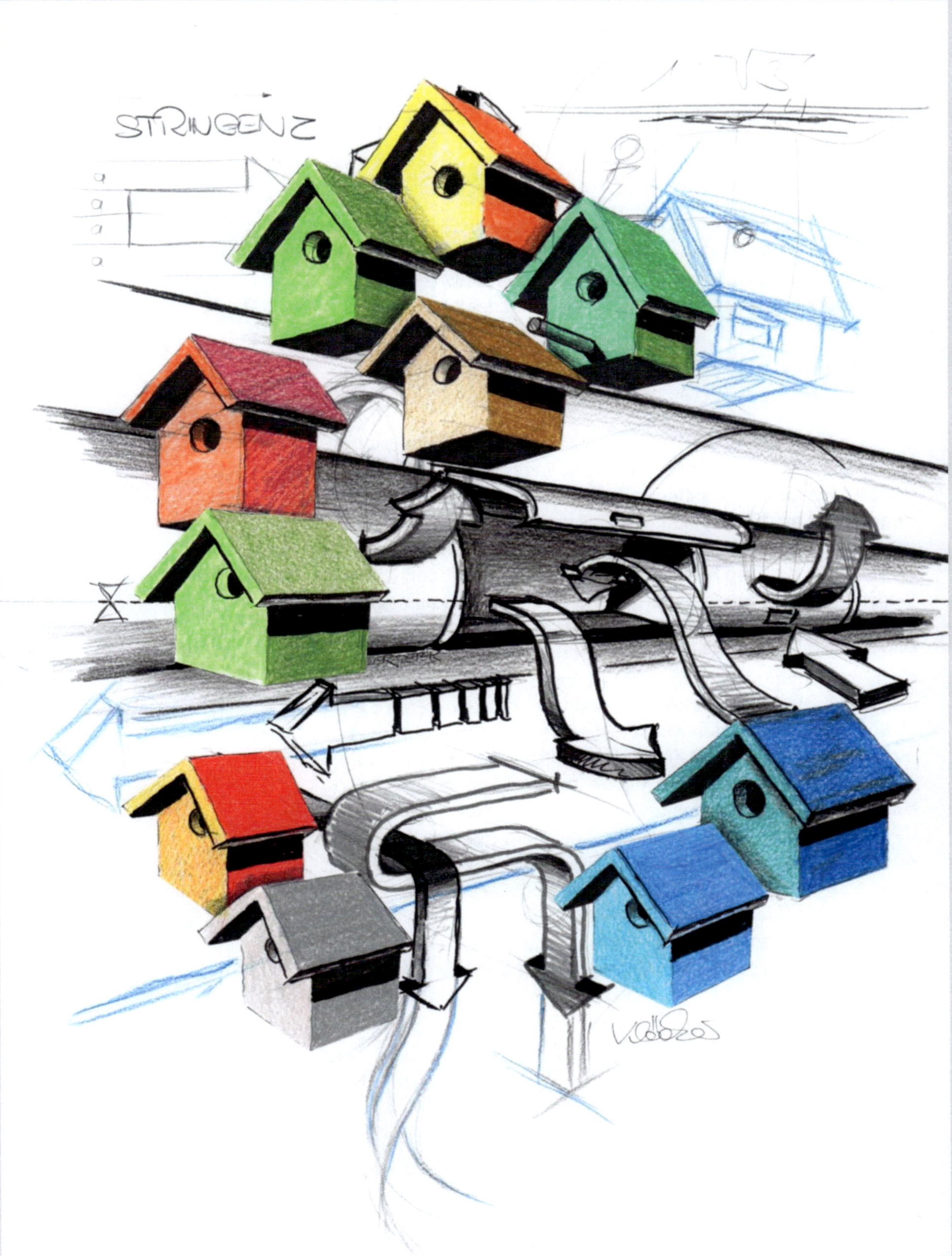
STRINGENZ

FRAGE 4: **WAS IST DAS ÜBERHAUPT: EINE SKIZZE?**

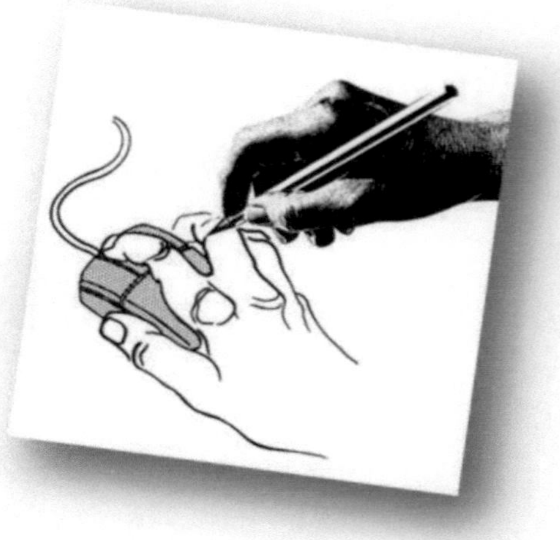

Ich erzähle hier schon die ganze Zeit vom Skizzieren, vom Zeichnen und Freihandzeichnen – ohne zu sagen, was ich darunter verstehe. Vielleicht wissen Sie sogar, was das ist, was darüber im Lexikon steht oder was ich damit meine. Trotzdem:

WAS IST EINE SKIZZE?

Der Begriff kommt wahrscheinlich aus dem Italienischen, von lo schizzo, der Fleck, dem schnell mal Hingeworfenen. Dabei ist nicht geklärt, was denn nun schnell hingeworfen wurde. Insofern gilt der Begriff nicht nur für eine schnelle Zeichnung sowohl in der Technik, speziell der Entwicklung, als auch in der bildenden Kunst, sondern auch für alle anderen Anwendungsfälle. Man kann Ideen und Gedanken skizzieren, mit Worten und Gesten, man kann eine Vorgehensweise oder Strategie skizzieren oder man einen großen Plan, eine Verhaltensweise oder auch nur einen ersten Satz skizzieren. Immer ist es ein erster Ausdruck, noch ohne Anspruch auf Perfektion, aber schon erkennbar und von etwas Neuem.

„In der bildenden Kunst", so schreibt Eberhard Brügel in „Kleine Zeichenschule" S.2f, Freiburg 1992, „besitzt die Skizze zusätzlich eine Besonderheit, die sie zu einer eigenständigen künstlerischen Gestaltungsform hat werden lassen, in der der Verfasser der Skizze seine unverwechselbare Persönlichkeit zum Ausdruck bringt. Daraus können Sie ableiten, dass es nicht nur unerheblich ist, wenn Sie die Spuren der Entstehung einer Skizze drin lassen - mein Stichwort: Radieren Sie nie - sondern damit auch dokumentieren, dass es noch nichts Fertiges und Perfektes ist, daran muss noch weitergearbeitet werden, und dass es von Ihnen ist."

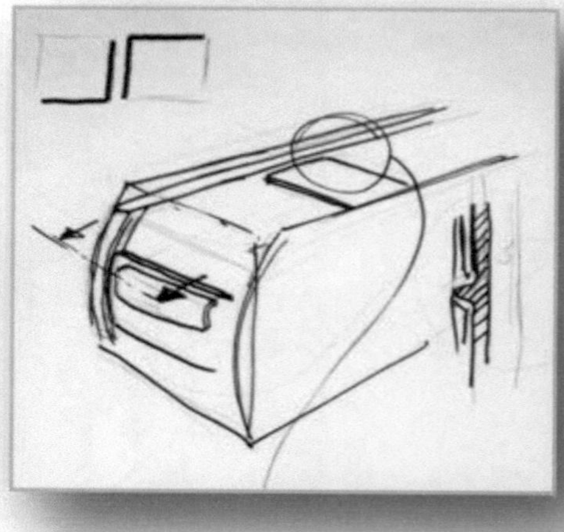

EINE SKIZZE BRAUCHT NICHT VOLLENDET ZU SEIN. WENN SIE GUT IST, IST SIE OFT REIZENDER ALS EIN AUSGEFÜHRTES WERK. GOETHE

Eine Skizze im vorgenannten Sinne ist die erste sichtbare Stufe nach einem unsichtbaren Denken, ist der Beginn eines weiteren Prozesses, der viele weitere Skizzen nach sich ziehen kann, Varianten dazu, wenn die skizzierte Lösung unbefriedigend ist, oder Ausarbeitungen, die zu einem immer höheren Grad an Perfektion -- und manchmal dann auch zu einer Zeichnung führen.

Diese 4 Darstellungen sind ist an der Grenze zwischen Skizze und Zeichnung.

Üblicherweise realisiert sich ein unfertiger Gedanke erst im Moment des Skizzierens zu einem tatsächlichen Ganzen bzw. zu einem möglichen Funktionieren. Skizzieren ist somit, auch wenn keine entsprechende Absicht dazu bekundet wurde, ein kreativer Akt.

Andere Begriffe für Skizze sind Freihandzeichnung, Faustskizze und Skribble. Sie sind fast synonym. Manche meinen, dass ein Scribble etwa anderes als eine Skizze, nämlich ein schnelle Skizze sei. Weitere Begriffe sind: Rough, Thumbnail, Roh-Layout.

Der Begriff Malen meint etwas anderes, obwohl er, so nach den Worten: „Mal das doch mal auf …“ dasselbe wie Skizzieren zu bedeuten scheint. Zum Malen benötigt man einen Pinsel – entweder als Anstreicher oder um eine Gemälde zu erstellen. Das Wort Kritzeln ist negativ besetzt und sollte auf keinen Fall hier zur Anwendung gelangen. Man Kritzelt - ohne recht zu wissen und ohne recht zu können, was man möchte.

EINIGE REGELN ZUM SKIZZIEREN.

Skizzieren Sie so oft wie möglich und überall wo möglich, an jedem Ort und zu jeder Zeit. Einen Stift, es gibt solche, die man verkürzen kann, sodass sie in die Hosentasche passen, und Papier haben sie immer dabei. Skizzieren Sie nicht zögerlich, sondern zügig, seien sie ungeniert den Linien gegenüber, erst dünn, dann immer kräftiger, aber: Erst dünn – und mit dem Suchen immer kräftiger.

Radieren Sie nie.

Vereinfachen Sie die Motive, vermeiden Sie komplexe Bilder und Funktionen, vereinfachen Sie diese, suchen Sie die Grundform. Skizzieren Sie das, was Sie sehen, nicht das, von dem Sie wissen, wie es ist. Sie erinnern sich: man sieht was man weiß. Das sollten Sie ändern wollen. Erfahrungsgemäß ist das einer der schwierigsten Prozesse, wenn man skizzieren lernen möchte.

Das was Sie wissen kann nicht das sein, was Sie sehen. Sie „wissen“…

es so:

Aber so können Sie es niemals sehen.

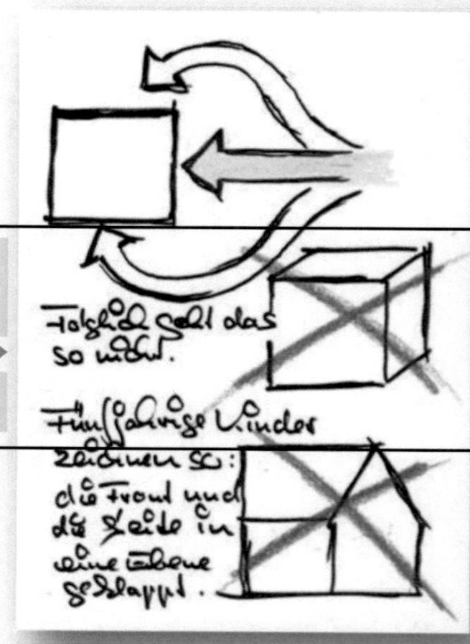

Das Bild konkretisiert das Gedachte, macht es plastisch und stellt die Entscheidungshilfe für den weiteren Fortgang. Das ist, trotz CAD, trotz Scannen und Kopieren und all der anderen technischen Hilfsmittel, die uns zur Verfügung stehen, unverändert so geblieben.

Gehen Sie davon aus, dass fast alle Menschen in Ihrem Umfeld nicht besser skizzieren können als Sie. Jede von Ihnen erstellte Skizze ist wahrscheinlich besser, als die von den Anderen. Es hat vielleicht auch etwas mit Angst zu tun, dass man sich blamiert. Die ist ganz unbegründet, denn fast alle um Sie herum können noch weniger skizzieren. Die können eine Idee nur mit Worten oder einer unbeholfenen Darstellung ähnlich einer technischen Zeichnung machen – die niemand so richtig versteht.

Und jede von Ihnen erstellte Skizze ist ein weiterer Schritt, um Ihre Fähigkeit, zu skizzieren noch perfekter zu machen. Nur wenn Sie skizzieren werden Sie besser. Das hat etwas mit Üben zu tun.

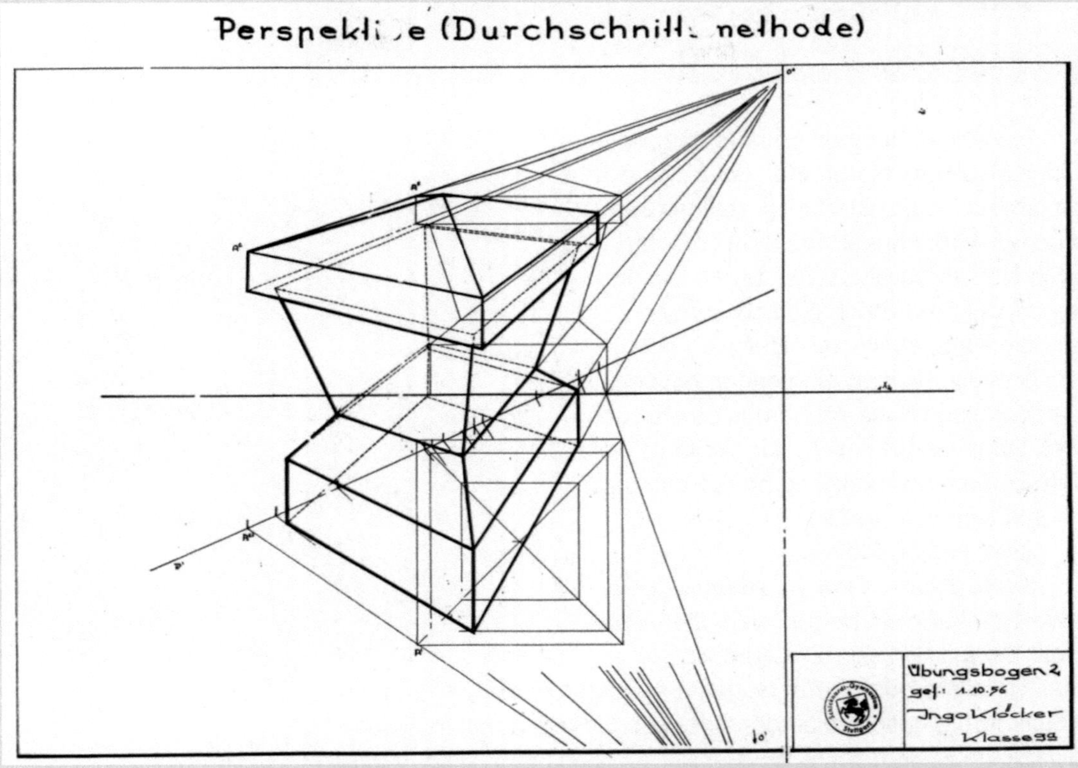

Oben: Konstruktionsmethode, die sogenannte Durchschnittsmethode, zu einer genauen perspektivischen Zeichnung. Es ist keine Skizze.

Bild unten: Das ist eine Skizze.

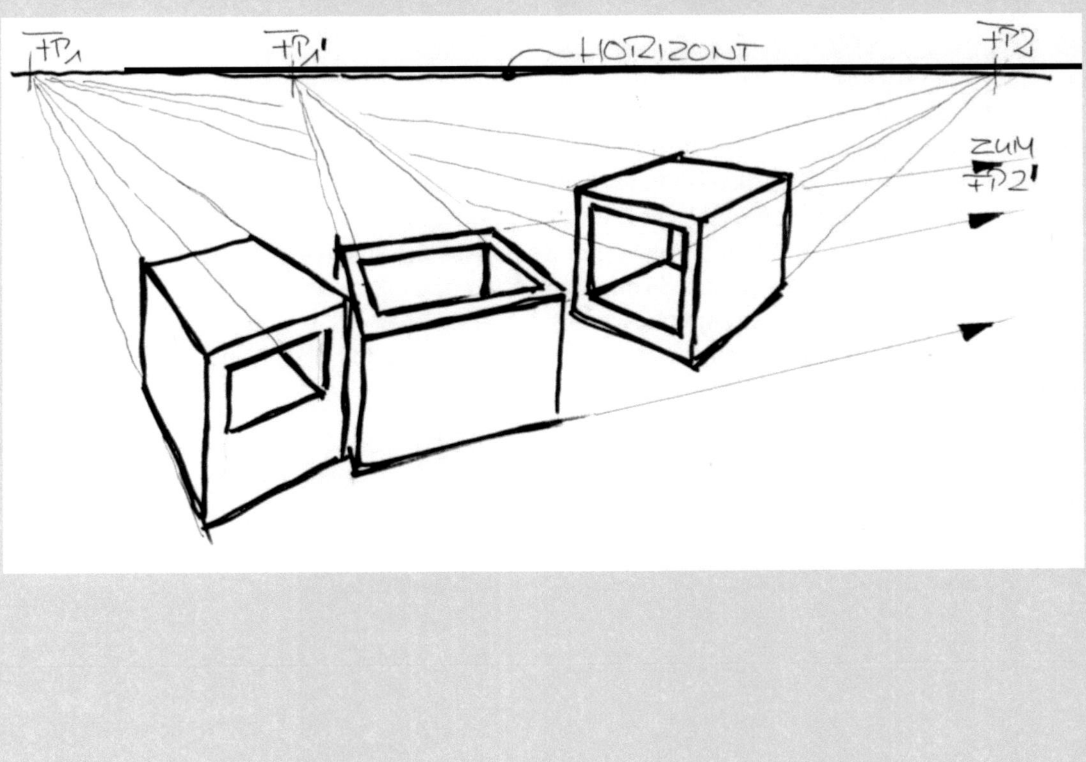

FEHLER BEIM SKIZZIEREN

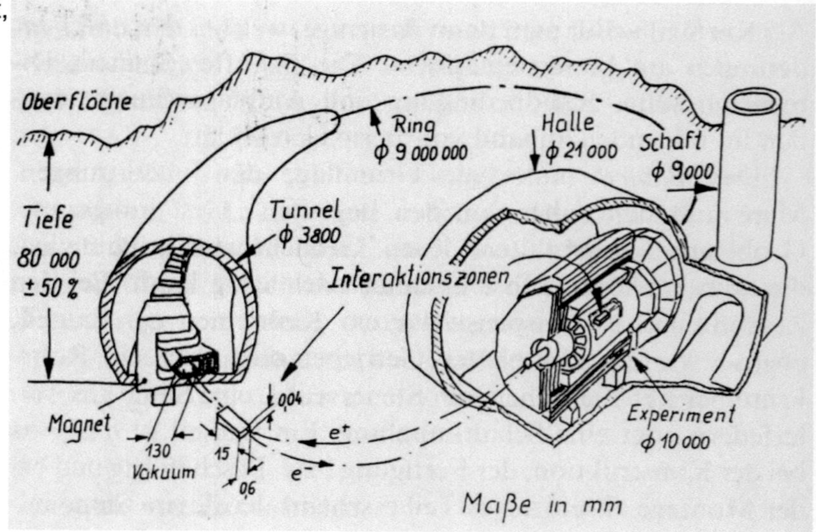

Die Angst, die man Lampenfiber nennt, das Ungewisse des ersten Mal, dass Sie sich trauen, um etwas zu skizzieren, was gerade besprochen wird, können Sie damit mildern, dass Sie sich vorbereiten. Skizzieren Sie am Vortag mit dünnem Strich die schwierigen Details, die Perspektive zum Beispiel, oder Ihren Lösungsvorschlag, und sagen bei der Besprechung: Ich habe schon mal etwas vorbereitet. Dann sind Sie nicht nur sicherer, sondern sammeln gleichzeitig noch Punkte: aha, er hat sich vorbereitet.

Also: Haben Sie Mut.

Keine Skizze kann am Anfang gut, noch weniger kann sie perfekt sein. Denn die Idee, die Sie mit der Skizze zeigen wollen, sich selbst zeigen oder Ihrem Gegenüber zeigen wollen, ist ja auch noch nicht fertig, geschweige denn perfekt. Es liegt somit im Wesen der Skizze, dass sie nicht fertig oder perfekt sein kann. Dazu müssen Sie stehen. Das geht nicht anders. Also lassen Sie sich nicht davon abhalten, immer wieder zu skizzieren - auch und ganz besonders, wenn Sie nicht alleine sind. Radieren Sie dabei nicht, sondern zeichnen Sie korrigierend mit immer dicker werdendem Strich darüber.

EINE SKIZZE IST ETWAS SCHNELLES UND SPONTANES

EINE ZEICHNUNG IST ETWAS FERTIGES

Eine Zeichnung ist etwas Fertiges. Die Grenzen zwischen Skizze und Zeichnung sind fließend. Klar ist jedoch, dass eine Zeichnung einen höheren Anspruch an Fertigkeit, an Perfektion und an Abgeschlossenem hat als eine Skizze. Die Skizze geht der Zeichnung voraus, insofern sind die Fähigkeiten wechselseitig: Wenn man skizzieren kann, ist der Weg zum Zeichnen nicht mehr weit. Und wenn man Zeichnen kann, musste man zuvor eigentlich skizziert haben. Entscheidend dafür ist, dass das Skizzieren schnell und flott gehen muss.

VERSÖNLICHER AUSBLICK: WENN MAN SKIZZIEREN KANN, KANN MAN AUCH ZEICHNEN.

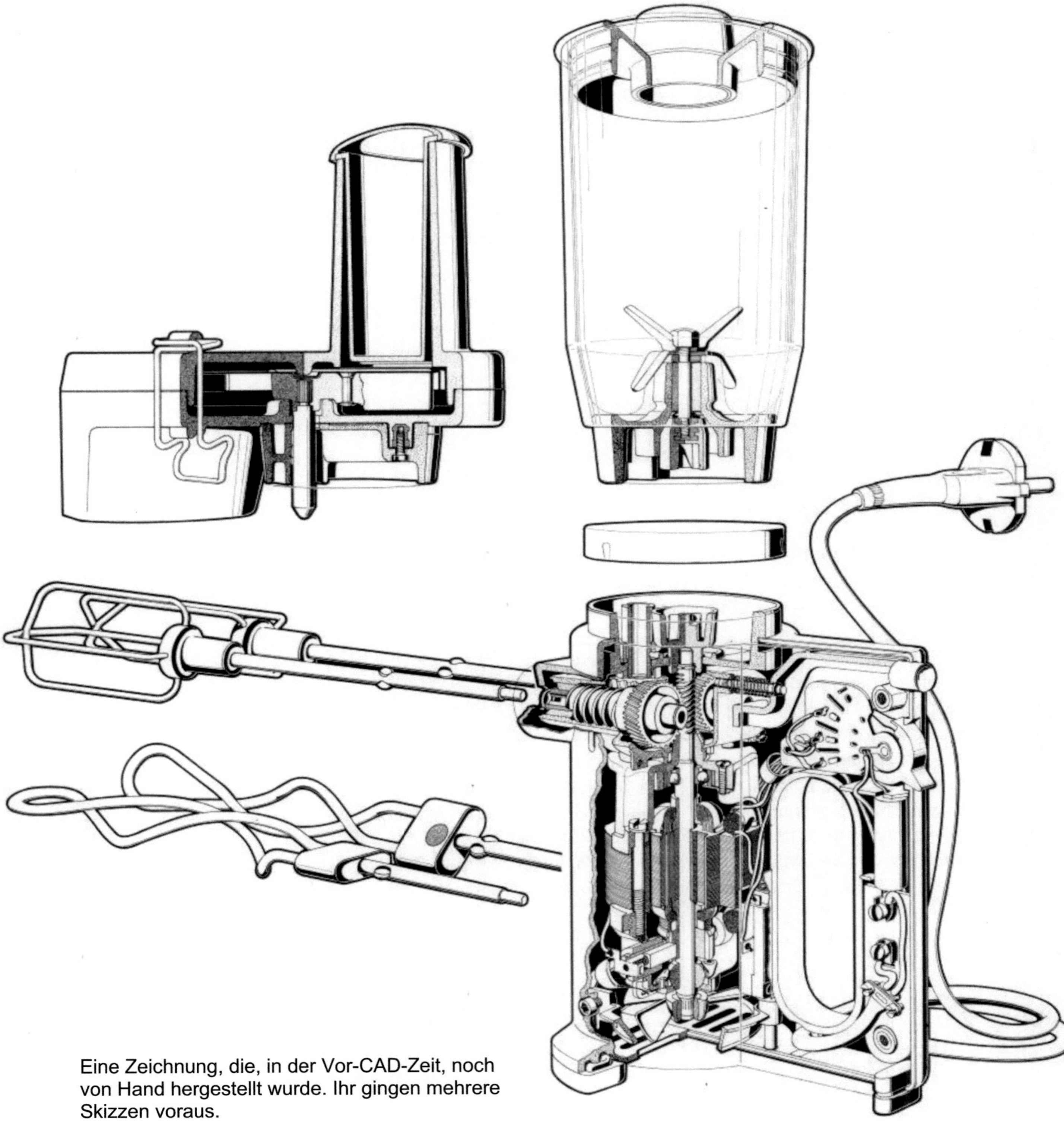

Eine Zeichnung, die, in der Vor-CAD-Zeit, noch von Hand hergestellt wurde. Ihr gingen mehrere Skizzen voraus.

Links oben: Entwurfsskizze für den Beschleuniger LEP bei CERN von Richter.

DIE HANDHALTUNG

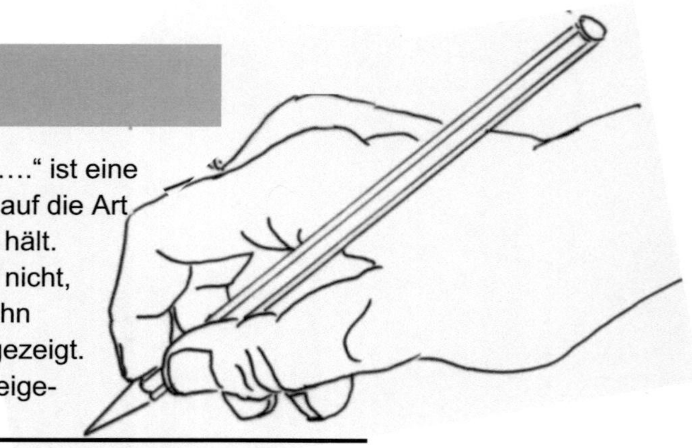

„Ich weiß doch, wie man einen Bleistift hält ...." ist eine Reaktion, die ich ab und zu höre, wenn das Thema auf die Art und Weise zu sprechen kommt, wie man einen Stift hält. Natürlich wissen Sie das. Aber vielleicht wissen Sie nicht, dass man ihn auch anders halten kann. Sie sollten ihn locker halten. Locker sieht so aus, wie hier rechts gezeigt.

Wenn Sie den Bleistift so halten, dass Ihr Zeigefinger nicht nach oben bzw. nach außen gewölbt, konvex gebogen, sondern nach unten durchgedrückt bzw. konkav eingebeult ist, können Sie kaum locker und lockere dünne Striche machen. Die Muskulatur, nicht nur Ihrer Hand sondern des ganzen Armes, ist so angespannt, dass es schwer wird, leicht und schnell zu skizzieren. Der Stift sollte ganz leicht zwischen den Fingern liegen und die Hand- und Armmuskulatur weder angespannt noch verkrampft sein.

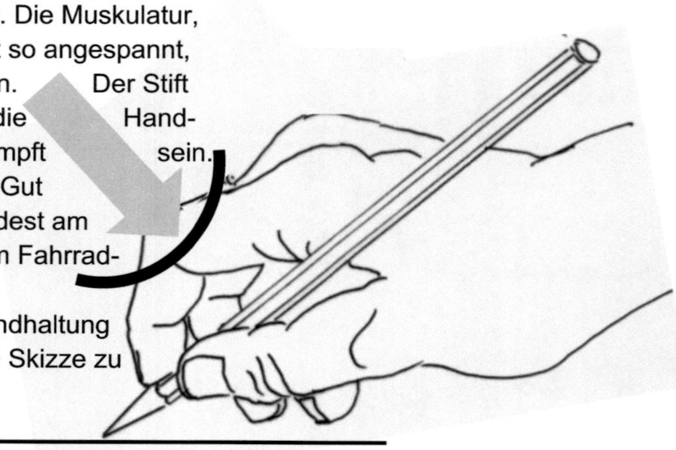

Vielleicht versuchen Sie es einmal anders? Gut wäre es auf jeden Fall – aber auch mühsam, zumindest am Anfang. Sie erinnern sich an die Geschichte mit dem Fahrradfahren?

Neben diesen beiden Möglichkeiten der Handhaltung gibt es noch viele weitere Arten, mit einem Stift eine Skizze zu machen. Einige sind hier weiter dargestellt.

In den asiatischen Ländern wird der Stift noch einmal anders gehalten. Wenn man das Skizzieren oder eine ähnliche Handtätigkeit nicht gewohnt ist, werden gelegentlich vor Beginn der Skizze Lockerungsübungen vorgeschlagen: „Ähnlich wie ein Musikinstrument gestimmt wird, damit es harmonisch klingt, muss auch die Hand mit geduldigem Üben gestimmt werden, um einen flüssigen und flexiblen Zeichenstil zustande zu bringen .... gleichzeitig zur Lockerung des Handgelenks, das bei ungeübten Künstlern in der Regel ziemlich steif ist." Drudi, E., Paci, T.: Zeichnen für Modedesign, S.11, Mailand 2001.

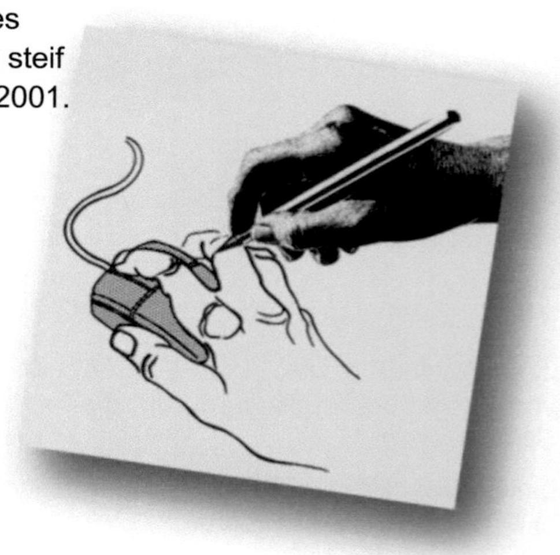

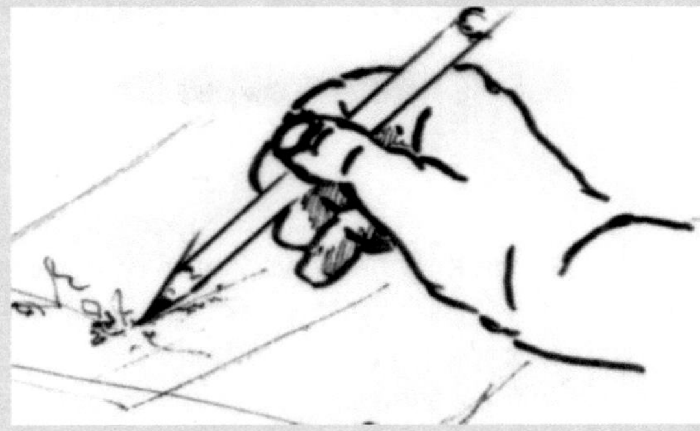
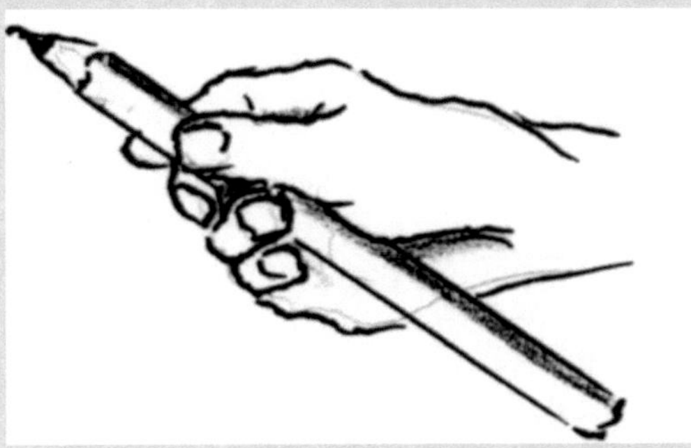
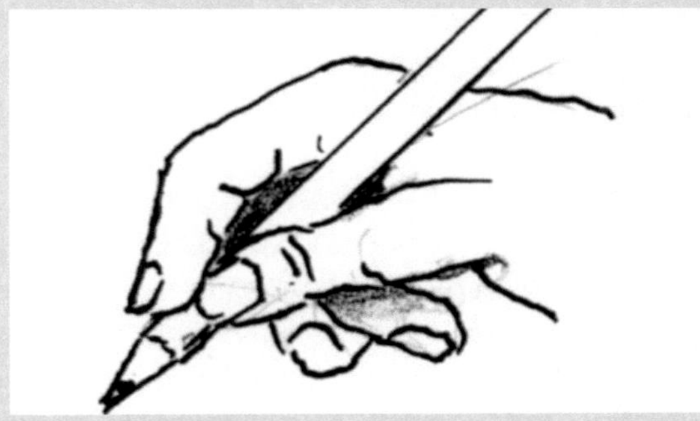
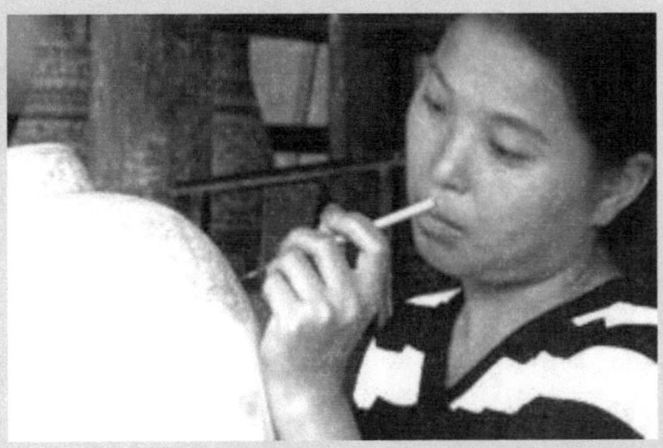

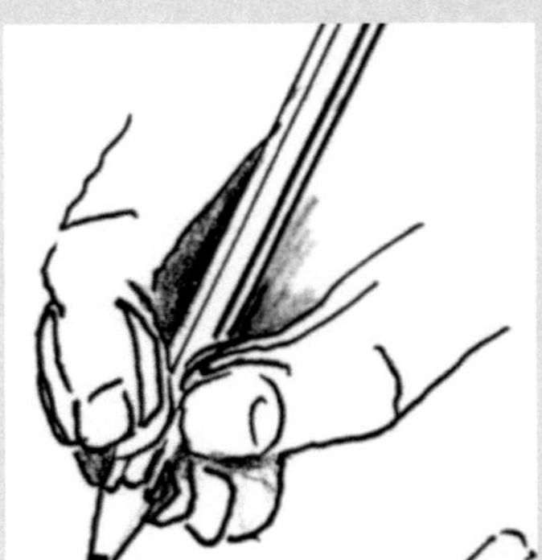

FRAGE 5: UNSER SEHEN UND PERSPEKTIVE: WIE IST DAS ENTSTANDEN?

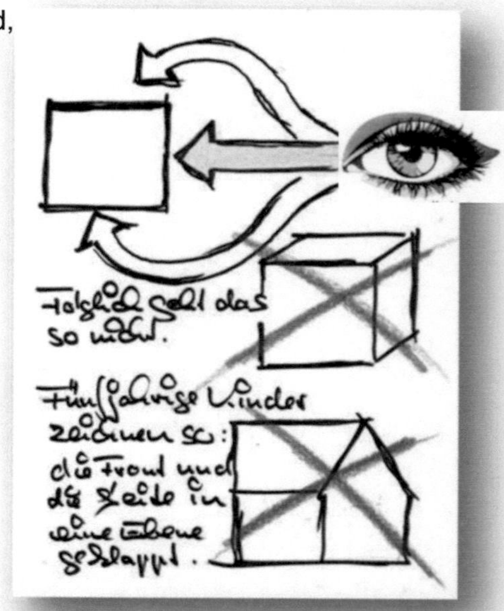

Fangen wir mit dem einfachsten geometrischen Gegenstand, den wir kennen an, dem Würfel. Jeder kennt ihn – und er ist wirklich einfach. Wenn es jedoch darum geht, ihn so zu skizzieren, wie man ihn sieht, wie Ihr Auge ihn sieht, entstehen die merkwürdigsten Bilder. Am häufigsten wird die sogenannte Kavalier-Projektion gezeichnet. Man zeichnet ein Quadrat, den Würfel also genau von vorne, weil er ja aus sechs Quadraten aufgebaut ist, und die Seiten- und die Draufsicht im Winkel von 45 Grad verkürzt daneben. Das hatten schon.

Um eine der Würfelflächen wirklich als Quadrat sehen zu können, vier rechte Winkel und vier gleich lange Seiten, muss man sich mit den Augen genau in der Mitte davor befinden. Wenn man sich jedoch genau in der Mitte davor befindet, kann man weder die obere Fläche noch eine der Seitenflächen sehen. Ich denke, das leuchtet ein – trotzdem machen es viele Menschen so.

Aber das ist falsch. Warum machen sie das dann?

Dafür gibt es zwei Gründe. Man sagt, dass es einfacher zu skizzieren sei, als die richtige bzw. die natürliche Perspektive. Die Vereinfachung sollte also nur die zeichnerische Darstellung betreffen. Dabei kamen verschiedene Leute zu verschiedenen Ergebnissen, von denen einige auf der nächsten Seite oben rechts zu sehen sind. Das sind nur einige Beispiele, es gibt noch mehr.

Mit der Vereinfachung geht eine Veränderung einher. Das ist kaum zu vermeiden. Die Perspektive wird anders - und anders bedeutet notgedrungen mehr oder weniger nicht mehr richtig. Alle diese vereinfachten – falschen - Varianten werden denn auch Falschprojektionen genannt.

Der zweite Grund liegt in unserer Geschichte. Diese vereinfachte Art, perspektivisch zu zeichnen haben alle unsere frühen Vorfahren angewandt. Das zweite Bild auf der rechten Seite zeigt Benu den Drachenvogel aus einer altägyptischen Malerei. Die Ägypter von damals waren in ihrer Entwicklung noch nicht weiter gekommen. Sie bildeten die Frontansicht und die Seitenansicht gleichzeitig nebeneinender ab. Die Perspektive kannten Sie nicht. Da jeder Mensch die Entwicklung der gesamten Menschheit im Zeitraffer wiederholt, zeichnen alle Kinder von heute genauso wie unsere frühen Vorfahren.

Und wenn man manchmal meint, Pablo Picasso hätte ebenfalls in dieser kindlichen Manier gemalt und gezeichnet, hat das andere Gründe. Picasso war mit den Gesetzen der Perspektive sehr wohl vertraut und beherrschte sie auch perfekt. In seiner weiteren Entwicklung hat er sie dann allerdings immer weiter zurückgebildet, bis er wieder auf dem Stand der Ägypter war und Front- und Seitenansicht flach nebeneinander gezeichnet hat. Er ist die Entwicklung wieder ein Stück zurückgegangen.

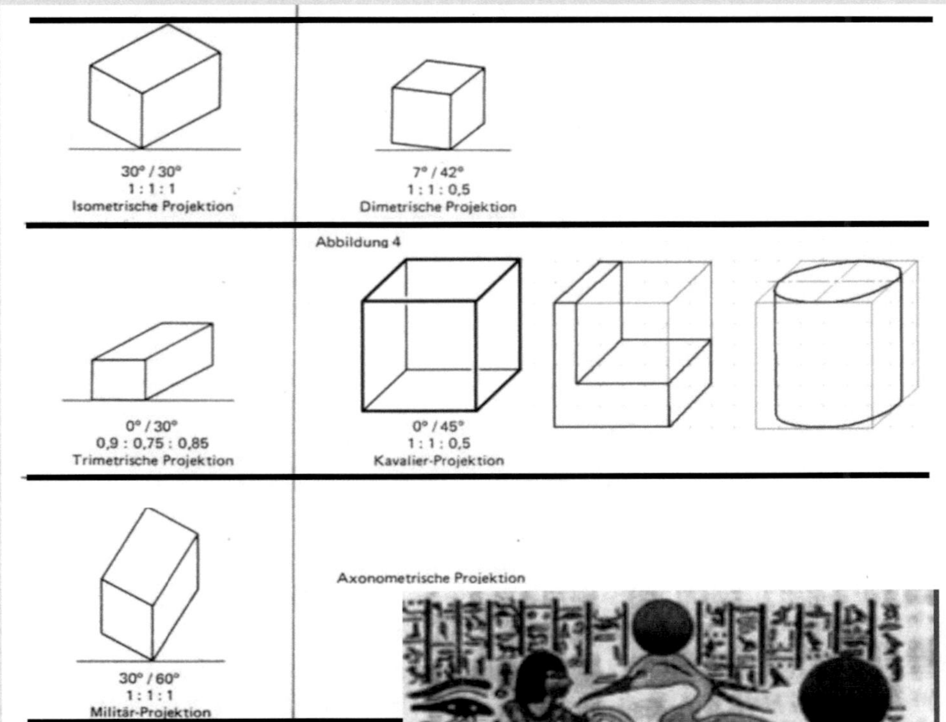
30° / 30°
1 : 1 : 1
Isometrische Projektion
7° / 42°
1 : 1 : 0,5
Dimetrische Projektion
Abbildung 4
0° / 30°
0,9 : 0,75 : 0,85
Trimetrische Projektion
0° / 45°
1 : 1 : 0,5
Kavalier-Projektion
30° / 60°
1 : 1 : 1
Militär-Projektion
Axonometrische Projektion

Jedes Kind macht die gesamte Entwicklung der Menschheit im Zeitraffer noch einmal durch und kommt sehr früh zu der Phase, in der die alten Ägypter waren. Ein Kind zeichnet zum Beispiel ein Haus so, dass Front und Seite nebeneinander liegen. Es kennt noch keine Perspektive. Siehe das Bild zwei Seiten zuvor.

Und da bei vielen Menschen die Entwicklung der bildenden oder darstellenden Kunst mit dem neunten Lebensjahr nicht mehr weiter entwickelt wurde, zeichnen sie, wenn sie dann älter werden, einen Würfel eben in der Kavalier-Projektion oder einer ähnlichen, sogenannten Falschprojektion, wie die alten Ägypter und - eben - wie ein Kind.

Die „richtige“ Perspektive wurde erst vor etwa sechshundert Jahren gezeichnet. Albrecht Dürer har sich damit beschäftigt und einige Italiener. Da es Italien im politischen Sinne damals noch nicht gab, muss man von den Florentinern und den Römern sprechen. Michelangelo Buonaroti, Leonardo da Vinci, Rafael und einige Andere der damaligen Zeit, sind erstmals routiniert mit der natürlichen Perspektive umgegangen. Man kann also sagen, dass die Entwicklung von uns Menschen als Spezies, was die bewusste Wahrnehmung betrifft, in eben dieser Zeit abgeschlossen war. Trotzdem, ja, das ist der Haken an der ganzen Geschichte, trotzdem macht jeder Mensch in seinem eigenen Leben, seiner eigenen Entwicklung alle diese Schritte der Menschheit erneut durch.

Wenn Sie also wissen, wie ein Würfel aussieht, Ihr Sehapparat, die Augen, diesen auch richtig wahrnimmt, Sie ihn aber nicht originalgetreu skizzieren können, haben sie die Entwicklung der bewussten Wahrnehmung in Ihnen selbst noch nicht abgeschlossen. Da die Menschheit als Spezies insgesamt das jedoch hinter sich hat, ist es auch Ihnen möglich, das nachzuholen und hinzukriegen. Ganz bestimmt.

ÜBUNG: Skizzieren Sie mit einem genügend langen Lineal in die hier rechts stehende Zeichnung von Leonardo da Vinci, die Fluchtlinien und den Horizonz hinein.

Machen Sie von Leonardos Skizze eine Kopie (Overlay) und korrigieren Sie seine Skizze (er war sehr großzügig mit der Genauigkeit)

– und ergänzen Sie sie um Elemente (zum Beispiel aus dem Baumarkt), die Ihnen dabei noch nützlich erscheinen.

Sie können das auch mit der hier unten abgebildeten Zeichnung aus Nürnberg versuchen.

DIE PERSPEKTIVE

Die Perspektive war schon gleich zu Beginn dieses Buches ein Thema - allerdings nur, verkürzt und rezeptartig, damit Sie mit dem Skizzieren beginnen konnten. Nun möchte ich den theoretischen Teil dazu nachliefern.

Als Perspektive bezeichnet man die Abbildung einer, im kreativen Akt, gedachten oder einer ganz realen Vorlage im Raum genau so, wie sie sich darbietet. Da unsere Augen annähernd identisch aufgebaut sind wie die Optik einer Kamera, können wir das mit einer fotographischen Aufnahme vergleichen. Beim Erstellen einer Skizze ist die einer Fotographie ähnliche Perspektive gleichzeitig unser Ziel.

Der Öffnungswinkel des Augenpunktes, sowohl des Betrachters als auch des Zeichners, ist der größte Winkel, unter dem das Bild vom Betrachter/Zeichner her erscheint. Der ist nicht sehr groß und wird, da die Skizze keine entsprechende Beschränkung bietet, leicht zu groß gemacht. In Wirklichkeit beträgt er 30 bis 45 Grad. Vielleicht kennen Sie das Kamera-Objektiv mit der klassischen Brennweite von 50 mm.

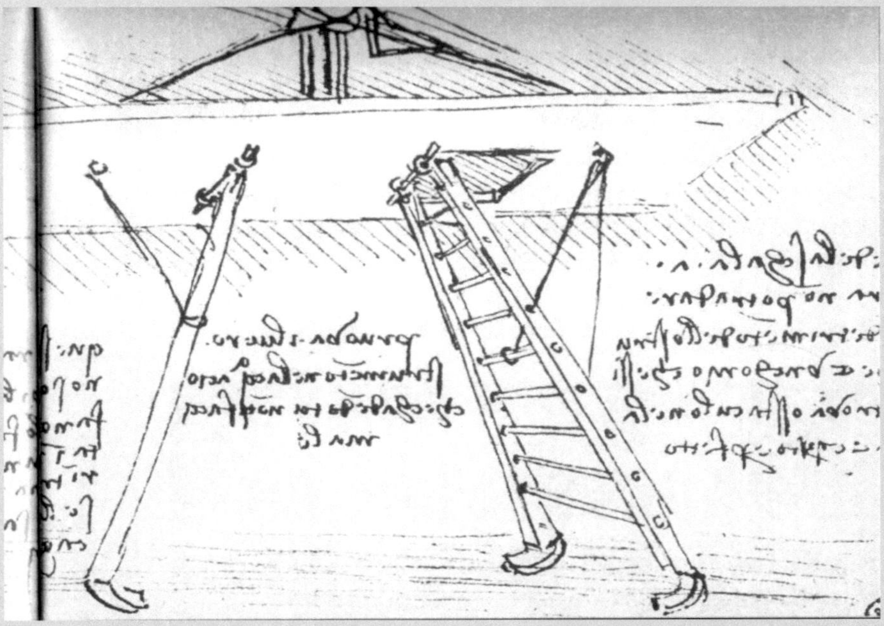

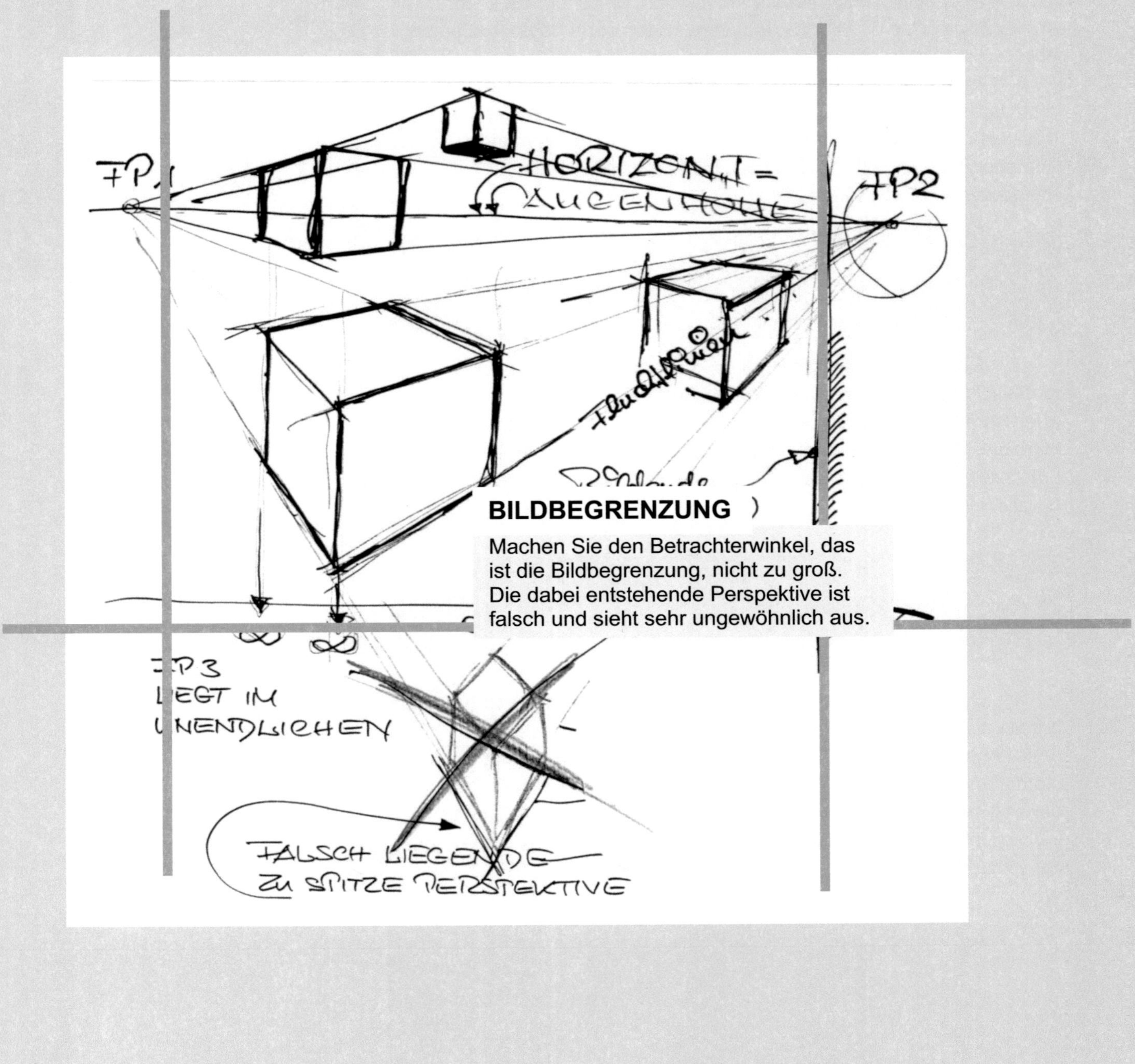

BILDBEGRENZUNG

Machen Sie den Betrachterwinkel, das ist die Bildbegrenzung, nicht zu groß. Die dabei entstehende Perspektive ist falsch und sieht sehr ungewöhnlich aus.

Das entspricht einem Öffnungswinkel von 45 Grad. Weitere Winkel liefern Verzerrungen, die wir vom Weitwinkelobjektiv, bei einer Kleinbildkamera war es eine Brennweite von 35 mm, oder, noch mehr, vom Fischey-Objektiv her kennen.

Die Perspektive ist somit die naturgetreue Wahrnehmung eines Betrachters, die ein Zeichner originär widergibt. Üblicherweise sind diese beiden Personen, der Betrachter und der Zeichner, zumindest beim Entstehen der Skizze oder der Zeichnung, identisch. In der späteren Betrachtung ändert sich das.

Nun gibt es Varianten der Perspektive. Da ist zunächst …

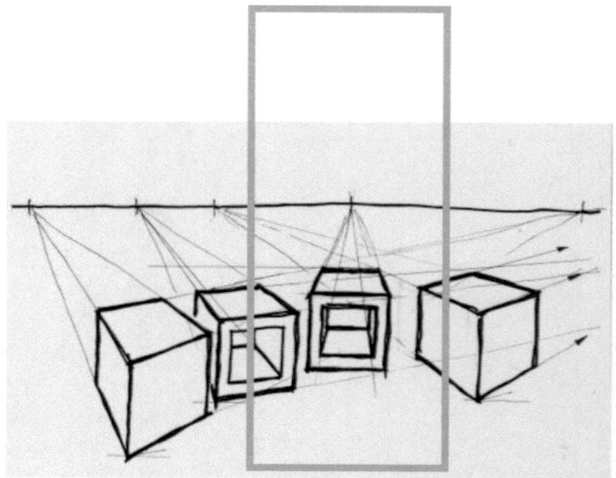

DIE ZENTRALPERSPEKTIVE ODER DIE EINPUNKTPERSPEKTIVE.

Bei ihr liegt ein Fluchtpunkt etwa in der Mitte des Bildes, eben zentral. Bei der Einpunktperspektive, einer Sonderform der Zentralperspektive, liegt dieser Fluchtpunkt zwar ebenfalls in der horizontalen Mitte des Bildes, kann aber nach oben oder nach unten etwas verschoben sein.

In der Studie zur Anbetung von Leonardo da Vinci im Bild rechts oben liegt ein Fluchtpunkt annähernd in der Bildmitte und markiert damit das geometrische Zentrum. Gleichzeitig markiert er auch noch das inhaltliche Zentrum. Dort befindet sich die anzubetende Mutter Maria.

DIE ZWEIPUNKT- ODER ECKPERSPEKTIVE

Sie ist die in diesem Buch favorisierte Darstellungsart für technische Gegenstände, die eine bestimmte Größe nicht überschreiten. Die zwei Punkte sind die beiden Fluchtpunkte auf dem Horizont. Der dritte Fluchtpunkt liegt im Unendlichen oberhalb oder unterhalb des Bildes, was zur Folge hat, dass alle senkrechten Linien parallel sind.

DIE DREIPUNKT- ODER ALLGEMEINE PERSPEKTIVE

Die Dreipunkt- oder allgemeine Perspektive ist die weiter oben bereits als die natürliche oder als die eigentliche Perspektive bezeichnete Wahrnehmungs- und Darstellungsart. Sie wird hier noch einmal erwähnt, weil sie im Kanon mit den Sonderfällen aus Gründen der Vollständigkeit dazu gehört. Wir benötigen immer drei Punkte, drei Fluchtpunkte, nur sind bei der Zentralperspektive zwei davon und bei der Zweipunktperspektive einer ins Unendlich gerückt.

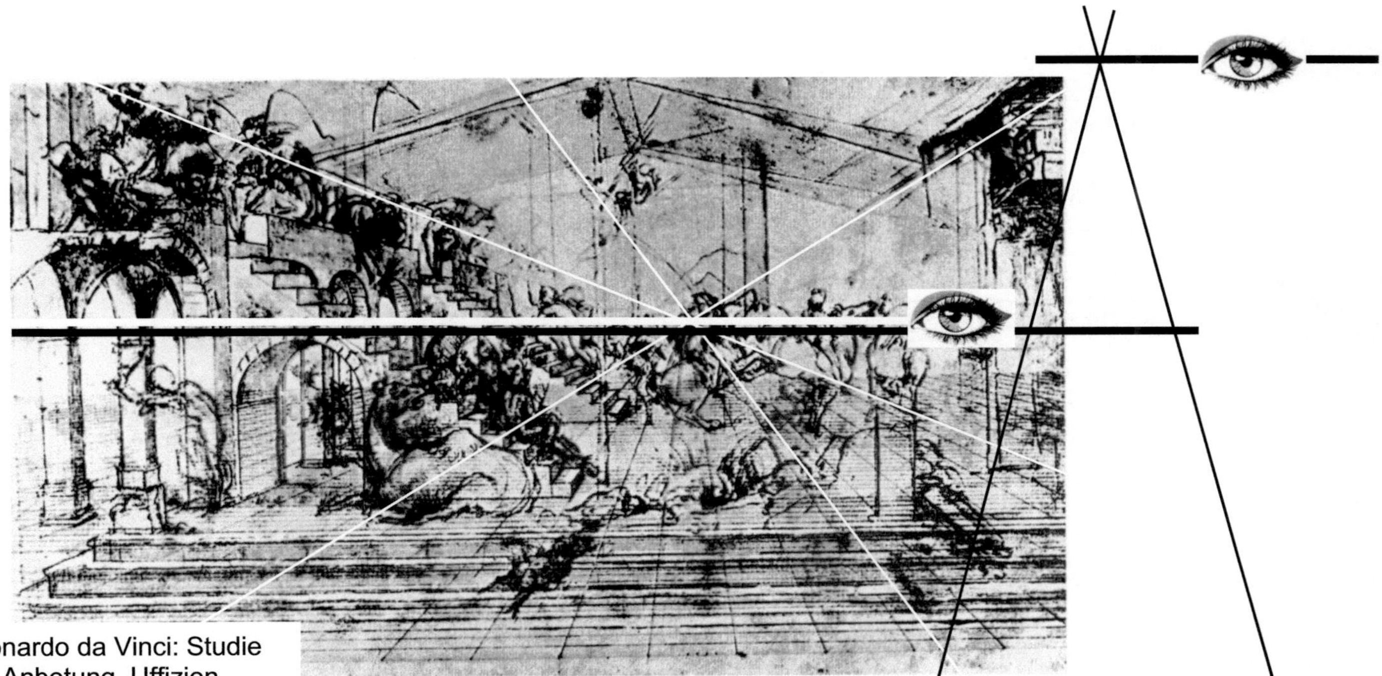

Leonardo da Vinci: Studie zur Anbetung, Uffizien, Einpunktperspektive.

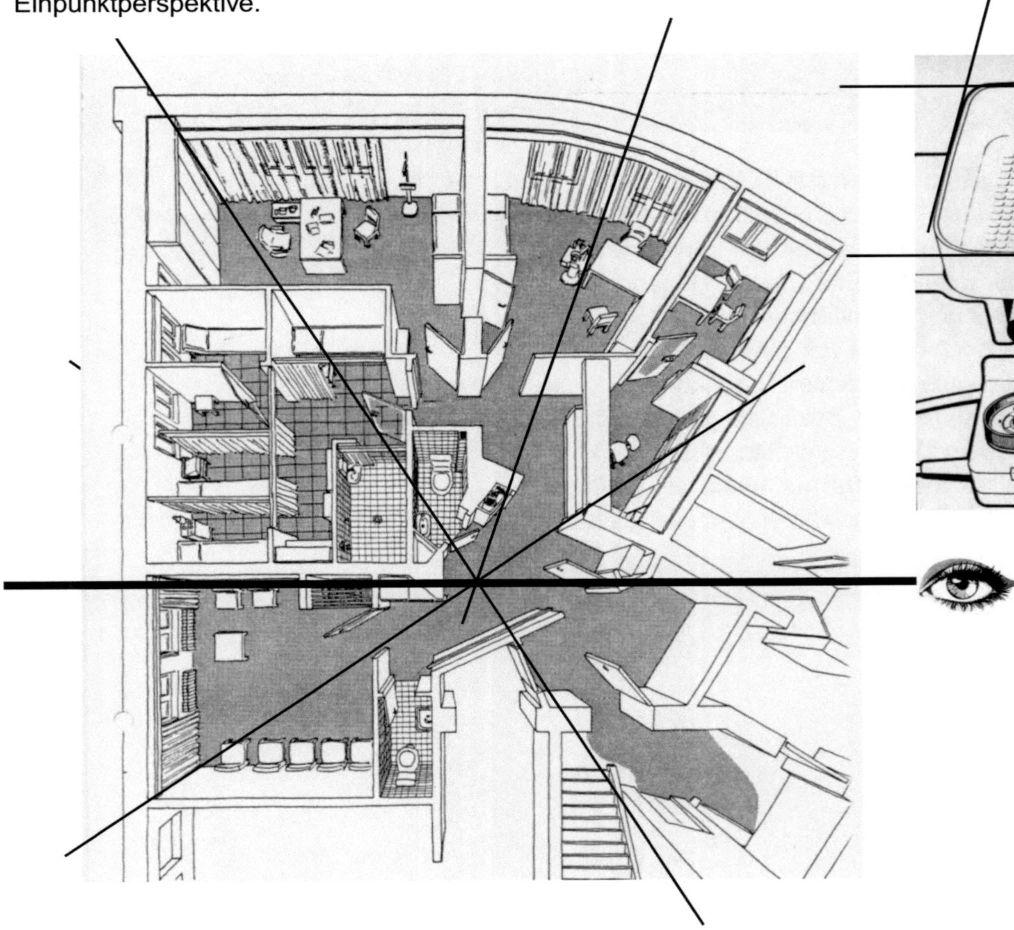

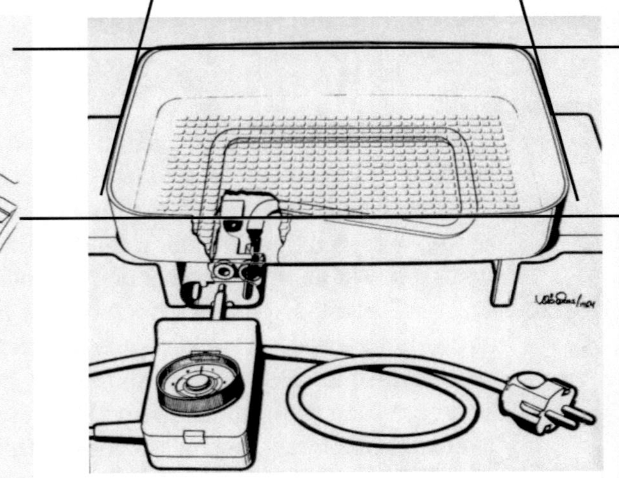

Rückt der Horizont bei der Dreipunktperspektive ganz nach unten, spricht man auch von der Froschperspektive. Autodesigner wenden sie gerne an, weil, so wird vermutet, das Fahrzeug durch die vertikale Verkürzung schnittiger, erscheint. Und Modefotografen machen das ähnlich. Sie gehen mit der Kamera

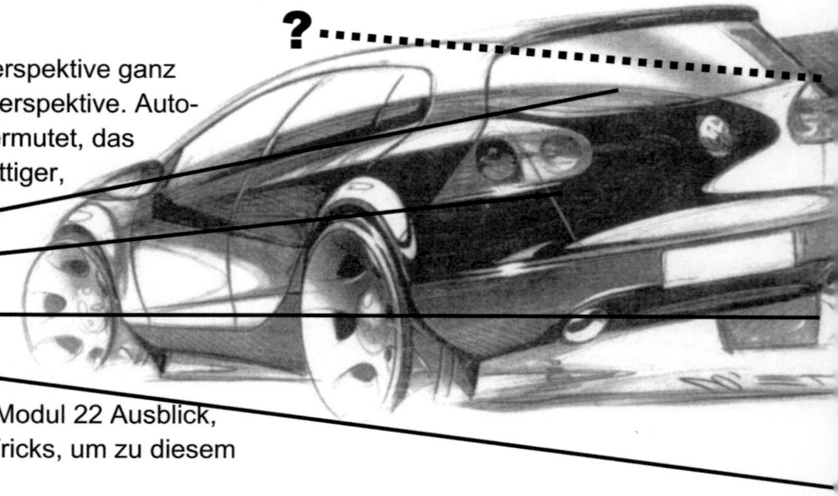

runter auf den Boden, um die Beine der Models optisch zu verlängern. Das Thema habe ich bereits in Modul 22 Ausblick, kurz angesprochen. Daneben gibt es weitere Tricks, um zu diesem oder ähnlichen Effekten zu kommen.

Rückt der Horizont ganz nach oben, spricht man von der Vogelperspektive. Es wird der Eindruck erweckt, als ob man über das Geschehen fliegt.

WENN DIE NATÜRLICHE PERSPEKTIVE DOCH SO SCHWIERIG IST, WARUM BLEIBEN WIR DANN NICHT BEI DER ISOMETRIE?

So nach dem Motto: ein bisschen falsch, das kann doch nicht schaden? Das natürliche Bild sieht einfach besser aus, ist vertrauter. ansprechender, verständlicher, anschaulicher. Wir können uns die Frage, was sich der Künstler oder der Entwerfer dabei gedacht hat, ersparen. Wir sehen es selbst und unmittelbar.

Der andere Aspekt, doch besser bei der Realität zu bleiben und in natürlicher Perspektive aus natürlicher Augenhöhe, also mit dem natürlichen Horizont zu skizzieren, betrifft ein ganz anderes Thema. Wenn wir mit skizzieren entwerfen wollen, wird automatisch die Kreativität hinzugeschaltet – allerdings nur, wenn wir die Bilder eben in natürlicher Sichtweise skizzieren. Siehe hierzu eines der nächsten Kapitel.

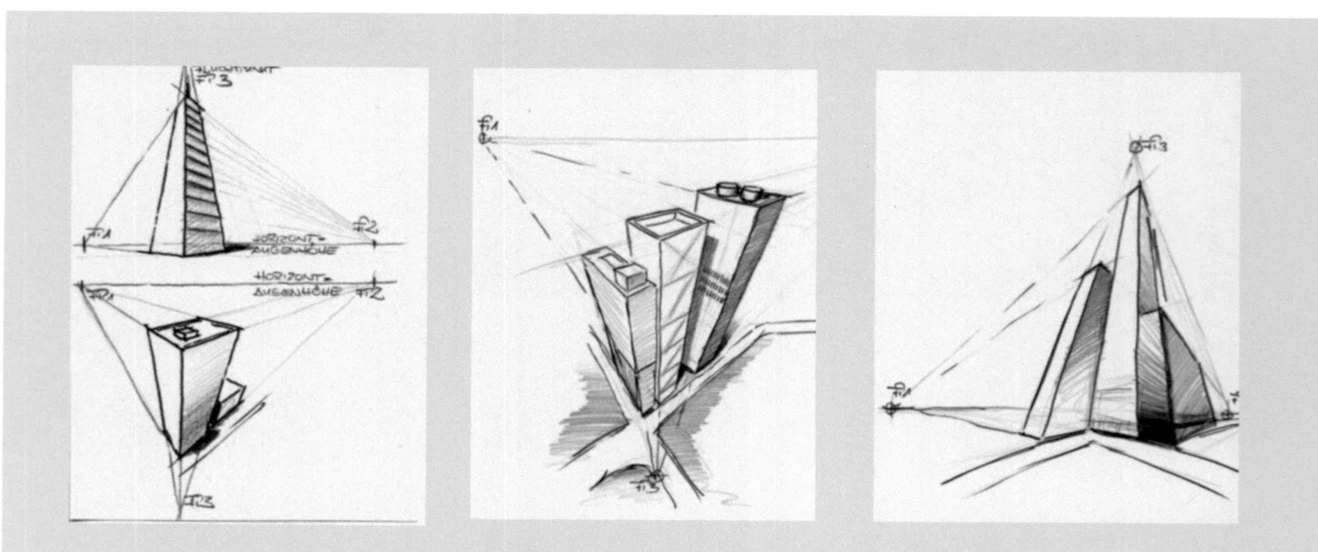

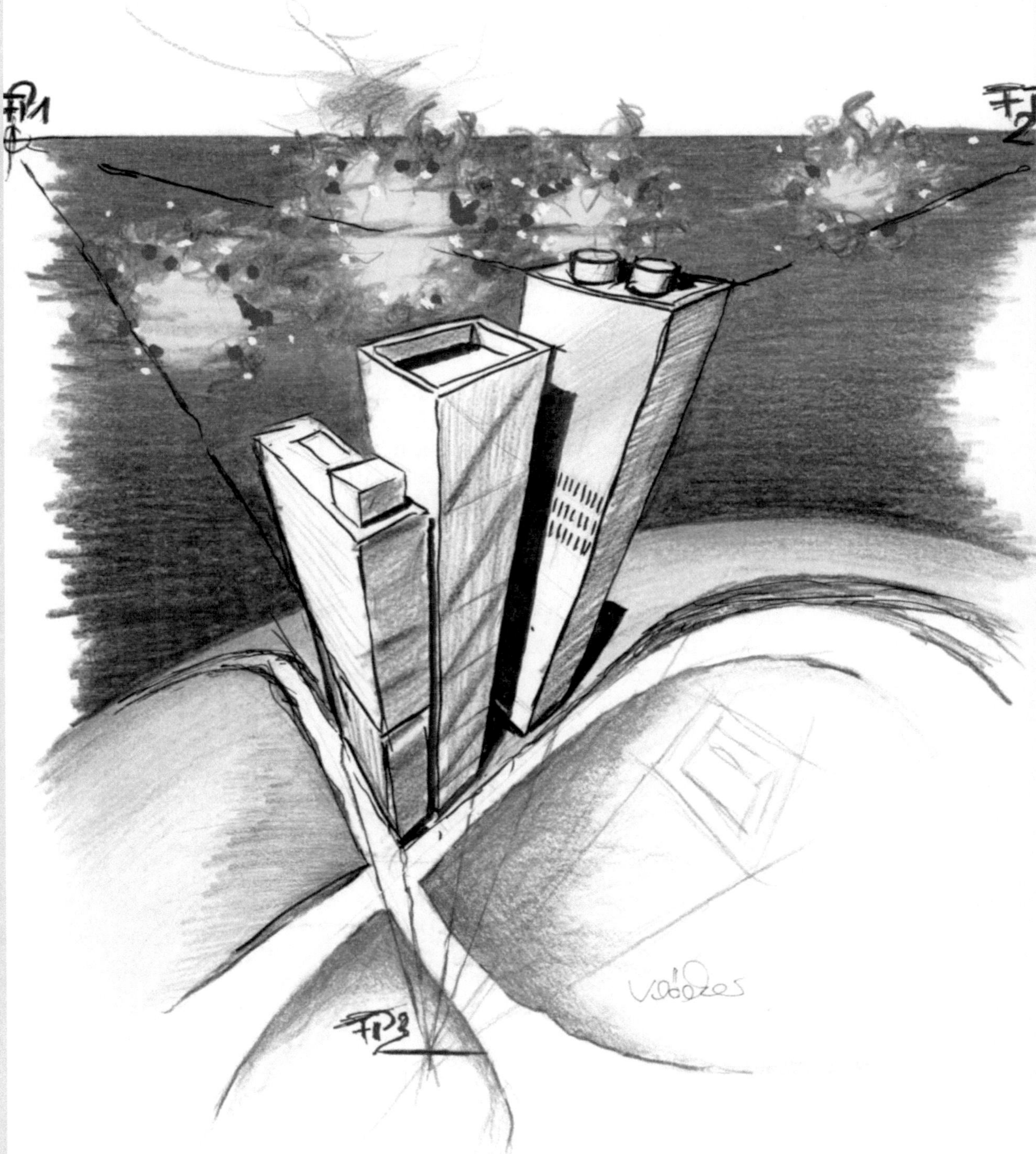

FRAGE 6: UNSER SEHEN - WIE GEHT DAS, WAS IST MIT DEN AUGEN?

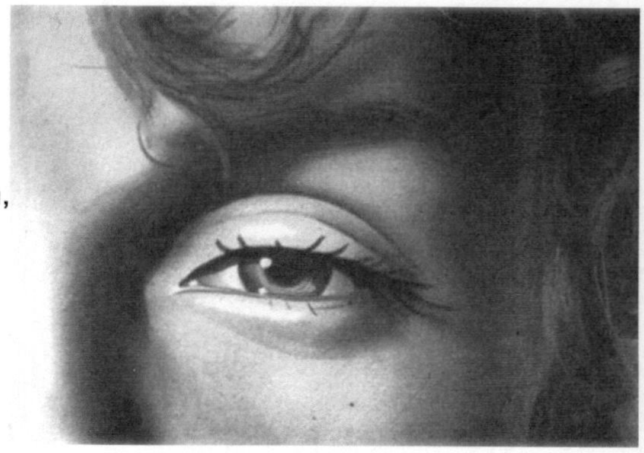

Das optische System des menschlichen Auges und das einer Kamera sind ähnlich aufgebaut. Man kann sagen, dass unser Auge den Würfel genau so „sieht“ wie eine Kamera. Das Linsensystem unseres Auges bildet das, was wir vor uns sehen, auf dem Augenhintergrund, der Retina ab. Dort sitzen sehr viele Nervenenden, von denen jedes nur ein ganz kleines Stückchen des Bildes an das Gehirn weitermeldet. Alle Informationen zusammen ergeben dann wieder das gesamte Bild – nun allerdings im Gehirn.

In einer Kamera bildet ebenfalls ein Linsensystem das Bild auf einem Film oder einem Chip ab, der es in sehr viele kleine Teile aufteilt. Beim Film sind diese kleinen Teilchen die Körner, beim Chip die Pixel, die das weitergemeldete und dann gespeicherte Minibild darstellen. Beim Aufrufen des Speicherinhaltes im Computer macht dieser dann, wie unser Gehirn auch, daraus wieder ein ganzes Bild.

Die Kamera wurde so gebaut, weil wir ein genau gleiches Bild haben wollten, wie wir es sehen.

Wir wollten deshalb ein genau gleiches Bild haben, wie wir es sehen, weil unser Gehirn in Bildern denkt, weil wir uns ein genaues Abbild besser vorstellen und besser damit umgehen können. Unser Gehirn ist ganz verrückt nach Bildern. Wenn wir ihm andere Bilder liefern, als sie in Wirklichkeit sind, eine Falschperspektive etwa, dann muss es erst darüber nachdenken. Und solange es nachdenkt und versucht, aus dem absonderlichen Bild ein „richtiges“, ihm vertrautes Bild zu machen, solange kann es nichts anderes denken und solange bleibt jede Art von Spontaneität aus.

Wenn wir also unserer Denke, unserem Gehirn die Zeichnung eines Würfels in Isometrie liefern, muss es sich daraus das ihm bekannte Bild des realen Würfels erst „machen“= denken. Das kann es, oh ja, dazu ist es durchaus in der Lage, das hat es ja gelernt. Es hat kapiert und sich darauf eingestellt, dass Sie als sein Besitzer, als Gehirnbesitzer immer dann, wenn Sie von einem Würfel sprechen und diesen skizzieren wollen, einen „falschen“ Würfel skizzieren. Ihre Denke musste Sie also immer wieder korrigieren. Das ist ein Umweg - und der dauert. Und manchmal führt er auch total in die Irre.

Unser Auge ist uns sehr viel wert. Wir empfinden es als etwas Wichtiges und Schönes und Nützliches und Liebenswertes. In der Kunst gibt es hunderttausende Beispiele, in denen sich die Künstler damit auseinender gesetzt haben.

Wir lieben es sogar so sehr, dass wir einen Menschen über seine Augen identifizieren. Es genügt, das Auge eines Menschen zu sehen, um zu wissen, um wen es sich handelt. Eines dieser „berühmten“ Augen, davon genügt schon eines, sehen Sie hier. Ja. Sie wissen es. Deckt man auf einem Foto die Augen einer Person ab, kann man diese Person nicht mehr erkennen.

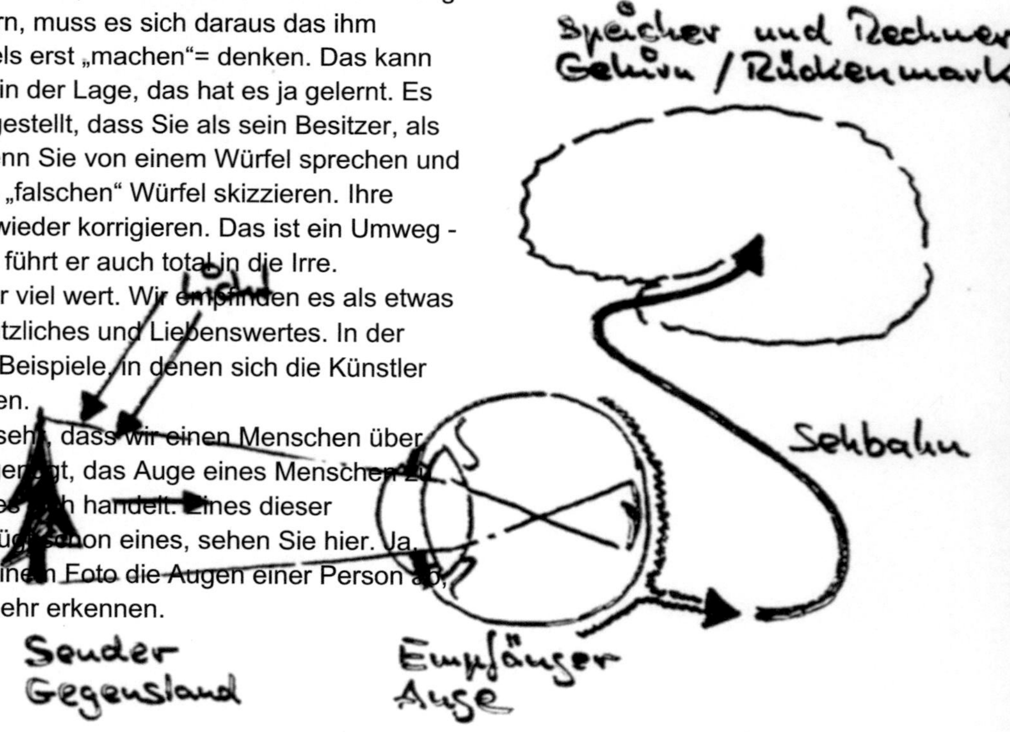

Bühnenbild zur Oper Tosca
in Bregenz.

FRAGE 7: : **IST UNSER SEHEN WIRKLICH SO DOMINANT?**

Einmal sehen ist besser als hundert Mal hören, ist ein japanisches Zitat, das, wenn wir es genau betrachten, alle unsere Bemühungen, zu reden und immer wieder zu reden, in der Schule, im Büro, beim Verkaufen, wo auch immer, ad absurdum führt.

Die Augen sind, mit Abstand, unser größtes Einfallstor für Informationen. Aber nur wenige Menschen können sich dieses Schatzes adäquat bedienen. Die Meisten zwängen sich mühsam durch das viel kleinere Tor des Ohrs: sie reden und reden und reden. Wenn man sich die Zahlen in dem hier abgebildeten Diagramm auf der nächsten Seite betrachtet, ist das Ohr, im Vergleich zum Auge, nur ein mickriges Nadelöhr. 70 bis 80 Prozent aller Informationen, die wir zum Leben in allen seinen Facetten benötigen, erreichen uns durch die Augen. Das heißt: die Augen brauchen Futter. Das Futter für die Augen sind Bilder.

UNSERE AUGEN BRAUCHEN FUTTER.
DAS SIND BILDER

SAY WHAT YOU SEE AND SHOW WHAT YOU SAY — AMERKANISCH

EIN BILD SAGT MEHR ALS TAUSEND WORTE — LEONARDO DA VINCI

EIN ÜBLICHES MEETING MÖGE EINE STUNDE DAUERN - WENN DIE TEIL-NEHMER SKIZZIEREN KÖNNEN, GENÜGEN 20 MINUTEN — TOYOTA

DER MENSCH IST EIN AUGENWESEN UND DENKT IN BILDERN — OTL AICHER

EINMAL SEHEN IST BESSER ALS HUNDERT MAL HÖREN — JAPANISCH

Dieses Buch verdankt der Dominanz unserer Augen seine Existenz.

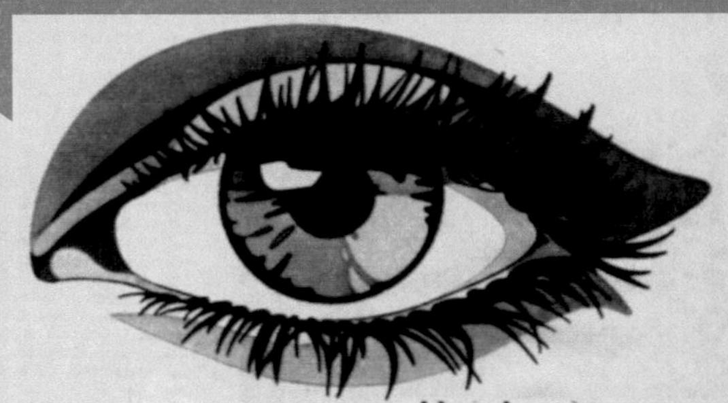

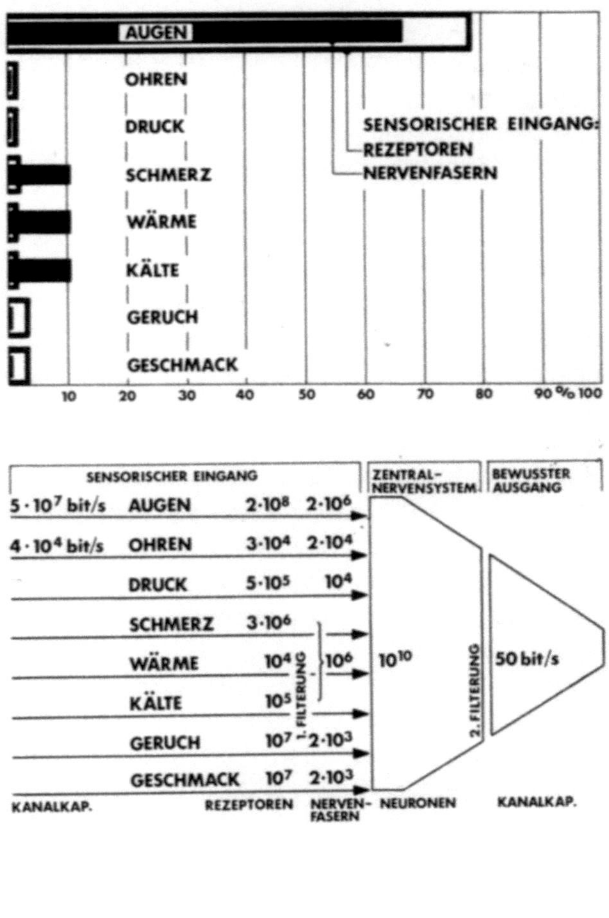

Das Diagramm aus Klöcker: Produktgestaltung, Berlin 1980.

FRAGE 8: **WAS IST DAS: EINE SCHULE DES SEHENS?**

Es war der Künstler Oskar Kokoschka, der das Manko, dass wir einen anderen Würfel „wissen“ als „sehen“, nicht nur erkannt, sondern auch Abhilfe geschaffen hat. Er hat, zusammen mit Friedrich Welz, einem Salzburger Galeristen, 1953 als sogenannte Schule des Sehens die Internationale Sommerakademie für Bildende Kunst Salzburg auf der Festung Hohensalzburg gegründet. Jedes Jahr in den Sommermonaten kann man dort in den verschiedensten künstlerischen Techniken trainieren, das dominante Wissen vom ursprünglichen Seen wieder abzukoppeln. Diese Schule existiert bis heute und ist ein phantastisches Erlebnis.

Die Dominanz des Wissens und der logischen Denke kommt durch unsere Ausbildung zustande. Man hat ermittelt, dass unser Schulsystem ab etwa dem neunten Lebensjahr fast ausschließlich die Logik, das Rational-Mathematische, das Vernünftige, das zu Denkende und das Systematische trainiert. Alle anderen Phänomene, Empfindungen, Wahrnehmungen unseres Menschseins wurden vernachlässigt.

Mir ist bewusste, dass ich einige Sachverhalte in diesem Buch mehrfach erwähne, so auch diesen. Als Hochschullehrer habe ich gelernt, dass bestimmt Dinge erst dann eine gewisse Hirnschranke passieren, wenn sie repetiert werden/worden sind. Ich bitte um Nachsicht.

Aber diesem Oskar Kokoschka habe ich dermaßen viel in dieser Richtung zu verdanken, dass mir ein bisschen Missionieren gegönnt sein möge. Die Skizze rechts zeigt Hohensalzburg.

Der Unterschied zwischen dem gezeichneten Würfel und dem der Kamera kommt dadurch zustande, dass der Zeichner, die Zeichnerin „weiß“, wie ein Würfel aufgebaut ist, nämlich aus sechs Quadraten, die alle rechtwinklig zueinander liegen - und dieses Wissen sein „Sehen“ „überstimmt“. Im Gegensatz dazu ist das „Sehen“ unseres Auges (und das der Kamera) nicht am „Wissen“ sondern am optischen System orientiert und unserer davon bestimmten Wahrnehmung orientiert. Wir „glauben“ nur noch, den Würfel richtig zu sehen. Tatsächlich aber wissen wir ihn nur. Oder: Man sieht was man weiß.

Oskar Kokoschkas Weg, dieses Problem anzugehen, ist nicht der Einzige. Betty Edwards ist einen etwas anderen Weg gegangen. Sie hat mit ihren Seminaren und dem dabei entstandenen Buch Garantiert zeichnen lernen, Reinbeck 2006, ein System entwickelt, das zu demselben Ziel, der Wahrnehmung und Wiedergabe der richtigen Perspektive, führt.

FRAGE 9: **WAS HAT SKIZZIEREN MIT KREATIVITÄT ZU TUN?**

„Der Begriff Kreativität schillert in vielen Farben, sodass ich zunächst einmal klarstellen möchte, was hier damit gemeint ist. Der Begriff ist vom lateinischen Begriff creare abgeleitet und bedeutet wörtlich übersetzt: schöpfen. Man schöpft eine Kelle Wasser aus einem größeren Vorrat, einem Fass Wasser oder aus einem Fluss heraus. Übertragen: man schöpft eine Idee aus einem vorhandenen Wissensvorrat. Der Begriff wurde ursprünglich ausschließlich im amerikanischen Sprachbereich verwendet. Erst in den fünfziger Jahren hat man ihn als Eindeutschung des englischen Begriffes creativity, der als wissenschaftliches Konstrukt in der v... en USA ausgehenden Kreativitätsforschung entstand, üb... n. Im Bereich der Technik und der Wirtschaft ist d... Einschränkung zu machen, dass eine kreative Leistung etwas Neues und etwas Nützliches erbringt. Neu alleine genügt nicht. Nützlich bedeutet, das Neue muss dazu beitragen, ein Bedürfnis zu befriedigen.

KREATIVITÄT IST DIE FÄHIGKEIT, KOMPOSITIONEN (MUSIKALISCHE, GESTALTERISCHE, TECHNISCHE ODER ANDERE), PRODUKTE ODER IDEEN, GLEICH WELCHER ART, HERVORZUBRINGEN, DIE IN WESENTLICHEN MERKMALEN NEU SIND UND DEM SCHÖPFER VORHER UNBEKANNT WAREN.

Natürlich gibt es andere Definitionen, um jedoch nicht im Spekulativen bleiben zu wollen, hat sich die hier vorgelegte ausgezeichnet bewährt.

Kreativität ist eine zentrale Voraussetzung für Ideenfindung und geht weit über das Künstlerisch-Ästhetisch hinaus. Sie zielt vielmehr auf die Bewältigung aller unserer Aufgaben. .... Kreativität selbst ist weniger eine Technik, Neues zu schaffen, als eine Wertgrundhaltung und ein Merkmal der Persönlichkeit. Verstand und Emotion sind dabei gleichermaßen beteiligt. Kreativität wird während der normalen Schul- und Berufsausbildung eher verschüttet und gehemmt als gefördert, so dass man sie später mühevoll wieder freischaufeln muss." Klöcker, I.: Zukunftswerkstatt, Aachen 2010.

Da sich Kreativität primär im Kopf abspielt und wir wissen, dass unsere Denke über Bilder abläuft, und zwar in derartigen Bildern, wie sie unserem Denken seit Jahrtausenden vor Augen geführt wurden, naturalistisch und in natürlicher Perspektive, ist eben diese Perspektive sinnvoll und effektiv.

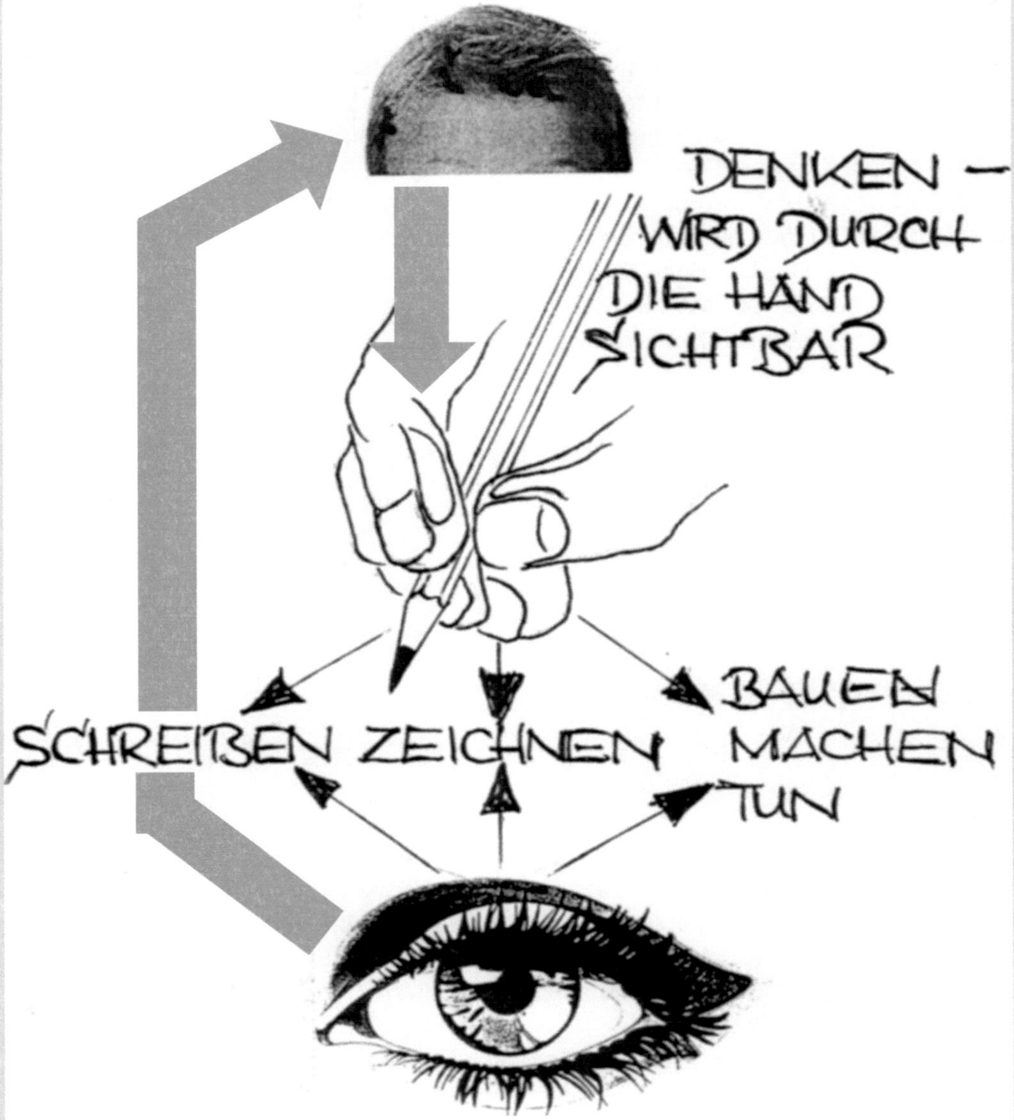

Der Interaktionskreislauf Denken-Handeln-Sehen-Denken

Natürlich geht es auch ohne – aber dann ist ein Transformationsprozess erforderlich, der jegliche Spontaneität und Unkonventionalität belastet - und außerdem einen Umweg darstellt. An diesen Umweg haben wir uns zwar notgedrungen ganz gut gewöhnt, aber er belastet. Es wäre einfacher, wenn wir die Dinge sowohl vor unserem geistigen Auge als auch auf dem Papier so sehen könnten, wie sie tatsächlich sind. Das probateste, schnellste und sicherste Medium, vom Umweg abzukommen und neue Ideen zu generieren, ist die Skizze.

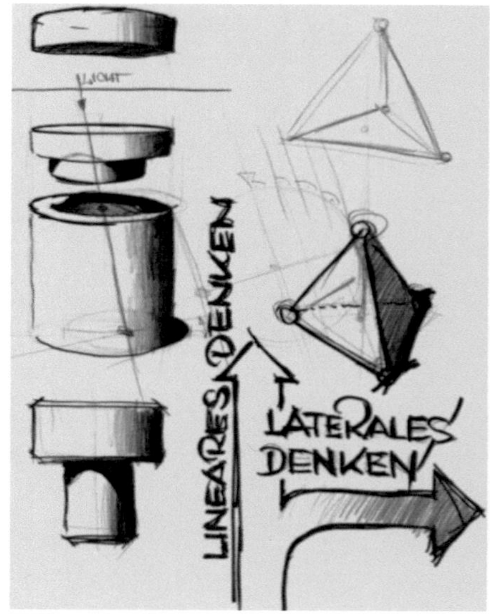

Es soll nun hier nicht auf die weiteren Einzelheiten, zum Beispiel wie die des Interaktionskreises Denken-Handeln-Sehen-Denken, siehe das Bild auf der vorherigen Seite, näher eingegangen werden. Sie erinnern sich: Das Bild konkretisiert das Gedachte. Hier ist es unmittelbar evident. Aber das wäre ein anderes Buch. Ich möchte hier lediglich die beiden Ideenfindungsmethoden Morphologie und Hydra-Technik kurz anreißen.

In der Morphologie werden für Teilfunktionen möglichst viele, möglichst alle Teillösungen gesucht. Berühmt geworden ist die Morphologie von Wankel: Einteilung der Rotations-Kolbenmaschinen, DVA Stuttgart. Er hat alle Teillösungen skizziert. Dann das Buch von Roth: Konstruieren mit Konstruktionskatalogen, Springer, Berlin, der auch fast alles skizziert hat.

KREATIVITÄT IST DIE BEANTWORTUNG DER FRAGE: WIE KOMMT DAS RASEN-BETRETEN-VERBOTEN-SCHILD AUF DEN RASEN?

DAS BILD KONKRETISIERT DAS GEDACHTE.

Das Bild konkretisiert das Gedachte. Kreativität ist auch, wenn man eingefahrene Spuren verlässt, Denkspuren, Falschdenkspuren - wie die, die zur falschen Würfelperspektive führen. Wie könnten zum Beispiel die beiden Einzelteile A und B der hier rechts skizzierten, Schreinerverbindung, beide Teile sind aus Holz, aussehen? Sagen Sie nicht: Das geht nicht. Das geht.

Noch nicht angesprochen war die Bedeutung der Ästhetik. Wir wissen heute, dass gut aussehende Lösungen spontan als besser funktionierende Lösungen gesehen werden, dass man gut aussehenden Menschen mehr zutraut, dass sich gut aussehende Menschen sozial weniger mühen müssen, als weniger darauf Bedachte, und dass meine eigene Skizze auch von mir als besser eingestuft und empfunden wird, wenn ich sie ordentlich skizziert und, ganz wichtig, auch ordentlich auf meinem Blatt angeordnet habe. Ingenieure und Techniker allgemein, hören und lesen solches nur sehr ungern.

Aber Fakt ist nun mal Fakt. Versuchen Sie, Ihrem Skizzenblatt, wie hier rechts, das Nachlässige und Unordentliche zu nehmen. Versuchen Sie es.

MORPHOLOGIE
HAUPTFUNKTION
TF 1
TF 2
TF N
VERBINDEN
TF 1.2
TEILLÖSUNGEN
TEILF.
1
2
3
4
WANKEL + ZWICKY

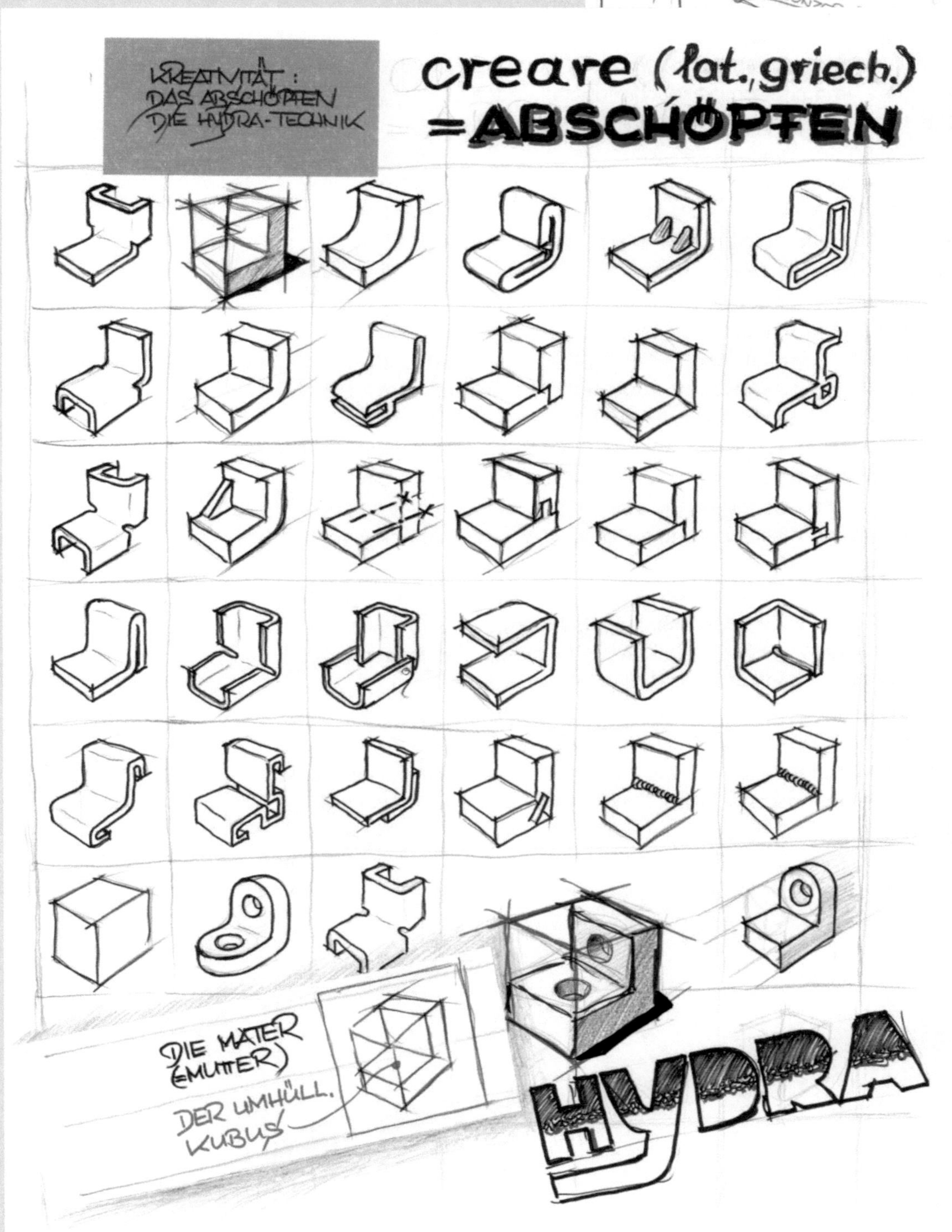
KREATIVITÄT :
DAS ABSCHÖPFEN
DIE HYDRA-TECHNIK
creare (lat., griech.)
=ABSCHÖPFEN
DIE MATER
(=MUTTER)
DER UMHÜLL.
KUBUS
HYDRA

FRAGE 10: **HAT SKIZZIEREN AUCH ETWAS MIT KUNST ZU TUN?**

Alle bisherigen Skizzen und Zeichnungen, insbesondere die Freihandzeichnungen in Teil 1, die ohne Anspruch an Präzision und Vollständigkeit entstanden sind, die Kommunikationsmittel sein sollten und wollten, vermitteln Inhalte, Kommunikationsinhalte, technische, organisatorische, das Marketing oder den Service betreffende und viele andere, immer auch praktische Inhalte. Jedes Element auf der Skizze, jedes Detail hat eine entsprechende Begründung.

Wenn der Spaß an der Freud Sie eines Tages derart übermannt, weil man auch ohne Begründen zu müssen etwas skizzieren kann, weil man auch einer Stimmung oder einer Laune, einem Erlebnis oder auch nur einer Situation mit einer Skizze Ausdruck geben kann, dann, spätestens dann drängt sich die Frage nach der Kunst auf. Kann Skizzieren, kann eine Skizze Kunst sein? Was ist überhaupt Kunst und wie weit bin ich davon noch entfernt?

Zum Begründenmüssen und zum Thema Kunst und zur Frage, was Kunst überhaupt ist, sagte Johannes Grützke, einer der großen Künstler unserer Zeit in einem Interview: „Diese Suche nach irgendwelchen Erklärungen ist doch sinnlos. Keine Lösungen bitte. Ich habe mal mit einem Jungen vor einem meiner Bilder gestanden, und er fragte mich: was ist dort dargestellt? Ich dachte, das gibt es doch gar nicht, dass er mich das fragt, denn wir standen doch beide vor dem Bild und haben genau gesehen, was da gemalt war. Ich finde, die ganze Diskussion um die Kunst gehört abgeschafft, der Begriff ist Unsinn …. Keiner weiß, was Kunst ist, und keiner wird es je wissen. Ich spreche lieber über Malerei, über ein Gemälde, das ist sinnvoller." Aus: Museumszeitung 40/2011, S.06, GNM Nürnberg.

Vielleicht als Illustration zu dem hier oben von Grützke aufgeworfenen Sachverhalt: Max und Moritz von Wilhelm Busch, Sie kennen diese Bilder, hatte damals bei der Entstehung nichts mit Kunst zu tun. Heute läuft darüber keine Diskussion mehr. Es gibt von Max Bense eine schöne Definition zum Begriff Kunst: Wenn es keinen Zweck für ein Werk gibt, oder wenn dieser in der Prioritätenliste weiter hinten steht, dann ist es Kunst. Sie können also die Frage 10 für sich selbst beantworten.

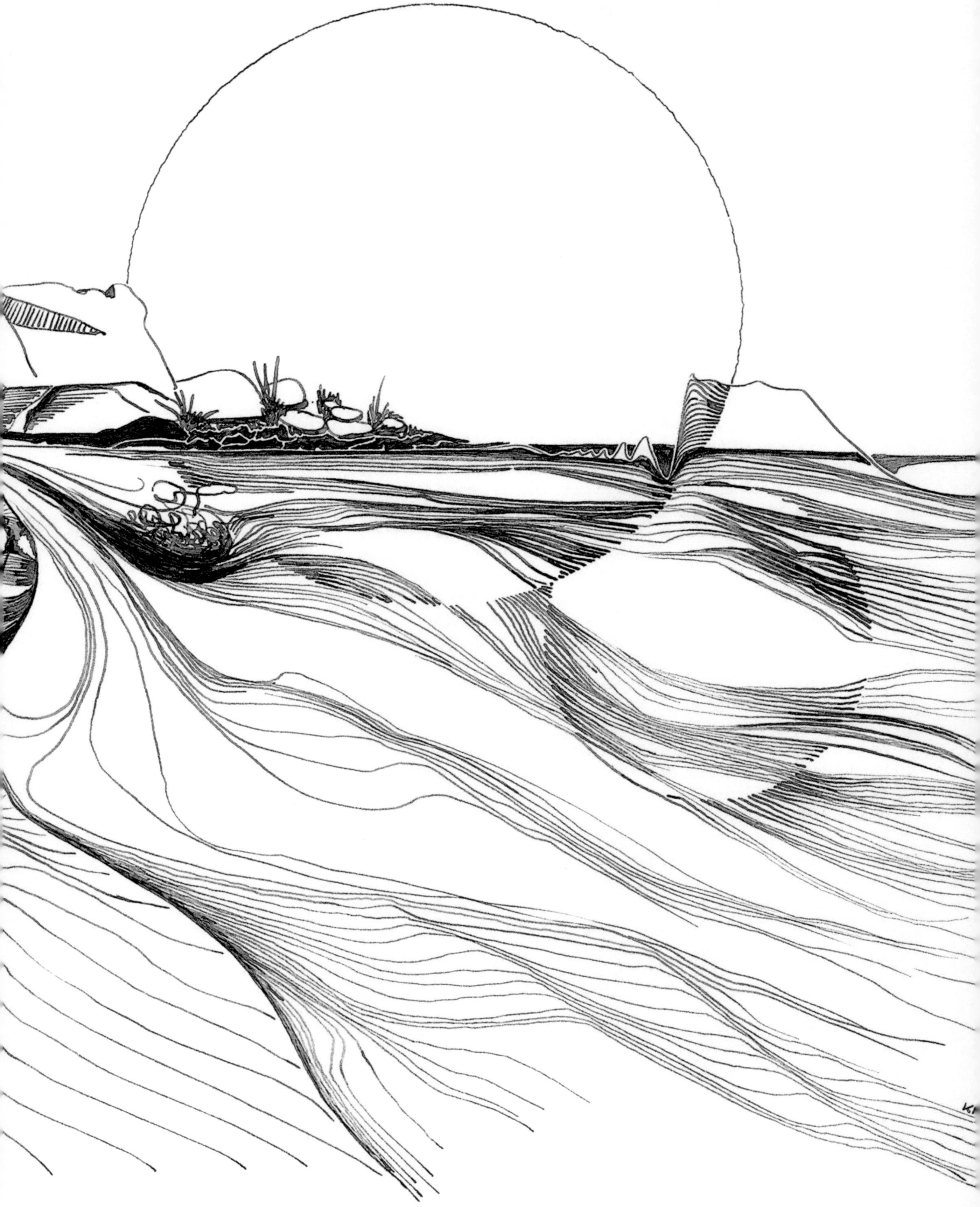

FRAGE 11: SKIZZIEREN, KONSTRUIEREN UND CAD: GIBT ES BERÜHRUNGSPUNKTE?

Vortrag zum Konstruktions-Kolloquium 2004 an der TU Braunschweig

Ich habe meinen Vortrag in 5 Geschichten gegliedert, die möchte ich Ihnen der Reihe nach vorstellen.

GESCHICHTE 1

Einige von Ihnen erinnern sich vielleicht noch daran, dass ich nicht nur vor vielen Jahren, sondern auch viele Jahre lang hier einen Lehrauftrag ausgeübt habe, dessen Schwerpunkt Industrial Design für Ingenieure war. Ich habe ihn als Blockunterricht ausgeführt. Dabei war jeweils ein Tag in vier Einheiten, zwei am Vormittag und zwei am Nachmittag, gegliedert. Dies waren:

- □ Vorlesungen zur Design-Theorie,
- □ skizzieren und rendern,
- □ Entwurfs- und Modellbautechniken und
- □ Übungen zum Vorlesungsinhalt.

Design ist nichts für die Ohren oder den Verstand oder die Nase. Design ist etwas für die Augen. Wenn ich also Design machen möchte, etwas für die Augen machen möchte, dann brauche ich die Augen dazu, das ist so. Um den Augen etwas zu bieten, insbesondere dann, wenn es noch nichts gibt, wenn noch entworfen oder konstruiert oder gestaltete oder gedacht oder projektiert wird, dann zeichne ich eben. Diese banale Weisheit konnte ich damals aber nicht umsetzen, weil die Teilnehmer, das waren Studierende des Maschinenbaus, nicht zeichnen, geschweige denn skizzieren konnten. Technisches Zeichnen, TZ, ja, das konnten sie schon einigermaßen, aber TZ ist ja keine anschauliche Darstellungsart, TZ ist ein Diagramm. Um das zu verstehen muss man es lernen. TZ ist etwas für den Verstand, für die Vorstellung. In einer technischen Zeichnung kann man den dargestellten Gegenstand lediglich auf dem Umweg über die Vorstellung erkennen. Mein Gehirn muss aus den Ansichten und Schnitten in einem komplizierten Prozess, einer Transformation, eine Anschauung generieren.

Design ist etwas für die Augen: Ich brauche somit ein Bild von einem Gegenstand dergestalt, dass ich das sehen würde, wenn der Gegenstand real vor mir stünde. Die Studierenden lernten anschaulich zu skizzieren und zu rendern. Um das zu schaffen, war die Teilnahme am Skizzieren und Rendern Pflicht. Das ist lange her.

GESCHICHTE 2

Dass Ingenieure nicht skizzieren können, nicht nur die in der Ausbildung, sondern auch fast alle im Beruf, war übrigens nicht immer so. Vor der vorletzten Jahrhundertwende konnten unsere Kollegen

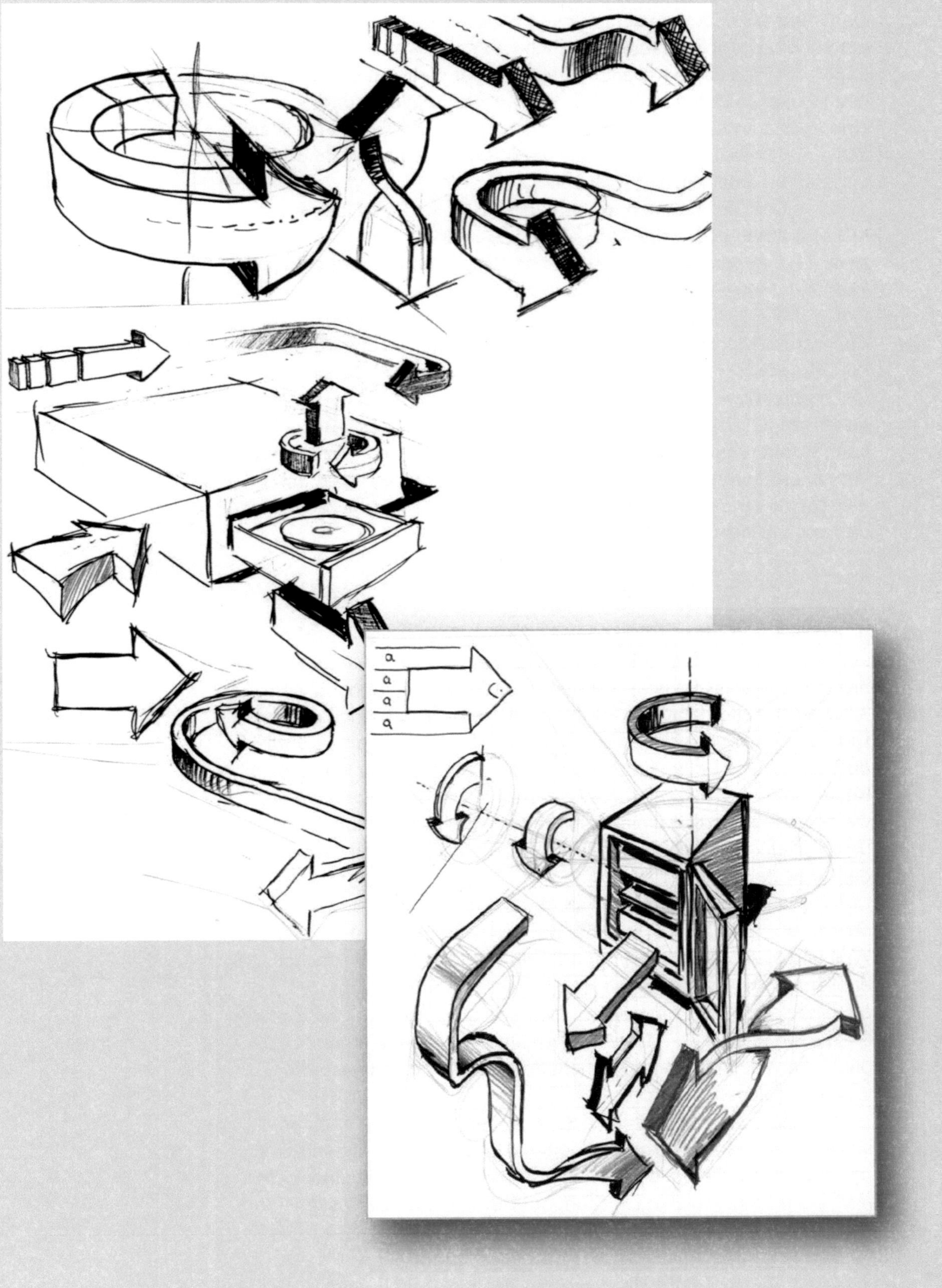

traumhaft gut zeichnen, nicht nur technisches Zeichnen, sie konnten auch skizzieren und richtig anschaulich zeichnen. Dann muss es irgendwann einen Zeitraum gegeben haben, in dem einer unserer Kollegen gesagt hat: „Ich lasse das mit dem anschaulichen Zeichnen in meinem Unterricht weg. Das kostet Zeit und es geht auch ohne, es geht auch, wenn man nur technisches Zeichnen kann."

Er hat das gemacht und fand eine große Menge Nachahmer. Das muss entweder ein sehr bequemer Kollege gewesen sein, oder einer, der zwei linke Hände hatte. Ich kann das deshalb so genau sagen, weil ich einen Kollegen hatte, der war vertrackter Weise auch noch Dekan, auf den traf das zu. Der war faul und der konnte zu Hause, das hatte mir seine Frau bestätigt, keinen Nagel in die Wand schlagen. Dieser Dekan ergänzte die Aussage seines Kollegen von vor hundert Jahren mit dem Zusatz:

„Das TZ brauchen wir ebenfalls nicht. Ich muss überhaupt nicht zeichnen oder skizzieren können. Der Grund: Ich habe auch ohne TZ und ohne Zeichnen und ohne Skizzieren Karriere gemacht." Der fand dann ebenfalls viele Nachahmer, sodass es seitdem an der Hochschule, von der ich komme, bei den E-Technikern keine Technische Mechanik, keine Werkstoffkunde, keine Konstruktion und kein Technisches Zeichnen mehr gibt. Skizzieren und Darstellende Geometrie, noch so ein Fach, über das es zu reden gäbe, gab es schon länger nicht mehr. Und als die Umstellung auf den Bachelor kam, wurde noch einmal gestrichen. Die Studierenden dort sind alle um ein ganz wesentliches Element für ihren Beruf betrogen. Im Gegensatz zu einigen meiner Kollegen bin ich da sehr sicher. Warum, das erzähle ich 4. Geschichte. Zunächst noch die ...

GESCHICHTE 3

Als ich das mit dem Lehrauftrag und dem Zeichenunterricht hier in Braunschweig gemacht habe, wurde ich vom Konstruktionsleiter eines Unternehmens, ich nenne ihn Herr Maier, angesprochen. Der hatte davon erfahren und wollte wissen, ob ich so einen Kurs auch bei seinen Mitarbeitern machen könnte. Das habe ich gemacht. Kurze Zeit danach, einer der Mitarbeiter von Herrn Maier hatte das weiter erzählt, wollten einige Mitarbeiter in der Entwicklung eines befreundeten Unternehmens ebenfalls diesen Kurs. Das habe ich dann ebenfalls gemacht.

Herr Maier wurde zum Obmann des VDI für eine sehr große deutsche Stadt. Der VDI ist einer der mitgliederstärksten Vereine der Welt und gleichzeitig eines der größten Unternehmen für Erwachsenenbildung. Also veranstaltete Herr Maier auch Schulungen. Er erstellte seinen Schulungs-Plan und hatte darin zwei Mal ein Seminar Skizzieren und Freihandzeichnen für Ingenieure aufgenommen. Dazu gab es im Anschluss einen Bericht in den VDI-Nachrichten, den Sie vielleicht gelesen haben.

Das wiederum führte dazu, dass man Herrn Maier eines seiner schönsten Spielzeuge, eben dieses Seminar, weggenommen hat. Seit dieser Zeit ist das Seminar Skizzieren und Freihandzeichnen technischer Objekte ein Standard-Seminar im VDI-Wissensforum.

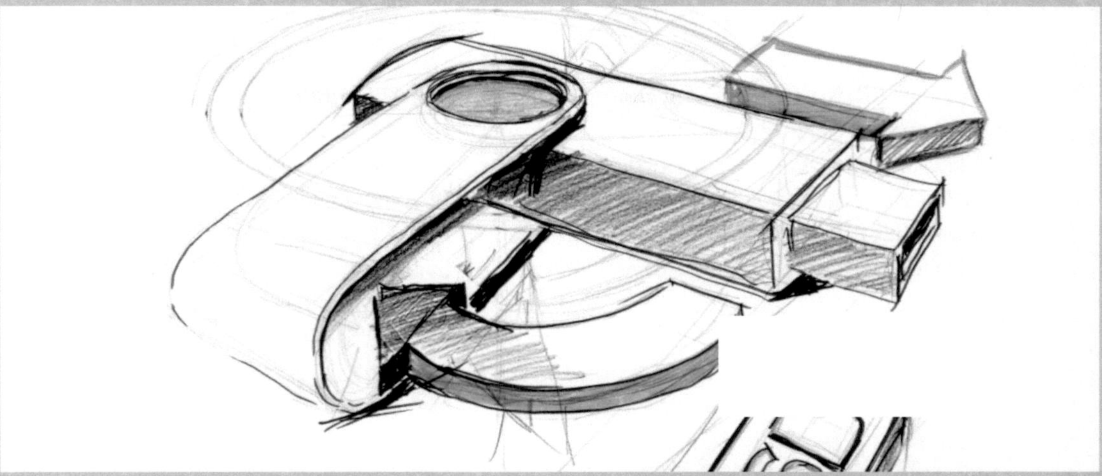
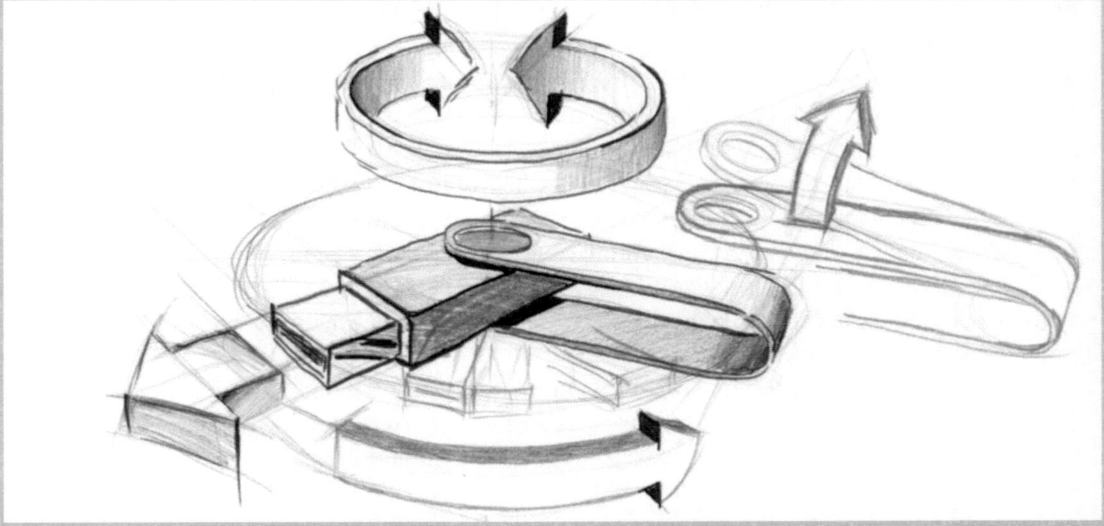
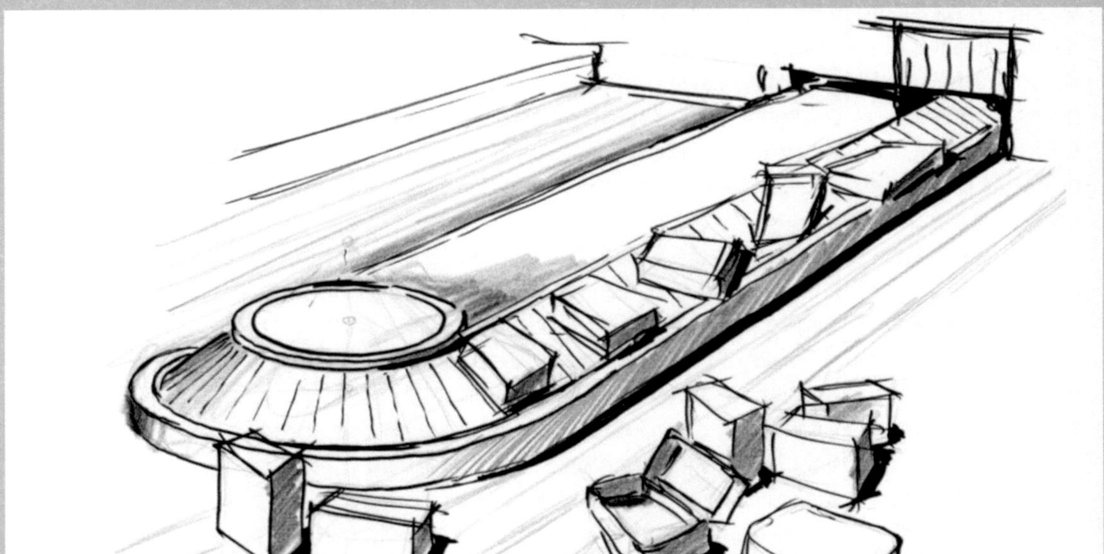

GESCHICHTE 4

Warum erfährt ein Seminar einen so regen Zulauf? Dazu ein Zitat von einem der Teilnehmer, das in der Zwischenzeit von vielen anderen Teilnehmern wiederholt wurde:

„Weil wir festgestellt haben, dass eine schnelle Skizze die Arbeit wesentlich erleichtert, die Kommunikation mit dem Chef oder den Mitarbeitern erheblich beschleunigt und die Kreativität fördert.

Das wurde auch ausgiebig erläutert. Am Bildschirm zu arbeiten ist ein sehr komplexer Prozess. Sie wissen (wahrscheinlich), dass wir nur eine bestimmte Menge an geistiger Leistung pro Zeiteinheit erbringen können, dass diese Menge endlich ist und sie damit einen bestimmten Wert nicht überschreiten kann. Darüber wurde schon viel geschrieben. Mit dem Reißbrett ist nicht nur der mit der Hand arbeitende Konstrukteur verschwunden, sondern auch etwas von dessen, damit einhergehender Menge, endlicher geistiger Leistung. Von dieser endlichen Menge wird ein weiterer Teil dazu verbraucht, um den Computer und das CAD-Programm, zu betreiben. Und dann verschwand noch ein Teil, da wir uns aus den sehr kleinen Darstellungen auf dem Bildschirm mit den unglaublich vielen Einzelheiten - oder dessen gezoomten Teilbereichen mit deren reduzierter Übersicht - das wesentlichen Elemente oder die wesentlichen Funktionen, die wir gerade konstruieren wollen, vorzustellen. Diese beiden Dinge, von unserer geistigen Leistungsfähigkeit abgezogen, ergeben den Rest, der für die eigentliche Kreation übrig bleibt. Das ist manchmal nicht mehr viel.

Die Teilnehmer meiner Seminare sagen mir immer wieder, dass sie sich ganz einfach und ohne irgendetwas darum herum, ohne Programm, ohne Ablenkungen, Umwege oder sonstige Hindernisse, das Kernstück eines Gedankens oder einer Idee ganz schnell und einfach abbilden wollen. Das würde nur mit einer Skizze gelingen.

Diese Situation ist vergleichbar mit der eines Auto-Motors. Wenn ich das Auto schneller und leistungsfähiger machen möchte, dann baue ich einen größeren und stärkeren Motor ein. Von dem Zuwachs an Leistung durch diesen größeren und stärkeren Motor muss ich allerdings zunächst einmal den Teil abziehen, der erforderlich ist, um den größeren Motor selbst und alle die anderen, nun ebenfalls größer gewordenen Aggregate wie Bremsen, Getriebe usw. zu transportieren.

Zum zweiten Grund für die Beliebtheit des Skizzierens: Ich habe Seminare bei einem Autozulieferern gemacht. Die Begründung dort war, dass eine Besprechung technischen Inhaltes mit Skizzen rund sechzig bis mehr Prozent weniger Zeit in Anspruch nimmt als ohne Skizzen. Ein Japanischer Autokonzern akzeptiert bei solchen Meetings nur noch Teilnehmer, die routiniert perspektivisch skizzieren können. Da sie das nicht konnten brauchten sie mein Seminar. Im Grunde genommen ist das ja auch klar. Sie kennen alle den Spruch des Altvaters aller Konstruktion, den dieser vor rund sechshundert Jahren gesagt hat: Ein Bild sagt mehr als tausend Worte. Daran hat sich bis heute nichts geändert. Weil wir es vergessen haben oder ignorieren kostet es uns viel Geld. Und das wollte der genannte Japaner nicht ausgeben.

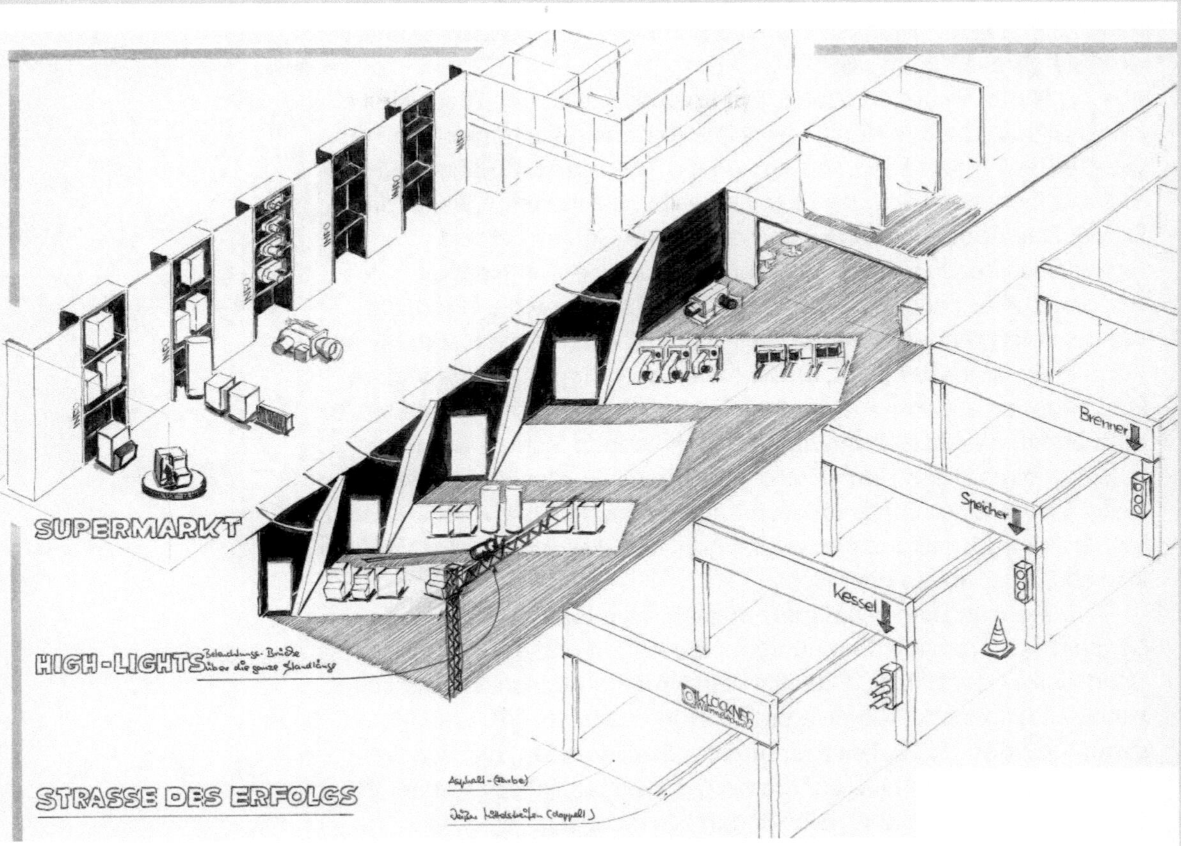
SUPERMARKT
HIGH-LIGHTS
Beleuchtungs-Brücke über die ganze Standlänge
STRASSE DES ERFOLGS
Asphalt-(Farbe)
Weißer Mittelstreifen (doppelt)
Brenner
Speicher
Kessel

SERVICE
KOMPONENTEN
SYSTEME
ELEMENTA
(ELEMENTE-HAUS)
KLÖCKNER-RAMA
(SYSTEME-HAUS)

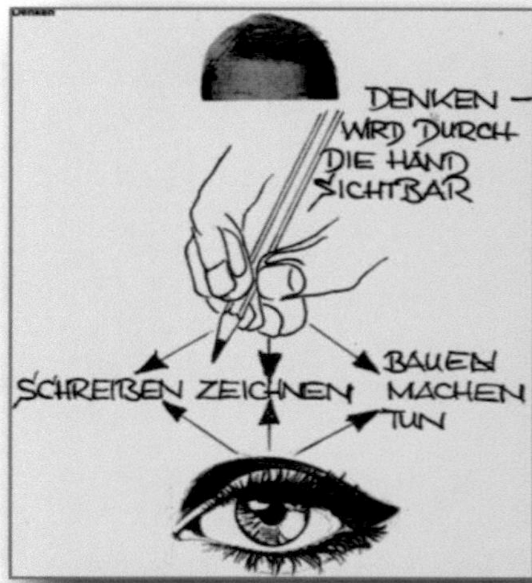

Ein ehemaliger Chef von mir sagte, wenn ein Mitarbeiter wortreich zu ihm kam: Ich muss Sie unterbrechen – bitte zeigen Sie mir, was Sie gerade sagen wollen.

Nun zum dritten Grund. Die Königsdisziplin der Technik ist die Konstruktion. Und die Königsdisziplin der Konstruktion, also der TOT, wie die Engländer sagen, the Top on the Top, ist die Kreation. Für die Kreation benötigen wir, das ist mittlerweile gesichertes Wissen, drei Dinge: Das Auge, das will Futter haben, das Gehirn, das die eigentliche Kreation vollbringt, also die neuartige Kombination einzelner, aber bekannter Elemente, durchführt, und die Hand, die daraus sofort wieder Futter für die Augen macht. Ob die Hand das in Form eines Modells macht, ob sie Noten aufschreibt, die die andere Hand soeben auf dem Klavier gespielt hat, oder ob sie Buchstaben zu Blatt bringt, die die Bildzeitung oder einen neuen Roman von Frau Rowling, die hat den Harry Potter geschrieben, ergeben, das ist egal. Es ist jedoch bekannt, dass das mit Abstand schnellste Ausgabe- und Visualisierungsmedium, das wir kennen, die Skizze ist. Das ist einfach so - ob Sie es wollen oder nicht.

Manche Dinge sind ganz einfach, zum Beispiel das mit dem Leonardo und das mit dem Futter für die Augen und das mit der Schnelligkeit der Skizze. Da nützt kein Drumherummachen und keine schlauen Gegenerklärungsversuche. Nun verstehen Sie, wenn ich sage, dass der größte Teil aller unserer Studierenden, die sich der Technik verschrieben haben, um ein ganz wesentliches Element für ihren Beruf betrogen sind. Sie können alle nicht skizzieren.

Und schließlich nun zur …

GESCHICHTE 5

Skizzieren und Zeichnen und Freihandzeichnen, das alles ist handwerkliches Können. Skizzieren und Zeichnen ist keine Kunst und hat auch nichts mit künstlerischer Veranlagung oder irgendwelchen anderen mysteriösen Fertigkeiten oder Voraussetzungen zu tun. Handwerkliches Können kann man lernen, kann jeder lernen. Eine Bedingung gibt es allerdings, das ist die Motivation dazu. Wenn jemand nicht will, partout keinen Bock darauf hat – ok.

IST KONSTRUIEREN **ZEICHNEN UND** KREIEREN?
ZEICHNEN IST KREIEREN UND KONSTRUIEREN
IST KREIEREN KONSTRUIEREN UND **ZEICHNEN?**
KONSTRUIEREN IST **ZEICHNEN** UND KREIEREN
IST **ZEICHNEN** KREIEREN UND KONSTRUIEREN?
KREIEREN IST KONSTRUIEREN UND **ZEICHNEN**
IST KONSTRUIEREN **ZEICHNEN UND** KREIEREN?
ZEICHNEN IST KREIEREN UND KONSTRUIEREN
IST KREIEREN KONSTRUIEREN UND **ZEICHNEN?**
KONSTRUIEREN IST **ZEICHNEN** UND KREIEREN
IST **ZEICHNEN** KREIEREN UND KONSTRUIEREN?
KREIEREN IST KONSTRUIEREN UND **ZEICHNEN**
IST KONSTRUIEREN **ZEICHNEN UND** KREIEREN?
ZEICHNEN IST KREIEREN UND KONSTRUIEREN
IST KREIEREN KONSTRUIEREN UND **ZEICHNEN?**
KONSTRUIEREN IST **ZEICHNEN** UND KREIEREN
IST **ZEICHNEN** KREIEREN UND KONSTRUIEREN?
KREIEREN IST KONSTRUIEREN UND **ZEICHNEN**
IST KONSTRUIEREN **ZEICHNEN UND** KREIEREN?
ZEICHNEN IST KREIEREN UND KONSTRUIEREN
IST KREIEREN KONSTRUIEREN UND **ZEICHNEN?**
KONSTRUIEREN IST **ZEICHNEN** UND KREIEREN
IST **ZEICHNEN** KREIEREN UND KONSTRUIEREN?
KREIEREN IST KONSTRUIEREN UND **ZEICHNEN**
IST KONSTRUIEREN **ZEICHNEN UND** KREIEREN?
ZEICHNEN IST KREIEREN UND KONSTRUIEREN
IST KREIEREN KONSTRUIEREN UND **ZEICHNEN?**
KONSTRUIEREN IST **ZEICHNEN** UND KREIEREN
IST **ZEICHNEN** KREIEREN UND KONSTRUIEREN?
KREIEREN IST KONSTRUIEREN UND **ZEICHNEN**
KONSTRUIEREN IST **ZEICHNEN** UND KREIEREN
IST **ZEICHNEN** KREIEREN UND KONSTRUIEREN?
KREIEREN IST KONSTRUIEREN UND **ZEICHNEN**
KONSTRUIEREN IST **ZEICHNEN** UND KREIEREN
IST **ZEICHNEN** KREIEREN UND KONSTRUIEREN?

TEIL 3: ANHANG

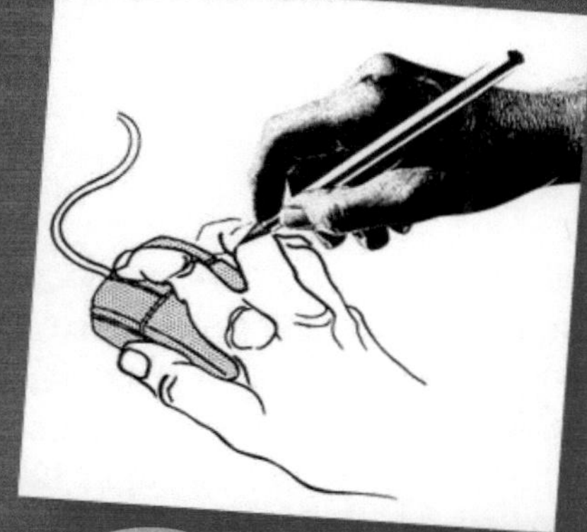

LITERATUR

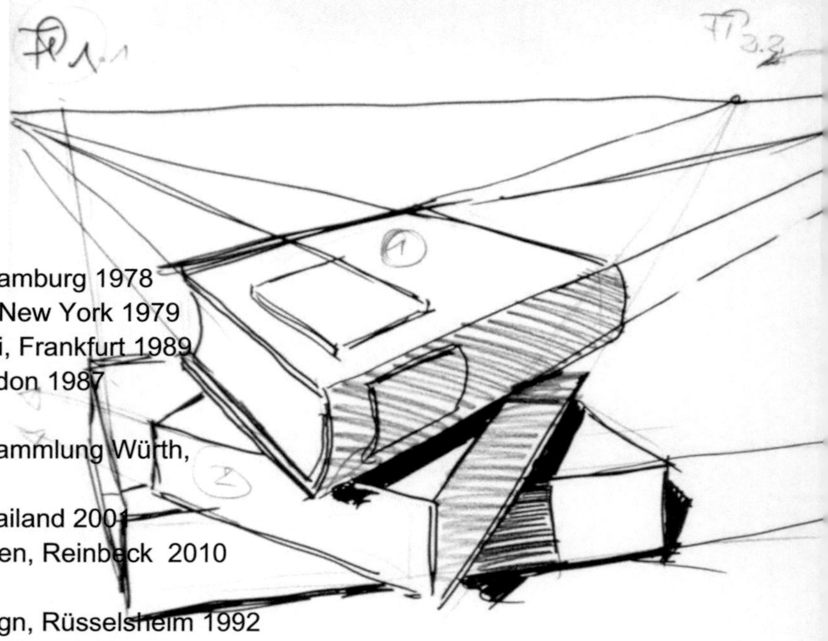

Anselm, G., Rivalan, J.: Perspektiv-Zeichnen, Hamburg 1978
Bergmann, H.: Art- and Illustration-Techniques, New York 1979
Bernstein, F.W.: Bernsteins Buch der Zeichnerei, Frankfurt 1989
Brück, A.: Kreatives Zeichnen mit Bleistifte, London 1987
Coulin, C.: Zeichenlehre, Stuttgart 1966
Christo und Jeanne Claude, Die Werke in der Sammlung Würth, Sigmaringen 1995..
Drudi, E., Paci, T.: Zeichnen für Modedesign, Mailand 2001
Edwards, B.: Das neue Garantiert zeichnen lernen, Reinbeck 2010
Franck, F.: The Zen of Seeing, New York 1973
GE Plastics (Herausg.): Recyclingerechtes Design, Rüsselsheim 1992
GE Plastics (Herausg.): Mouldes Printed Circuit Boards, Bergen op Zoom 1992
Greco, S., The Art of Perspective Drawing, New York 1968
Germanisches Nationalmus.: Architektur- und Ingenieurzeichnungen aus vier Jahrhunderten, Katalog, Nürnberg 1996
Gruau, R.: Gruau, Hamburg, 1998
Haitzinger, H.: erscheint regelmäßig in den Nürnberger Nachrichten
Holder, E.: Design Darstellungstechniken, Wiesbaden 1987
Jenny, P.: Anleitung zum Falschzeichnen, Mainz, 2003
Klöcker, I.: Kreativwerkstatt, Aachen, 2010
Klöcker, I.: Produktdesign, Berlin, 1983
Krisztian,G.: Schlempp-Ülker,N., Ideen visualisieren, Mainz, 2004
Larson, C.: Fünfzig Gemälde, Königstein 1976
Lortz, H., „Denkzettel", Mainz, 2003
Niemann, G. in Didyma 1
Norling, E., Perspective Drawing. Tustin 1970(?)
Pareigis, B. Grundregeln der Perspektive und ihre elementar-geometrische Herleitung, Vortrag an der TU München 2007
Peters, H.: Äugel, Ravensburg, 1964
Rauch, H. G.: Zeitzeichen, München 1983,
Rockwell, N.: Pictures of the American People, New York 2000
Rotgans, H.: Räumliches Zeichnen, Freiburg 2009
Sand, J.: Gegenständliche Zeichnung, Wiesbaden 2010
Sika-Chemie (Herausg.): Elastische Klebesysteme, Bad Urach 1998
Störzbach, G.: Perspektivisch Zeichnen, Freiburg 2010
Tjalve, E.: Systematische Formgebung, Düsseldorf 1978
Viebahn, U.: Technisches Freihandzeichnen, Berlin, 1999
Von Koos E., Steur, R.: Sketching, München 2010
Wootton, F:.Wie zeichne ich Autos, Göttingen 1957

Beispiel zum subtraktiven Modellieren oder dem „Herausschnitzen“ aus dem Grundkörper „Umhüllender Kubus“. Es ist eine einfache und sichere Methode, ein beliebiges Objekt perspektivisch richtig zu skizzieren.

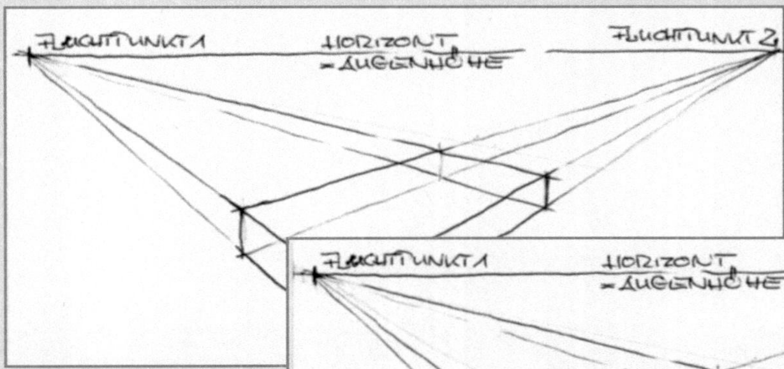

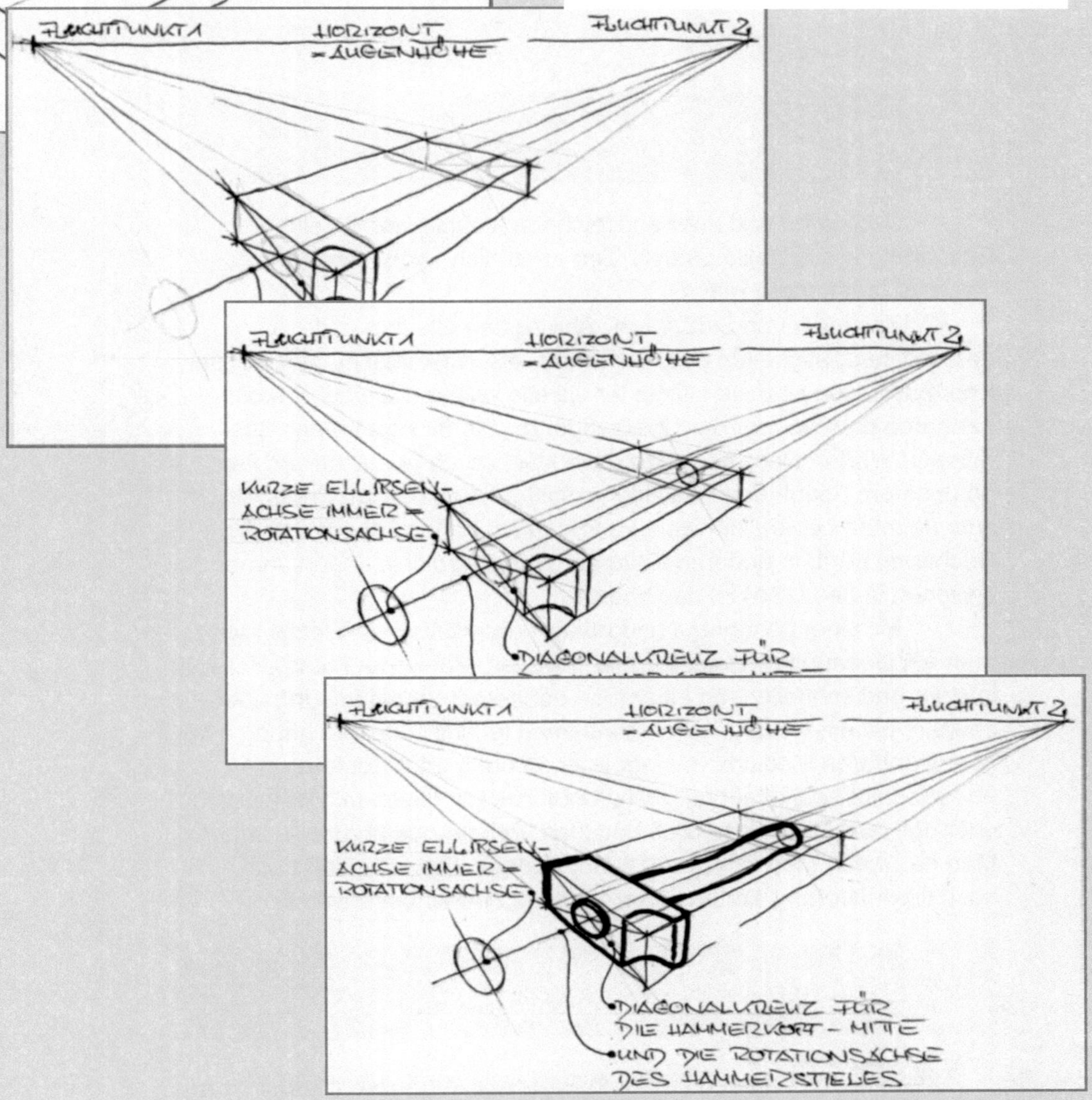

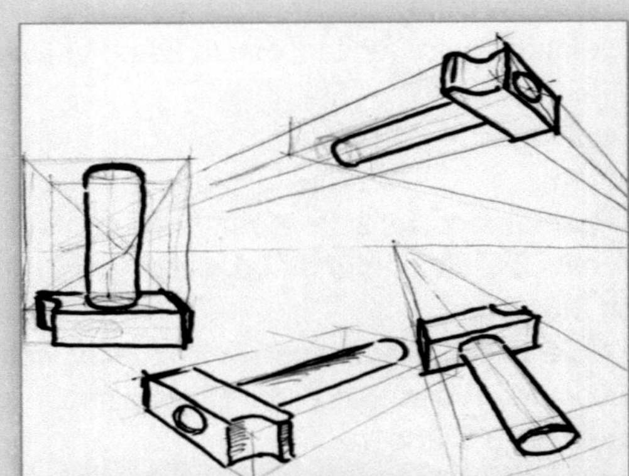

DAS SEMINAR

TITEL UND THEMA

Skizzieren und Freihandzeichnen technischer Objekte. Einführung in Darstellungstechniken - natürlich - von Hand (ohne Rechner und andere Hilfen).

Zeichnen und Skizzieren zählt zu den ältesten und beliebtesten Tätigkeiten des Menschen. Als Hilfsmittel für jede Art der Kommunikation sind sie effizienter als alle anderen Medien. Schon Leonardo da Vinci war der Überzeugung: „Ein Bild sagt mehr als tausend Worte". Dass so wenig davon Gebrauch gemacht wird liegt an unserem Schul- und Ausbildungssystem, das diesem Bedürfnis bis zum neunten Lebensjahr wenig und danach nahezu überhaupt nicht Rechnung trägt. In anderen Kulturen (zum Beispiel in Japan und ein bisschen in den USA) ist das anders.

Mit einer gekonnten und relativ naturalistischen Skizze kann man ein Gegenüber, einen Partner, Kunden, Chef oder Mitarbeiter viel leichter und schneller von einer Idee oder einer neuen Lösung überzeugen, als mit Worten, einer mühsamen technischen Zeichnung oder einem anderen Medium. In einer Besprechung oder Konferenz beschleunigt eine direkt hergestellte Skizze am Flipchart, Whiteboard oder dgl. den Ablauf erheblich und klärt verbale Ausführungen sofort. Man hat, wenn man skizzieren kann, Vorteile. Dass man oft auch noch Bewunderung ernten kann, sei nur so nebenbei erwähnt.

INHALT

Übungen mit Stift und Papier in Perspektive (die nicht konstruiert wird). Dabei wird der theoretische Sachverhalt jedes Mal, wenn ein weiterer Schritt angefangen wird, erklärt. Hinzu kommt etwas Materialkunde.

A Kubische und zylindrische Körper,
Licht und Schatten,
Kombinierte, allgemeine technische Körper und Umfelder.

B Varianten zu A mit Oberflächen und Materialien, technischen Funktionen und Montagen.

C Resumee und Aufarbeitung. Aufzeigen individueller weiterer Entwicklung. Eventuell Präsentation der Ergebnisse.

Dauer: 2 Tage mit jeweils 8 Stunden.

ZIELGRUPPE + VORAUSSETZUNGEN

Ingenieure, Bachelor, Master, Diplom-Ingenieure, Zeichner, Techniker, Designer und andere Gestalter, Marketingleute und andere Berufe, die in Forschung, Entwicklung, Konstruktion und Produktion mit neuen Aufgaben und Problemlösungen betraut sind. Zeichnen und Skizzieren eignet sich für jeden, der in seinem beruflichen und/oder privaten Alltag mehr und direkter Kommunikation betreiben und mehr Effizienz einbringen möchte. Daneben sind auch alle Personen angesprochen, denen Zeichnen, Skizzieren und Gestalten, ganz unabhängig von jeglichem Zweckdenken, Bedürfnis und Wunsch sind. Geschick im handwerklichen Umgang, insbesondere mit Stift und Papier, ist von Vorteil, aber nicht zwingend. Allerdings ist Zeit, Muse und Interesse zum Üben sowohl zwischen den Sitzungen, als mehr noch anschließend, von Vorteil, fast muss ich sagen: zwingend.

Zum Dozenten: 25 Jahre Praxis und Erfahrung in Forschung, Entwicklung und Konstruktion in Maschinenbau, Fahrzeugbau, Haushaltsgeräte und Feinwerktechnik. Hochschullehrer für die Fachgebiete Werkstofftechnik, Konstruktion, Industrial Design, Darstellungstechniken und kreatives Arbeiten. Viele Jahre Lehrbeauftragter für Darstellungstechnik an der Universität Braunschweig, der TH Aachen und der GH Essen. Lange Jahre Mitarbeiter in den VDI-Ausschüssen Methodik in Entwicklung und Konstruktion.

REFERENZEN, AUSZUG

Siemens AG, MAN, UNI Erlangen, Brita GmbH, Braun AG, Bito Lagertechnik GmbH, Tente GmbH, Schwan-Stabilo, Bergischer Bezirksverein, Bühler AG Maschinenbau Schweiz, Johnson Controls, Rovema Verpackungsmaschinen, Netzsch-Pumpen, Bosch-Siemens Hausgeräte, Alstom Schweiz, Kraus-Maffei, Mercedes AMG, SKF GmbH, Liebherr Ehingen, Scherer-Institut Schweiz, Areva-Wind, Stihl AG, DLR, Trumpf-Laser GmbH, Robert Bosch GmbH, Continental Reifen GmbH, Giesecke + Devrient, ZF Friedrichshafen GmbH, Sulzer Mixpac, Schindler-Aufzüge und sehr viele Einzelpersonen.

ZEICHENBEDARF, AUSZUG

Gerstäcker-Katalog (Grafiker und Künstler)
Wecostraße 4, 53783 Eitorf, Tel.: 02243-88992

Tube-Katalog (vorwiegend für Designer, Grafiker und Künstler)
Randstraße 87, 22525 Hamburg

Boesner-Katalog (vorwiegend für Künstler und Grafiker)
Liegnitzer Straße 17, 58454 Witten, Tel.: 02302-910660
In einzelnen Städten gibt es auch große Boesner-Geschäfte.

Modulor-Katalog (vorwiegend für Designer, Modellbau, Architektur, Werbung), Gneisenaustraße 43, 10961 Berlin, Tel.: 030-690360

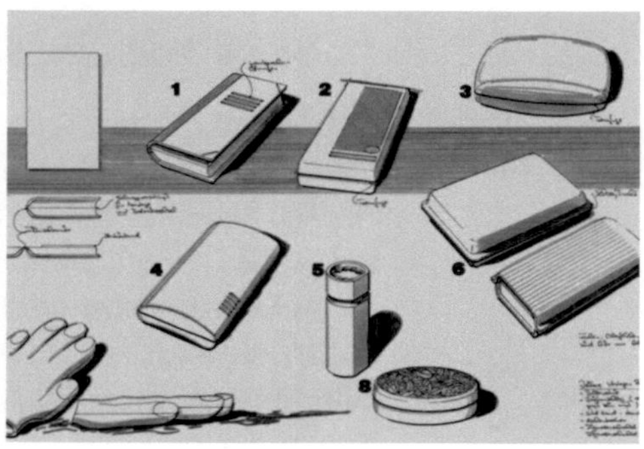

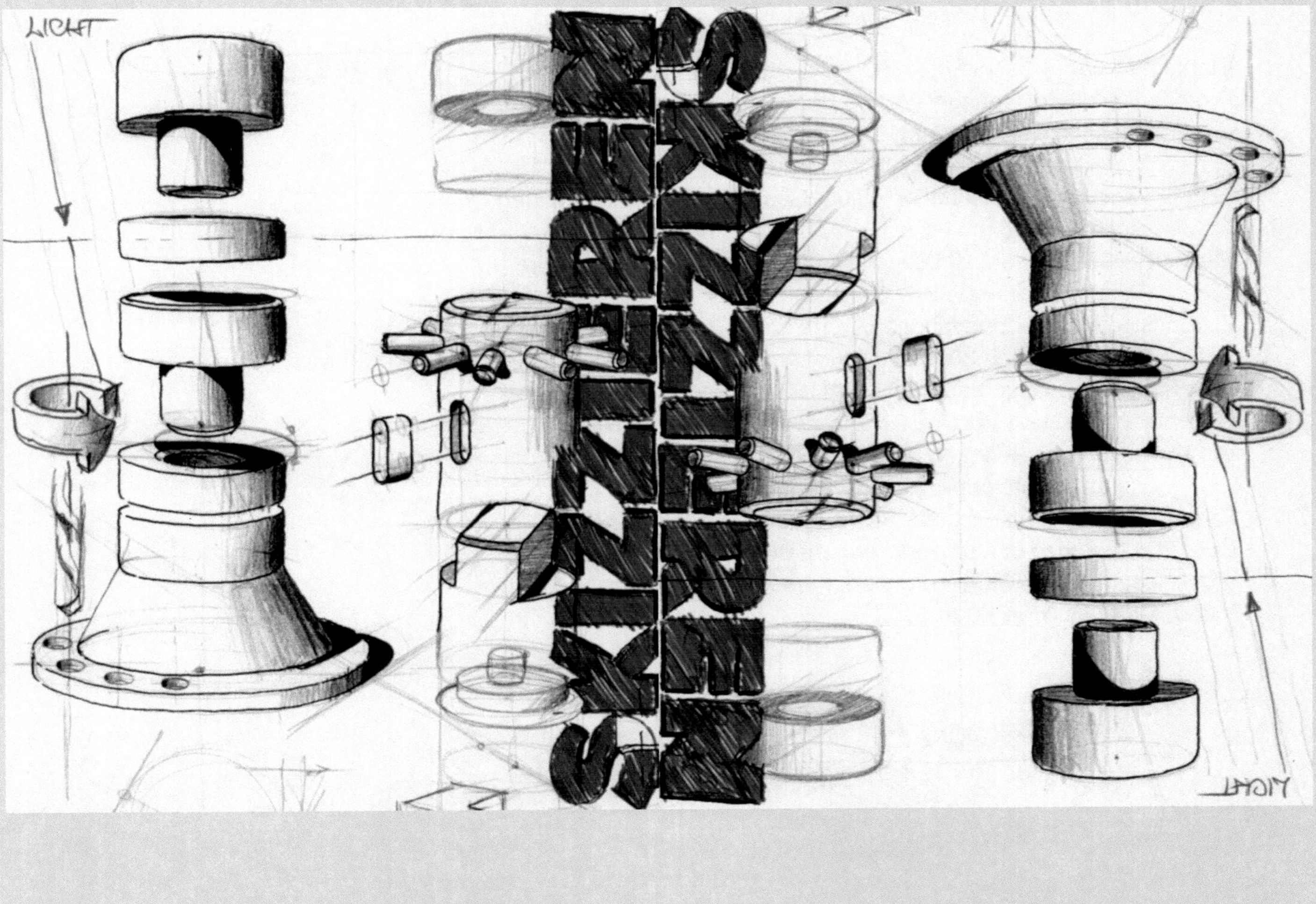
LICHT
SKIZZIEREN
SKIZZIEREN
LICHT

WEITERE BÜCHER DES AUTORS

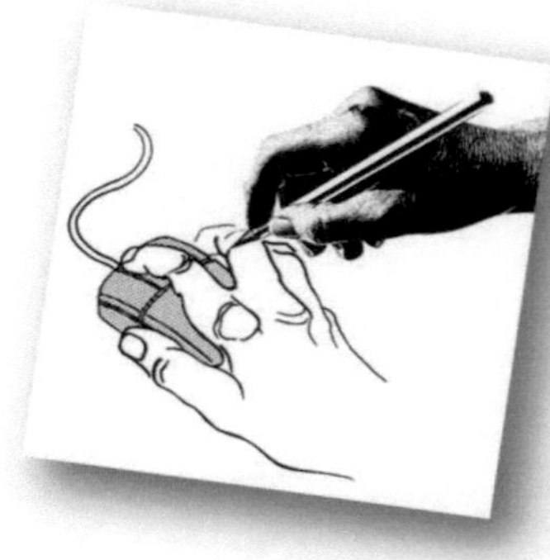

Stahl und Form, Düsseldorf, 1969
Produktgestaltung, Springer-Verlag Berlin, 1981, Reedition 2009
Werkstofftechnik-Repetitorium, Eigenverlag Fürth, 1994
Materialbilder, Katalog, Kulturbrücke Schwaben, 1997
Als Kain seinen Bruder Abel erschlug, Geschichten, Shaker-Verlag Aachen 2006
Meisterhäuser Dessau, Katalog zur Ausstellung Ingo Klöcker, Stiftung Meisterhäuser 2006
Zukunftswerkstatt – Innovationen, neue Ideen und Wege, Shaker-Verlag Aachen 2009
Was hat Koslowski gemacht? Roman, Shaker Media Aachen 2016
Geschnittenes Gras, Roman, BoD-Verlag Norderstedt 2016
Die Kunst von Ingo Klöcker, Band 1, Das graphische Werk, Band 2, Materialbilder, Eigenverlag 2011
Er war im Lions-Club, Roman, BoD-Verlag Norderstedt 2018
Über 200 Aufsätze in Fachzeitschriften, Buchbeteiligungen
Video: Läufer - eine Metamorphose, Fürth 2001
Video: Materialbilder, Fürth 2002

ZUKUNFTS
WERKSTATT
INNOVATIONEN, NEUE IDEEN UND NEUE WEGE
INGO KLÖCKER
SHAKER

INGO KLÖCKER
WAS HAT
KOSLOWSKI
GEMACHT?

GESC
HNITT
ENES
GRAS
SALZBURGER
ROMAN

ÜBER DEN AUTOR

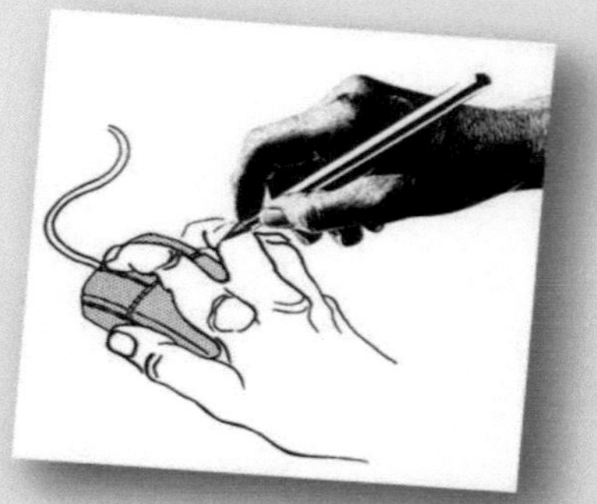

Geboren in Stuttgart. Studium des Maschinenbaus an der Technischen Hochschule Stuttgart und anschließend Industrial Design an der mittlerweile legendären Hochschule für Gestaltung Ulm. Es folgten zwanzig Jahre Industrie vom Konstrukteur und Entwickler für Haushaltsgeräte, Nutzfahrzeuge, PKW und LKW, Lokomotiven, Kunststoffverarbeitungsmaschinen und Sportgeräte bis zum Geschäftsführer Technik. Dabei bildete das Industrial Design stets einen Schwerpunkt. Dem schlossen sich weitere fünfundzwanzig Jahre an der Technischen Hochschule Nürnberg als Professor für Konstruktionslehre, Werkstofftechnik, Design, Darstellungstechniken und Kreativität an.

Sein, wie er sagt: zweites Leben ist die Kunst mit vielen Auszeichnungen. Das umfangreiche Oeuvre auf dem Gebiet der Materialbilder befindet sich in Museen, in vielen Industrieunternehmen, in Institutionen und bei privaten Sammlern. Darüber hinaus gibt er Seminare und betreibt Coaching zu den Themen Darstellungstechniken wie Skizzieren, Zeichnen und Rendern in der Technik, kreatives Arbeiten und Methodik.

1/3
1/3
1/3